高职高专系列教材

建筑工程安全技术与管理

郝会娟　主编

中国建筑工业出版社

图书在版编目（CIP）数据

建筑工程安全技术与管理/郝会娟主编.—北京：
中国建筑工业出版社，2021.1（2023.12重印）
高职高专系列教材
ISBN 978-7-112-25660-0

Ⅰ.①建… Ⅱ.①郝… Ⅲ.①建筑工程-工程施工-
安全技术-高等职业教育-教材 Ⅳ.①TU714

中国版本图书馆CIP数据核字（2020）第237772号

本书依据现行法律法规、国家和行业规范以及安全技术规范进行编写，以
"必需、够用"为原则，强调实践性。

全书共分3个教学单元。教学单元1侧重于土建施工的安全技术，包括土方
工程、脚手架工程、模板工程、高处作业、施工现场临时用电、施工现场施工机
械等六个方面。教学单元2包括脚手架工程和模板工程安全设计计算，以及安全
设计软件的应用。教学单元3的主要内容为安全管理与文明施工，包括施工安全
管理、安全技术管理、安全事故应急救援与处理、文明施工等内容。这些内容既
包括了安全员岗位必备的基础知识，也包括了安全员职业发展所必须具备的知识
和能力要求。

本书可以作为高职高专院校建筑工程技术、安全技术与管理、建筑工程管
理、工程监理等相关专业的教学用书，也可作为建筑施工企业安全员岗位培训和
继续教育用书，以及建筑施工安全技术与管理从业人员的参考用书。

责任编辑：刘平平 李 阳
责任校对：焦 乐

高职高专系列教材
建筑工程安全技术与管理
郝会娟 主编
*
中国建筑工业出版社出版、发行（北京海淀三里河路9号）
各地新华书店、建筑书店经销
霸州市顺浩图文科技发展有限公司制版
建工社（河北）印刷有限公司印刷
*
开本：787毫米×1092毫米 1/16 印张：13 字数：324千字
2021年1月第一版 2023年12月第二次印刷
定价：**35.00**元（赠课件）
ISBN 978-7-112-25660-0
(36622)

　　建筑业在持续迅猛的发展中，工程项目趋于大型化、综合化、高层化、复杂化、信息化、系统化，施工技术和新型机械设备在不断更新，施工环境和条件日趋复杂，对建筑施工企业岗位人员的要求越来越高。

　　从住建部办公厅发布的《关于 2019 年房屋市政工程生产安全事故情况通报情况》来看，2019 年，全国共发生房屋市政工程生产安全事故 773 起、死亡 904 人，比 2018 年事故起数增加 39 起、死亡人数增加 64 人，分别上升 5.31% 和 7.62%。因此，当前全国建筑施工安全生产形势依然很严峻，造成群死群伤的事故仍然较多，给人民生命财产带来重大损失，建筑业依然是一个高危行业。

　　本教材从建筑施工企业安全员的岗位职责和岗位培训内容入手，结合建筑工程安全生产管理方面最新的法律法规和安全技术规范进行编写，包括危险性较大的分部分项工程的安全施工技术和施工安全生产管理、脚手架工程和模板工程的安全设计计算、安全设计计算软件的应用等内容。

　　"建筑工程安全技术与管理"是建筑工程技术及相关专业的专业必修课。通过本课程的学习，学生在校期间即可以初步具备安全员岗位的知识和能力要求。

　　本教材特色主要有：

　　（1）摒弃不符合技术技能人才成长规律和高职学生认知特点的内容，以"必需、够用"为原则，立足岗位需求，内容精简、难度适中，体现了职业教育教材全面性、针对性、适用性的特点。

　　（2）突出职业教育特色，体现岗位工作内容，注重实践性，引入脚手架工程的安全检查、安全技术体系文件的编制等内容，培养学生岗位工作能力。

　　（3）考虑到岗位的职业可持续发展，引入脚手架工程和模板工程安全设计计算和安全设计软件应用的教学，要求学生会编制、能看懂专项施工方案，以此更好地保障安全生产。

　　（4）体现信息化教学特点，通过加入数字资源，包括加入大量的建筑施工安全技术和管理方面的最新政策文件、法律法规、安全技术、安全管理、安全生产事故方面的实例，帮助学生更直观地感受施工安全生产的重要性，树立安全生产意识，同时激发学生学习兴趣。

　　本教材由河南建筑职业技术学院郝会娟任主编，河南建筑职业技术学院申商坤任副主编，河南建筑职业技术学院申颖、宁波宁大工程建设监理有限公司管小军、浙江中兴工程咨询有限公司吕希阳、杭州品茗安控信息技术股份有限公司陈哲参与编写。全书共分为三个教学单元，其中 1.2、1.3、2.1、2.2、3.1、3.2、3.3 和附录由河南建筑职业技术学院郝会娟编写；1.1、3.4 由河南建筑职业技术学院申商坤编写；1.4 由河南建筑职业技术学院申颖编写；1.5 由宁波宁大工程建设监理有限公司管小军编写；1.6 由浙江中兴工程咨询有限公司吕希阳编写；2.3 由杭州品茗安控信息技术股份有限公司陈哲编写。全书由郝会娟负责统稿。

　　本书在编写过程中，参考了现行规范、标准和大量的著作、论文、资料，在此一并对作者表示感谢。

　　由于编写时间及编者水平有限，书中难免有疏漏或不妥之处，恳请读者提出宝贵意见，在此表示感谢。

目　录 /

教学单元 1　建筑施工专项安全技术 ································ 1

　1.1　土方工程施工安全技术 ······························ 2

　1.2　脚手架工程施工安全技术 ·························· 12

　1.3　模板工程施工安全技术 ···························· 54

　1.4　高处作业施工安全技术 ···························· 60

　1.5　施工现场临时用电安全技术 ····················· 76

　1.6　施工现场施工机械安全技术 ····················· 83

　单元总结 ··· 94

　习题 ··· 94

教学单元 2　脚手架工程和模板工程安全设计计算 ············ 107

　2.1　脚手架工程安全设计计算 ························ 108

　2.2　模板工程安全设计计算 ·························· 122

　2.3　BIM模板和脚手架工程安全设计软件应用 ········ 141

　单元总结 ·· 148

　习题 ·· 148

教学单元 3　建筑施工安全生产管理 ······················· 153

　3.1　建筑施工安全生产管理 ·························· 154

　3.2　建筑施工安全技术管理 ·························· 169

　3.3　施工安全事故应急救援与处理 ··················· 185

　3.4　文明施工和施工现场环境保护 ··················· 189

　单元总结 ·· 195

　习题 ·· 195

附录 ·· 201

参考文献 ·· 204

全书导读

▶ **建筑施工专项安全技术**

【教学目标】

知识目标：掌握土方工程、脚手架工程、模板工程、高处作业、施工现场临时用电、施工现场施工机械等各专项施工安全技术规范的要求。

能力目标：具备在施工现场进行安全监督和安全检查的能力。

【思维导图】

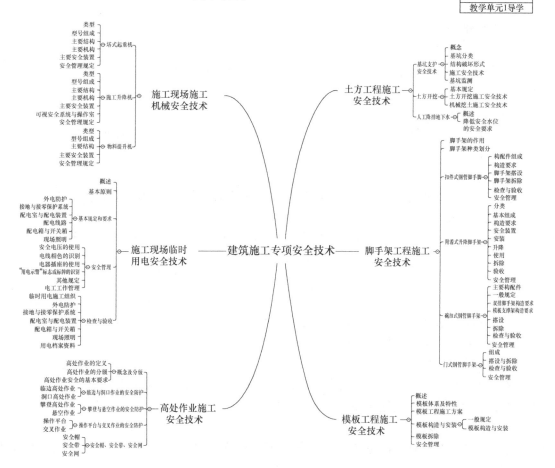

【引文】2019 年 4 月 10 日，江苏省××市××区发生"4·10"基坑坍塌事故，造成 5 人死亡，1 人受伤。2019 年 4 月 25 日，河北省衡水市×××工程发生施工升降机坠落事故，造成 11 人死亡、1 人重伤、1 人轻伤，人员伤亡重大，社会影响恶劣，教训极其惨痛。

根据住建部历年来的房屋建筑和市政工程伤亡事故的调查统计分析，高处坠落、物体打击、机械伤害、触电、坍塌事故已成为建筑业最常发生的五类事故，近几年来已占到事故总数的 80%～90%。因此，作为建筑工程行业的学生，有必要在在校期间掌握土方工程、脚手架工程、模板工程、高处作业、施工现场临时用电、施工机械等各专项施工安全技术规范的要求，为将来安全施工，加强安全管理做好知识储备，以杜绝安全事故的发生。

1.1   土方工程施工安全技术

1.1.1 基坑支护安全技术

1. 概念

（1）基坑

为进行建（构）筑物地下部分的施工由地面向下开挖出的空间。

（2）基坑周边环境

与基坑开挖相互影响的周边建（构）筑物、地下管线、道路、岩土体与地下水体的统称。

（3）基坑支护

为保护地下主体结构施工和基坑周边环境的安全，对基坑采用的临时性支挡、加固、保护与地下水控制的措施。

（4）基坑工程监测

在基坑施工及使用期限内，对基坑及周边环境实施的检查、监控工作。

2. 基坑分类

基坑属于临时性工程，其作用是提供一个空间，使基础的施工作业得以按照设计图纸和施工方案的要求进行。一般分为无支护基坑和有支护基坑两类。

（1）无支护基坑

无支护基坑：基础埋置不深，施工期较短，挖基坑时不影响邻近建筑物的安全。地下水位低于基底或者渗透量小，不影响坑壁稳定性。无支护基抗的坑壁形式分为垂直坑壁、斜坡和阶梯形坑壁以及变坡度坑壁。

（2）有支护基坑

有支护基坑：基坑壁土质不稳定，并且有地下水的影响。放坡土方开挖工程量过大，不经济。容易受到施工场地或邻近建筑物限制，不能采用放坡开挖。

3. 结构破坏形式

基坑支护结构破坏原因主要有：支护结构整体失稳、基坑土体隆起、管涌及流砂的出现、支撑强度不足或压屈以及墙体破坏。

（1）支护结构整体失稳

由于作为支护结构的挡土结构插入深度不够、支撑位置不当、支撑与围檩系统的结合不牢等原因，造成因挡土结构位移过大而前倾或后仰，甚至挡土结构倒塌，导致坑外土体大滑坡，支护结构系统整体失稳破坏。

（2）基坑土地隆起

在软弱的黏性土层中开挖基坑，当基抗内的土体不断开挖，挡土结构内外土面的高差等于结构外在基坑开挖水平面上作用——附加荷载。挖深增大，荷载亦增加。当挡土结构入土深度不足，则会使基坑内土体大量隆起，基坑外土体过量沉陷，支撑系统应力陡增，导致支护结构整体失稳破坏。

（3）管涌及流砂的出现

含水砂质粉土层或粉质砂土层中的基坑支护结构，在基坑开挖过程中，挡土墙内外形成水头差。当动水压力的渗流速度超过临界流速或水力坡度超过临界坡面坡度时，就会引起管涌及流砂现象。基坑底部和墙体外面大量的泥沙随地下水涌入基坑，导致坑外地面塌陷，严重时会使墙体产生过大位移，引起整个支护体系崩塌。

（4）支撑强度不足或压屈

支撑设计时，由于受力不准确或套用的规范不对，考虑的安全系数有误，或者施工时质量低劣，未能满足设计要求，一旦基坑土方开挖，在较大的侧向土压力作用下，发生支撑折断破坏或严重压屈，引起墙体变形过大或破坏，导致整个支护结构破坏。

（5）墙体破坏

墙体强度不够或连接构造不合理，在土压力、水压力作用下，产生的最大弯矩超过墙体抗弯强度，引起强度破坏。

4. 基坑支护工程施工安全技术

（1）基坑支护应满足下列功能要求：

1）保证基坑周边建（构）筑物、地下管线、道路的安全和正常使用。

2）保证主体地下结构的施工空间。

（2）基坑开挖应严格按照支护设计要求进行。应熟悉围护结构撑锚系统的设计图纸，包括围护墙的类型、撑锚位置、标高及设置方法、顺序等设计要求。

基坑支护设计时，应综合考虑基坑周边环境和地质条件的复杂程度、基坑深度等因素，支护结构的安全等级见表1-1。对同一基坑的不同部位，可采用不同的安全等级。

支护结构的安全等级　　　　　　　　　　　　　　表 1-1

安全等级	破坏后果
一级	支护结构失效、土体过大变形对基坑周边环境或主体结构施工安全的影响很严重
二级	支护结构失效、土体过大变形对基坑周边环境或主体结构施工安全的影响严重
三级	支护结构失效、土体过大变形对基坑周边环境或主体结构施工安全的影响不严重

（3）当支护结构构件强度达到开挖阶段的设计强度时，方可下挖基坑；对采用预应力锚杆的支护结构，应在锚杆施加预加力后，方可下挖基坑；对于土钉墙，应在土钉、喷射

混凝土面层的养护时间大于 2d 后，方可下挖基坑。

（4）应按支护结构设计规定的施工顺序和开挖深度分层开挖。

（5）锚杆、土钉的施工作业面与锚杆、土钉的高差不宜大于 500mm。

（6）开挖时，挖土机械不得碰撞或损害锚杆、腰梁、土钉墙面、内支撑及其连接件等构件，不得损害已施工的基础桩。

（7）当基坑采用降水时，应在降水后开挖地下水位以下的土方。

（8）当开挖揭露的实际土层性状或地下水情况与设计依据的勘察资料明显不符，或出现异常现象、不明物体时，应停止开挖，在采取相应处理措施后方可继续开挖。

（9）挖至坑底时，应避免扰动基底持力土层的原状结构。

（10）当基坑开挖面上方的锚杆、土钉、支撑未达到设计要求时，严禁向下超挖土方。

（11）采用锚杆或支撑的支护结构，在未达到设计规定的拆除条件时，严禁拆除锚杆或支撑。

（12）基坑周边施工材料、设施或车辆荷载严禁超过设计要求的地面荷载限值。

【知识链接】　基坑开挖不当会对基坑周边环境和人的生命安全酿成严重后果。基坑开挖面上方的锚杆、支撑、土钉未达到设计要求时向下超挖土方；临时性锚杆或支撑在未达到设计拆除条件时进行拆除；基坑周边施工材料、设施或车辆荷载超过设计地面荷载限值，致使支护结构受力超越设计状态，均属严重违反设计要求进行施工的行为。

（13）基坑开挖和支护结构使用期内，应按下列要求对基坑进行维护：

1）雨期施工时，应在坑顶、坑底采取有效的截排水措施；对地势低洼的基坑，应考虑周边汇水区域地面径流向基坑汇水的影响；排水沟、集水井应采取防渗措施；

2）基坑周边地面宜作硬化或防渗处理；

3）基坑周边的施工用水应有排放措施，不得渗入土体内；

4）当坑体渗水、积水或有渗流时，应及时进行疏导、排泄、截断水源；

5）开挖至坑底后，应及时进行混凝土垫层和主体地下结构施工；

6）主体地下结构施工时，结构外墙与基坑侧壁之间应及时回填。

（14）支护结构或基坑周边环境出现基坑监测过程中规定的报警情况或其他险情时，应立即停止开挖，并应根据危险产生的原因和可能进一步发展的破坏形式，采取控制或加固措施。危险消除后，方可继续开挖。必要时，应对危险部位采取基坑回填、地面卸土、临时支撑等应急措施。当危险由地下水管道渗漏、坑体渗水造成时，应及时采取截断渗漏水源、疏排渗水等措施。

5. 基坑工程监测

（1）基坑支护设计应根据支护结构类型和地下水控制方法，按表1-2选择基坑监测项

基坑监测项目选择

表 1-2

监测项目	支护结构的安全等级		
	一级	二级	三级
支护结构顶部水平位移	应测	应测	应测
基坑周边建（构）筑物、地下管线、道路沉降	应测	应测	应测
坑边地面沉降	应测	应测	宜测

续表

监测项目	支护结构的安全等级		
	一级	二级	三级
支护结构深部水平位移	应测	应测	选测
锚杆拉力	应测	应测	选测
支撑轴力	应测	应测	选测
挡土构件内力	应测	宜测	选测
支撑立柱沉降	应测	宜测	选测
挡土构件、水泥土墙沉降	应测	宜测	选测
地下水位	应测	应测	选测
土压力	宜测	选测	选测
孔隙水压力	宜测	选测	选测

注：表内各监测项目中，仅选择实际基坑支护形式所含有的内容。

目，并应根据支护结构的具体形式、基坑周边环境的重要性及地质条件的复杂性确定监测点部位及数量。选用的监测项目及其监测部位应能够反映支护结构的安全状态和基坑周边环境受影响的程度。

（2）安全等级为一级、二级的支护结构，在基坑开挖过程与支护结构使用期内，必须进行支护结构的水平位移监测和基坑开挖影响范围内建（构）筑物、地面的沉降监测。

【知识链接】　此为强制性规定。基坑监测是预防不测，保证支护结构和周边环境安全的重要手段。因支护结构水平位移和基坑周边建筑物沉降能直观、快速反映支护结构的受力、变形状态及对环境的影响程度，安全等级为一级、二级的支护结构均应对其进行监测，且监测应覆盖基坑开挖与支护结构使用期的全过程。

（3）支挡式结构顶部水平位移监测点的间距不宜大于 20m，土钉墙、重力式挡墙顶部水平位移监测点的间距不宜大于 15m，且基坑各边的监测点不应少于 3 个。基坑周边有建筑物的部位、基坑各边中部及地质条件较差的部位应设置监测点。

（4）基坑周边建筑物沉降监测点应设置在建筑物的结构墙、柱上，并应分别沿平行、垂直于坑边的方向上布设。在建筑物邻基坑一侧，平行于坑边方向上的测点间距不宜大于15m。垂直于坑边方向上的测点，宜设置在柱、隔墙与结构缝部位。垂直于坑边方向上的布点范围应能反映建筑物基础的沉降差。必要时，可在建筑物内部布设测点。

（5）地下管线沉降监测，当采用测量地面沉降的间接方法时，其测点应布设在管线正上方。当管线上方为刚性路面时，宜将测点设置于刚性路面下。对直埋的刚性管线，应在管线节点、竖井及其两侧等易破裂处设置测点。测点水平间距不宜大于 20m。

（6）道路沉降监测点的间距不宜大于 30m，且每条道路的监测点不应少于 3 个。必要时，沿道路宽度方向可布设多个测点。

（7）对坑边地面沉降、支护结构深部水平位移、锚杆拉力、支撑轴力、立柱沉降、挡土构件沉降、水泥土墙沉降、挡土构件内力、地下水位、土压力、孔隙水压力进行监测时，监测点应布设在邻近建筑物、基坑各边中部及地质条件较差的部位，监测点或监测面不宜少于 3 个。

（8）坑边地面沉降监测点应设置在支护结构外侧的土层表面或柔性地面上。与支护结构的水平距离宜在基坑深度的 0.2 倍范围以内。有条件时，宜沿坑边垂直方向在基坑深度的 1~2 倍范围内设置多个测点，每个监测面的测点不宜少于 5 个。

（9）采用测斜管监测支护结构深部水平位移时，对现浇混凝土挡土构件，测斜管应设置在挡土构件内，测斜管深度不应小于挡土构件的深度；对土钉墙、重力式挡墙，测斜管应设置在紧邻支护结构的土体内，测斜管深度不宜小于基坑深度的 1.5 倍。测斜管顶部应设置水平位移监测点。

（10）锚杆拉力监测宜采用测量锚杆杆体总拉力的锚头压力传感器。对多层锚杆支挡式结构，宜在同一剖面的每层锚杆上设置测点。

（11）支撑轴力监测点宜设置在主要支撑构件、受力复杂和影响支撑结构整体稳定性的支撑构件上。对多层支撑支挡式结构，宜在同一剖面的每层支撑上设置测点。

（12）挡土构件内力监测点应设置在最大弯矩截面处的纵向受拉钢筋上。当挡土构件采用沿竖向分段配置钢筋时，应在钢筋截面面积减小且弯矩较大部位的纵向受拉钢筋上设置测点。

（13）支撑立柱沉降监测点宜设置在基坑中部、支撑交汇处及地质条件较差的立柱上。

（14）当挡土构件下部为软弱持力土层，或采用大倾角锚杆时，宜在挡土构件顶部设置沉降监测点。

（15）当监测地下水位下降对基坑周边建筑物、道路、地面等沉降的影响时，地下水位监测点应设置在降水井或截水帷幕外侧且宜尽量靠近被保护对象。基坑内地下水位的监测点可设置在基坑内或相邻降水井之间。当有回灌井时，地下水位监测点应设置在回灌井外侧。水位观测管的滤管应设置在所测含水层内。

（16）各类水平位移观测、沉降观测的基准点应设置在变形影响范围外，且基准点数量不应少于两个。

（17）基坑各监测项目采用的监测仪器的精度、分辨率及测量精度应能反映监测对象的实际状况。

（18）各监测项目应在基坑开挖前或测点安装后测得稳定的初始值，且次数不应少于两次。

（19）支护结构顶部水平位移的监测频次应符合下列要求：

1）基坑向下开挖期间，监测不应少于每天一次，直至开挖停止后连续三天的监测数值稳定；

2）当地面、支护结构或周边建筑物出现裂缝、沉降，遇到降雨、降雪、气温骤变，基坑出现异常的渗水或漏水，坑外地面荷载增加等各种环境条件变化或异常情况时，应立即进行连续监测，直至连续三天的监测数值稳定；

3）当位移速率大于前次监测的位移速率时，则应进行连续监测；

4）在监测数值稳定期间，应根据水平位移稳定值的大小及工程实际情况定期进行监测。

（20）支护结构顶部水平位移之外的其他监测项目，除应根据支护结构施工和基坑开挖情况进行定期监测外，尚应在出现下列情况时进行监测，直至连续三天的监测数值稳定。

1）出现第（19）条中 2）、3）的情况时；

2）锚杆、土钉或挡土构件施工时，或降水井抽水等引起地下水位下降时，应进行相邻建筑物、地下管线、道路的沉降监测。

（21）对基坑监测有特殊要求时，各监测项目的测点布置、量测精度、监测频度等应根据实际情况确定。

（22）在支护结构施工、基坑开挖期间以及支护结构使用期内，应对支护结构和周边环境的状况随时进行巡查，现场巡查时应检查有无下列现象及其发展情况：

1）基坑外地面和道路开裂、沉陷；

2）基坑周边建（构）筑物、围墙开裂、倾斜；

3）基坑周边水管漏水、破裂，燃气管漏气；

4）挡土构件表面开裂；

5）锚杆锚头松动，锚具夹片滑动，腰梁及支座变形，连接破损等；

6）支撑构件变形、开裂；

7）土钉墙土钉滑脱，土钉墙面层开裂和错动；

8）基坑侧壁和截水帷幕渗水、漏水、流砂等；

9）降水井抽水异常，基坑排水不通畅。

（23）基坑监测数据、现场巡查结果应及时整理和反馈。当出现下列危险征兆时应立即报警：

1）支护结构位移达到设计规定的位移限值；

2）支护结构位移速率增长且不收敛；

3）支护结构构件的内力超过其设计值；

4）基坑周边建（构）筑物、道路、地面的沉降达到设计规定的沉降、倾斜限值；基坑周边建（构）筑物、道路、地面开裂；

5）支护结构构件出现影响整体结构安全性的损坏；

6）基坑出现局部坍塌；

7）开挖面出现隆起现象；

8）基坑出现流土、管涌现象。

1.1.2 土方开挖

1. 基本规定

（1）土方施工应由具有相应资质及安全生产许可证的企业承担。

（2）土方工程应编制安全专项施工方案，并应严格按照方案施工。

【知识链接】 开挖深度超过 3m（含 3m）的基坑（槽）的土方开挖、支护、降水工程和开挖深度虽未超过 3m，但地质条件、周围环境和地下管线复杂，或影响毗邻建（构）筑物安全的基坑（槽）的土方开挖、支护、降水工程，必须编制安全专项施工方案。

（3）施工前应针对安全风险进行安全教育及安全技术交底。特种作业人员必须持证上岗，机械操作人员应经过专业技术培训。

（4）施工现场发现危及人身安全和公共安全的隐患时，必须立即停止作业，排除隐患后方可恢复施工。

（5）土方施工过程中，当发现古墓、古物等地下文物或其他不能辨认的液体、气体及异物时，应立即停止作业，做好现场保护工作，并报有关部门处理后方可继续施工。

（6）土方开挖前应对围护结构和降水效果进行检查，满足设计要求后方可开挖，开挖中应对临时开挖侧壁的稳定性进行验算。

（7）基坑开挖除应满足设计工况要求，按分层、分段、限时、限高和均衡、对称开挖的方法进行外，尚应符合下列规定：

1）当挖土机械、运输车辆等直接进入基坑进行施工作业时，应采取措施保证坡道稳定，坡道坡度不应大于1:7，坡道宽度应满足行车要求；

2）基坑周边、放坡平台的施工荷载应按设计要求进行控制；

3）基坑开挖的土方不应在邻近建筑及基坑周边影响范围内堆放，当需堆放时应进行承载力和相关稳定性验算；

4）邻近基坑边的局部深坑宜在大面积垫层完成后开挖；

5）挖土机械不得碰撞工程桩、围护墙、支撑、立柱和立柱桩、降水井管、监测点等；

6）当基坑开挖深度范围内有地下水时，应采取有效的降水与排水措施，地下水宜在每层土方开挖面以下800~1000mm。

（8）基坑工程应贯彻先设计后施工、先支撑后开挖、边施工边监测、边施工边治理的原则。严禁坑边超载，相邻基坑施工应有防止相互干扰的技术措施。

（9）应加强基坑工程的监测和预报工作，包括对支护结构、周围环境及对岩土变化的监测，应通过监测分析及时预报并提出建议，做到信息化施工、防止隐患扩大和随时检验设计施工的正确性。

2. 土方开挖施工安全技术

（1）根据土方工程开挖深度和工程量的大小，选择机械和人工挖土或机械挖土方案。挖掘应自上而下进行，严禁先挖坡脚。软土基坑无可靠措施时应分层均衡开挖，层高不宜超过1m。坑（槽）沟边1m以内不得堆土、堆料，不得停放机械。

（2）挖土方前对周围环境要认真检查，不能在危险岩石或建筑物下面进行作业。

（3）人工挖基坑时，操作人员之间要保持安全距离，一般大于2.5m；多台机械开挖，挖土机间距应大于10m。

（4）机械挖土，多台机同时开挖土方时，应验算边坡和稳定。根据规定和验算确定挖土机离边坡的安全距离。

（5）如开挖的基坑（槽）比邻近建筑物基础深时，开挖应保持一定距离和坡度，以免在施工时影响邻近建筑物的稳定，如不能满足要求，应采取边坡支撑加固措施。并在施工过程中间进行沉降和位移观测。

（6）当基坑施工深度超过2m时，坑边应按照高处作业的要求设置临边防护，作业人员上下应有专用梯道。当深基坑施工中形成立体交叉作业时，应合理布局基位、人员、运输通道，并设置防止落物伤害的防护层。

（7）为防止基坑底的土被扰动，基坑挖好后要尽量减少暴露时间，及时进行下一道工序的施工。如不能立即进行下一道工序，要预留15~30cm覆盖土层，待基础施工时再挖去。

（8）弃土应及时运出，如需要临时堆土，或留作回填土，堆土坡脚至坑边距离应按挖坑深度、边坡坡度和土的类别确定,在边坡支护设计时应考虑堆土附加的侧压力。

(9) 运土道路的坡度、转弯半径要符合有关安全规定。

(10) 爆破土方要遵守爆破作业安全有关规定。

3. 机械挖土施工安全技术

(1) 大型土方工程施工前,应编制土方开挖方案,绘制土方开挖图,确定开挖方式、路线、顺序、范围、边坡坡度、土方运输路线、堆放地点以及安全技术措施等以保证挖掘、运输机械设备安全作业。

(2) 机械挖方前,应对现场周围环境进行检查,对临近设施在施工中要加强沉降和位移的观测。

(3) 机械行驶道路应平整、坚实;必要时,底部应铺设枕木、钢板或路基箱垫道,防止作业时下陷;在饱和软土地段开挖土方应先降低地下水位,防止设备下陷或基土产生侧移。

(4) 开挖边坡土方,严禁切割坡脚,以防边坡失稳;当山坡坡度陡于 1:5 或在软土地段,不得在挖方上侧堆土。

(5) 机械挖土应分层进行,合理放坡,防止塌方、溜坡等造成机械倾翻、掩埋等事故。

(6) 多台挖掘机在同一作用面机械开挖,挖掘机间距应大于 10m;多台挖掘机在不同台阶同时开挖,应验算边坡稳定,上下台阶挖掘机前后应相距 30m 以上,挖掘机离下部边坡应有一定的安全距离,以防造成翻车事故。

(7) 对边坡上的孤石、孤立土柱、易滑动危险土石体,在挖坡前必须清除,以防开挖时滑塌;施工中应经常检查挖方边坡的稳定性,及时清除悬置的土包和孤石,削坡施工时,坡底不得有人员或机械停留。

(8) 挖掘机工作前,应检查油路和传动系统是否良好,操纵杆应置于空挡位置;工作时应处于水平位置,并将行走机械制动,工作范围内不得有人行走。挖掘机回转及行走时,应待铲斗离开地面,并使用慢速运转。往汽车上装土时,应待汽车停稳,驾驶员离开驾驶室,并应先鸣号后卸土。铲斗应尽量放低,不得碰撞汽车。挖掘机停止作业时,应放在稳固地点,铲斗应落地,放尽贮水,将操纵杆置于空挡位置,锁好车门,挖掘机转移工作地点时,应使用平板拖车。

(9) 推土机起动前,应先检查油路及运转机构是否正常,操纵杆是否置于空挡位置。作业时,应将工作范围内的障碍物先予清除,非工作人员应远离作业区,先鸣号后作业。推土机上下坡应用低速行驶,上坡不得换挡,坡度不应超过 25°;下坡不得脱挡滑行,坡度不应超过 35°;在横坡上行驶时,横坡坡度不得超过 10°,并不在陡坡上转弯。填沟渠或驶近边坡时,推铲不得超出边坡边缘,并换好倒车挡后方可提升推铲进行倒车。推土机应停放在平坦稳固的安全地方,放尽储水将操纵杆置于空挡位置,锁好车门。推土机转移时,应使用平板拖车。

(10) 铲运机启动前应先检查油路和传动系统是否良好,操纵杆应置于空挡位置。铲运机的开行道路应平坦,其宽度应大于机身 2m 以上。在坡地行走,上下坡度不得超过 25°,横坡不得超过 10°。铲斗与机身不正时,不得铲土。多台机在一个作业区作业时,前后距离不得小于 10m,左右距离不得小于 2m。铲运机上下坡道时,应低速行驶,不得中途换挡，下坡时严禁脱挡滑行。禁止在斜坡上转弯、倒车或停车。工作结束，应将铲运机停在平坦稳固地点，放尽储水将操纵杆置于空挡位置，锁好车门。

（11）在有支撑的基坑中挖土时，必须防止碰坏支撑，在坑沟边使用机械挖土时，应计算支撑强度，危险地段应加强支撑。

（12）机械施工区域禁止无关人员进入场地内。挖掘机工作回转半径范围内不得站人或进行其他作业。土方爆破时，人员及机械设备应撤离危险区域。挖掘机、装载机卸土，应待整机停稳后进行，不得将铲斗从运输汽车驾驶室顶部越过；装土时任何人都不得停留在装土车上。

（13）挖掘机操作和汽车装土行驶要听从现场指挥，所有车辆必须严格按规定的开行路线行驶，防止撞车。

（14）挖掘机行走和自卸汽车卸土时，必须注意上空电线，不得在架空输电线路下工作；如在架空输电线一侧工作时，在 110kV～220kV 电压时，垂直安全距离为 2.5m；水平安全距离为 4～6m。

（15）夜间作业，机上及工作地点必须有充足的照明设施，在危险地段应设置明显的警示标志和护栏。

（16）冬期、雨期施工，运输机械和行驶道路应采取防滑措施，以保证行车安全。

（17）遇六级以上大风或雷雨、大雾天气时，各种挖掘机应停止作业，并将臂杆降至 30°～45°。

1.1.3 人工降排地下水

1. 概述

在地下水位较高的地区进行基础施工，降低地下水位是一项非常重要的技术措施。当基坑无支护结构防护时，通过降低地下水位，以保证基坑边坡稳定，防止地下水涌入坑内，阻止流砂现象发生。但此时的降水会将坑内外的局部水位同时降低，对基坑外周围建（构）筑物、道路及管线会造成不利影响，设计时应充分考虑。

当基坑有支护结构围护时，一般仅在基坑内降低地下水位。有支护结构围护的基坑，由于围护体的隔水效果较好，且隔水帷幕伸入透水层差的土层一定深度，在这种情况下的降水类似盆中抽水。实践表明，封闭式的基坑内降水到一定时间后，在降水深度范围内的土体中，几乎无水可抽。此时降水的目的也已达到，既疏干了坑内的土体，改善了土方施工条件，又固结了基坑底的土体，有利于提高支护结构的安全度。根据施工及测试结果表明，降水效果好的基坑，其土的黏聚力和内摩擦角值可提高 25%～30% 左右。

在地下水位以下的含水丰富的土层中开挖大面积基坑时，一般采用明沟排水方法，常会遇到大量地下涌水，难以排干；当遇粉、细砂层时，还可能出现严重的翻浆、冒泥、流砂等现象。不仅使基坑无法挖深，而且还会造成大量水土流失，使边坡失稳或附近地面出现塌陷，严重时还会影响邻近建筑物的安全。当遇有此种情况出现，一般应采用人工降低地下水位的方法施工。

2. 降低地下水位的安全要求

（1）开挖低于地下水位的基坑（槽）、管沟和其他挖方时，应根据施工区域内的工程地质、水文地质资料、开挖范围和深度，以及防塌、防陷、防流砂的要求，分别选用集水坑降水、井点降水或两者结合降水等措施降低地下水位，施工期间应保证地下水位经常低于开挖底面 0.5m 以上。

（2）基坑顶四周地面应设置截水沟。坑壁（边坡）处如有阴沟或局部渗漏水时，应设法堵截或引出坡外，防止边坡受冲刷而坍塌。

（3）采用集水井（坑）降水时，应符合下列要求：

1）根据现场地质条件，应能保持开挖边坡的稳定；

2）集水井（坑）和排水沟一般应设在基础范围以外，防止地基土结构遭受破坏，大型基坑可在中间加设小支沟与边沟连通；

3）集水井（坑）应比排水沟、基坑底面深一些，以利于集水排水；

4）集水井（坑）深度以便于水泵抽水为宜，坑壁可用竹筐、钢筋网外加碎石过滤层等方法加以围护，防止堵塞抽水泵；

5）排泄从集水井（坑）抽出的泥水，应符合环境保护要求；

6）边坡坡面上如有局部渗出地下水时，应在渗水处设置过滤层，防止土粒流失，并应设置排水沟，将水引出坡面；

7）土层中如有局部流砂现象，应采取防护措施。

（4）降水前，应考虑在降水影响范围内的已有建筑物和构筑物可能产生的附加沉降、位移或供水井水位下降，以及在岩溶土洞发育地区可能引起的地面塌陷，必要时应采取防护措施。在降水期间，应定期进行沉降和水位观测并作出记录。

（5）土方开挖前，必须保证一定的预抽水时间，一般真空井点不少于 7～10h，喷射井点或真空深井井点不少于 20h。

（6）井点降水设备的排水口应与坑边保持一定距离，防止排出的水回渗入坑内。

（7）在第一个管井井点或第一组轻型井点安装完毕后，应立即进行抽水试验，不符合要求时，应根据试验结果对设计参数作适当调整。

（8）采用真空泵抽水时，管路系统应严密，确保无漏水或漏气现象，经试运转后，方可正式使用。

（9）降水深度必须考虑隔水帷幕的深度，防止产生管涌现象。

（10）降水工程必须与坑外观测井的监测密切配合，用观测数据来指导降水施工，避免隔水帷幕渗漏，在降水工程中影响周围环境。

（11）坑外降水，为减少井点降水对周围环境的影响，应采取在降水管与受保护对象之间设置回灌井点或回灌砂井、砂沟等措施。

（12）井点降水工作结束后所留的井孔，应立即用砂土（或其他代用材料）填实。对于穿过不透水层进入承压含水层的井管，拔除后应用黏土球填衬封死，杜绝井管位置发生管涌。如井孔位于建（构）筑物基础以下，且设计对地基有特殊要求时，应按设计要求回填。

（13）在地下水位高而采用板桩作支护结构的基坑内抽水时，应注意因板桩的变形、接缝不密或桩端处透水等原因而造成渗水量大的情况，必要时应采取有效措施堵截板桩的渗漏水，防止因抽水过多使板桩外的土随水流入板桩内，从而掏空板桩外原有建（构）筑物的地基，危及建（构）筑物的安全。

1.2 脚手架工程施工安全技术

1.2.1 脚手架的作用

脚手架为建筑施工而搭设的、承受荷载的由扣件和钢管等构成的脚手架与支撑架，包含各类脚手架与支撑架，统称为脚手架。脚手架由杆件、构配件通过相关连接，构成具有防护、支撑功能，并为建筑施工作业提供操作平台的固定或活动式架体。

脚手架是建筑施工中不可缺少的空中作业工具，无论结构施工还是室外装饰施工，以及设备安装都需要根据操作要求搭设脚手架。脚手架可以使施工作业人员在不同部位进行操作，能堆放及运输一定数量的建筑材料，同时可以保证施工作业人员在高空操作时的安全。

1.2.2 脚手架种类划分

按照脚手架的用途和使用功能划分，可划分为作业脚手架、支撑脚手架两大类。

1. 作业脚手架的种类划分

作业脚手架由杆件或结构单元、配件通过可靠连接而组成，支承于地面、建筑物上或附着于工程结构上，为建筑施工提供作业平台和安全防护的脚手架。

（1）按照搭设方法划分

作业脚手架分为落地式钢管扣件脚手架、悬挑式脚手架、附着式升降脚手架和防护脚手架等几种常见形式。

（2）按照节点连接方式划分

作业脚手架主要分为扣件式钢管脚手架、门式钢管脚手架、承插式盘扣钢管脚手架等。

（3）按照搭设材料划分

作业脚手架主要分为钢管脚手架、木脚手架、竹脚手架等。

2. 支撑脚手架的种类划分

支撑脚手架由杆件或结构单元、配件通过可靠连接而组成，支承于地面或结构上，可承受各种荷载，具有安全保护功能，为建筑施工提供支撑和作业平台的脚手架。

（1）按照搭设材料划分

支撑脚手架分为钢管承重脚手架、木承重脚手架等。

（2）按照节点连接方式划分

支撑脚手架分为扣件式钢管承重脚手架、门式钢管承重脚手架、承插型盘扣式承重脚手架、碗扣式钢管承重脚手架等。

（3）根据用途划分

支撑脚手架分为结构安装承重支架、混凝土模板（承重）支架、满堂脚手架等。

1.2.3 扣件式钢管脚手架

1. 构配件组成

（1）钢管

脚手架钢管应采用国家标准《直缝电焊钢管》GB/T 13793—2016 或《低压流体输送用焊接钢管》GB/T 3091—2015 中规定的 Q235 普通钢管；钢管的钢材质量应符合国家标准《碳素结构钢》GB/T 700—2006 中对 Q235 级钢的规定。

脚手架钢管宜采用 ϕ 48.3×3.6 钢管。每根钢管的最大质量不应大于 25.8kg。

（2）扣件

扣件应采用可锻铸铁或铸钢制作。采用其他材料制作的扣件，经试验证明其质量符合该标准的规定后方可使用。扣件在螺栓拧紧扭力矩达到 65N·m 时，不得发生破坏。

（3）脚手板

脚手板可采用钢、木、竹材料制作，单块脚手板的质量不宜大于 30kg。

（4）可调托撑

可调托撑螺杆外径不得小于 36mm，可调托撑的螺杆与支托板焊接应牢固，焊缝高度不得小于 6mm；可调托撑螺杆与螺母旋合长度不得少于 5 扣，螺母厚度不得小于 30mm。

可调托撑受压承载力设计值不应小于 40kN，支托板厚不应小于 5mm。

【知识链接】 在进入施工现场后第一次使用前，由施工总承包单位负责，对钢管、扣件、可调托撑进行复试。

（5）悬挑脚手架用型钢

悬挑脚手架用型钢的材质应符合国家标准《碳素结构钢》GB/T 700—2006 或《低合金高强度结构钢》GB/T 1591—2018 的规定。

用于固定型钢悬挑梁的 U 形钢筋拉环或锚固螺栓材质应符合国家标准《钢筋混凝土用钢 第 1 部分：热轧光圆钢筋》GB 1499.1—2017 中 HPB300 级钢筋的规定。

2. 构造要求

（1）常用单、双排脚手架设计尺寸

1）常用密目式安全网全封闭单、双排脚手架结构的设计尺寸，见表 1-3、表 1-4。

常用密目式安全网全封闭式双排脚手架的设计尺寸（m）　　　　表 1-3

连墙件设置	立杆横距 l_b	步距 h	下列荷载时的立杆纵距 l_a				脚手架允许搭设高度 [H]
			2+0.35 (kN/m²)	2+2+2×0.35 (kN/m²)	3+0.35 (kN/m²)	3+2+2×0.35 (kN/m²)	
二步三跨	1.05	1.50	2.0	1.5	1.5	1.5	50
		1.80	1.8	1.5	1.5	1.5	32
	1.30	1.50	1.8	1.5	1.5	1.5	50
		1.80	1.8	1.2	1.5	1.2	30
	1.55	1.50	1.8	1.5	1.5	1.5	38
		1.80	1.8	1.2	1.5	1.2	22

连墙件设置	立杆横距 l_b	步距 h	下列荷载时的立杆纵距 l_a				脚手架允许搭设高度 $[H]$
			$2+0.35$ (kN/m²)	$2+2+2\times0.35$ (kN/m²)	$3+0.35$ (kN/m²)	$3+2+2\times0.35$ (kN/m²)	
三步三跨	1.05	1.50	2.0	1.5	1.5	1.5	43
		1.80	1.8	1.2	1.5	1.2	24
	1.30	1.50	1.8	1.5	1.5	1.2	30
		1.80	1.8	1.2	1.5	1.2	17

注：1. 表中所示 $2+2+2\times0.35$ (kN/m²)，包括下列荷载：$2+2$ (kN/m²) 为二层装修作业层施工荷载标准值；2×0.35 (kN/m²) 为二层作业层脚手板自重荷载标准值。

2. 作业层横向水平杆间距，应按不大于 $l_a/2$ 设置。

3. 地面粗糙度为 B 类，基本风压 $\omega_0=0.4kN/m^2$。

常用密目式安全立网全封闭式单排脚手架的设计尺寸（m） 表 1-4

连墙件设置	立杆横距 l_b	步距 h	下列荷载时的立杆纵距 l_a		脚手架允许搭设高度 $[H]$
			$2+0.35$ (kN/m²)	$3+0.35$ (kN/m²)	
二步三跨	1.20	1.50	2.0	1.8	24
		1.80	1.5	1.2	24
	1.40	1.50	1.8	1.5	24
		1.80	1.5	1.2	24
三步三跨	1.20	1.50	2.0	1.8	24
		1.80	1.2	1.2	24
	1.40	1.50	1.8	1.5	24
		1.80	1.2	1.2	24

2）单排脚手架搭设高度不应超过 24m；双排脚手架搭设高度不宜超过 50m，高度超过 50m 的双排脚手架，应采用分段搭设等措施。

（2）纵向水平杆、横向水平杆、脚手板

1）纵向水平杆件应设置在立杆内侧，单根杆长度不应小于 3 跨。

2）纵向水平杆应采用对接扣件连接或搭接，并应符合下列规定：

①两根相邻纵向水平杆的接头不应设置在同步或同跨内；不同步或不同跨两个相邻接头在水平方向错开的距离不应小于 500mm；各接头中心至最近主节点的距离不应大于纵距的 1/3，如图 1-1 所示。

②搭接长度不应小于 1m，应等间距设置 3 个旋转扣件固定；端部扣件盖板边缘至搭接纵向水平杆杆端的距离不应小于 100mm。

3）当使用冲压钢脚手板、木脚手板、竹串片脚手板时，纵向水平杆应作为横向水平杆的支座，用直角扣件固定在立杆上；当使用竹笆脚手板时，纵向水平杆应采用直角扣件固定在横向水平杆上，并应等间距设置，间距不应大于 400mm，如图 1-2 所示。

4）作业层上非主节点处的横向水平杆，宜根据支承脚手板的需要等间距设置，最大间距不应大于纵距的 1/2。

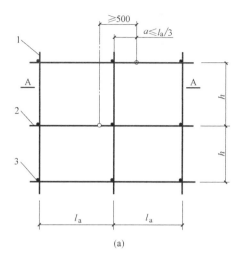

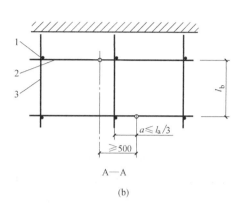

图 1-1　纵向水平杆对接接头置

（a）接头不在同步内（立面）；（b）接头不在同跨内（平面）
1—立杆；2—纵向水平杆；3—横向水平杆

5）当使用冲压钢脚手板、木脚手板、竹串片脚手板时，双排脚手架的横向水平杆两端均应采用直角扣件固定在纵向水平杆上；单排脚手架的横向水平杆的一端应用直角扣件固定在纵向水平杆上，另一端应插入墙内，插入长度不应小于 180mm。

当使用竹笆脚手板时，双排脚手架的横向水平杆的两端，应用直角扣件固定在立杆上；单排脚手架的横向水平杆的一端，应用直角扣件固定在立杆上，另一端插入墙内，插入长度不应小于 180mm。

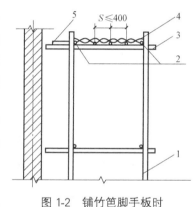

图 1-2　铺竹笆脚手板时纵向水平杆的构造

1—立杆；2—纵向水平杆；3—横向水平杆；4—竹笆脚手板；5—其他脚手板

【知识链接】　《建筑施工脚手架安全技术统一标准》GB 51210—2016 第 8.2.1 条规定，作业脚手架的宽度不应小于 0.8m，也不宜大于 1.2m。作业层高度不应小于 1.7m，也不宜大于 2.0m。

6）主节点处必须设置一根横向水平杆，用直角扣件扣接且严禁拆除。

【课堂思考】　什么是主节点？

7）作业层脚手板应铺满、铺稳、铺实。

8）冲压钢脚手板、木脚手板、竹串片脚手板等，应设置在三根横向水平杆上。当脚手板长度小于 2m 时，可采用两根横向水平杆支承，但应将脚手板两端与横向水平杆可靠固定，严防倾翻。脚手板的铺设应采用对接平铺或搭接铺设。脚手板对接平铺时，接头处应设两根横向水平杆，脚手板外伸长度应取 130～150mm，两块脚手板外伸长度的和不应大于 300mm；脚手板搭接铺设时，接头应支在横向水平杆上，搭接长度不应小于 200mm，其伸出横向水平杆的长度不应小于 100mm，如图 1-3 所示。

9）竹笆脚手板应按其主竹筋垂直于纵向水平杆方向铺设，且应对接平铺，四个角应

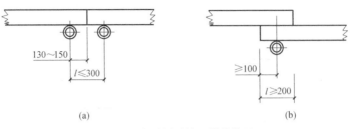

图 1-3 脚手板对接、搭接构造
（a）脚手板对接；（b）脚手板搭接

用直径不小于 1.2mm 的镀锌钢丝固定在纵向水平杆上。

10）作业层端部脚手板探头长度应取 150mm，其板的两端均应固定于支承杆件上。

【知识链接】 木脚手板厚度不应小于 50mm，两端宜各设置直径不小于 4mm 的镀锌钢丝箍两道。

（3）立杆

1）每根立杆底部宜设置底座或垫板。

2）脚手架必须设置纵、横向扫地杆。纵向扫地杆应采用直角扣件固定在距钢管底端不大于 200mm 处的立杆上。横向扫地杆应采用直角扣件固定在紧靠纵向扫地杆下方的立杆上。

3）脚手架立杆基础不在同一高度上时，必须将高处的纵向扫地杆向低处延长两跨与立杆固定，高低差不应大于 1m。靠边坡上方的立杆轴线到边坡的距离不应小于 500mm，如图 1-4 所示。

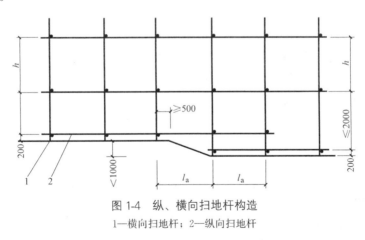

图 1-4 纵、横向扫地杆构造
1—横向扫地杆；2—纵向扫地杆

【课堂思考】 ①纵向扫地杆和横向扫地杆的位置关系；②纵向扫地杆距地面的距离。

4）单、双排脚手架底层步距均不应大于 2m。

5）单排、双排与满堂脚手架立杆接长除顶层顶步外，其余各层各步接头必须采用对接扣件连接。

6）当立杆采用对接接长时，立杆的对接扣件应交错布置，两根相邻立杆的接头不应设置在同步内；同步内隔一根立杆的两个相隔接头在高度方向错开的距离不宜小于 500mm；各接头中心至主节点的距离不宜大于步距的 1/3。

当立杆采用搭接接长时，搭接长度不应小于1m，并应采用不少于2个旋转扣件固定。端部扣件盖板的边缘至杆端距离不应小于100mm。

【课堂思考】　按照6）中的要求，绘制脚手架立杆对接图。

7）脚手架立杆顶端栏杆宜高出女儿墙上端1m，宜高出檐口上端1.5m。

（4）连墙件

1）脚手架连墙件设置的位置、数量应按专项施工方案确定。

2）脚手架连墙件数量的设置除应满足《建筑施工扣件式钢管脚手架安全技术规范》JGJ 130—2011的计算要求外，还应符合表1-5的规定。

脚手架连墙件设置要求　　　　　　　　　　表 1-5

搭设方法	高度	竖向间距 （h）	水平间距 （l_a）	每根连墙件 覆盖面积（m²）
双排落地	≤50m	$3h$	$3l_a$	≤40
双排悬挑	>50m	$2h$	$3l_a$	≤27
单排	≤24m	$3h$	$3l_a$	≤40

注：h—步距；l_a—纵距。

3）连墙件的布置应靠近主节点设置，偏离主节点的距离不应大于300mm；应从底层第一步纵向水平杆处开始设置，当该处设置有困难时，应采用其他可靠措施固定；应优先采用菱形布置，或采用方形、矩形布置。

4）开口型脚手架的两端必须设置连墙件，连墙件的垂直间距不应大于建筑物的层高，并且不应大于4m。

【知识链接】　将开口型脚手架两端通过连墙件与主体结构加强连接，再加上横向斜撑的作用，可以加强开口型脚手架的整体刚度。

5）连墙件中的连墙杆应呈水平设置，当不能水平设置时，应向脚手架一端下斜连接。

6）连墙件必须采用可承受拉力和压力的构造。对高度24m以上的双排脚手架，应采用刚性连墙件与建筑物连接。

7）当脚手架下部暂不能设连墙件时应采取防倾覆措施。当搭设抛撑时，抛撑应采用通长杆件，并用旋转扣件固定在脚手架上，与地面的倾角应在45°～60°之间；连接点中心至主节点的距离不应大于300mm。抛撑在连墙件搭设后方可拆除。

（5）剪刀撑、横向斜撑

1）双排脚手架应设置剪刀撑与横向斜撑，单排脚手架应设置剪刀撑。

2）单、双排脚手架的每道剪刀撑跨越立杆的最多根数应按表1-6的规定确定。每道剪刀撑宽度不应小于4跨，且不应小于6m，斜杆与地面的倾角应在45°～60°之间。

剪刀撑跨越立杆的最多根数　　　　　　　　　　表 1-6

剪刀撑斜杆与地面的倾角 α	45°	50°	60°
剪刀撑跨越立杆的最多根数 n	7	6	5

3）剪刀撑斜杆的接长应采用搭接或对接，搭接应符合规范规定。

4）剪刀撑斜杆应用旋转扣件固定在与之相交的横向水平杆的伸出端或立杆上，旋转扣件中心线至主节点的距离不应大于150mm。

5）高度在 24m 及以上的双排脚手架应在外侧全立面连续设置剪刀撑；高度在 24m 以下的单、双排脚手架，均必须在外侧两端、转角及中间间隔不超过 15m 的立面上，各设置一道剪刀撑，并应由底至顶连续设置，如图 1-5 所示。

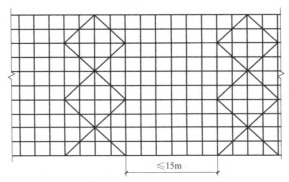

图 1-5　高度在 24m 以下剪刀撑布置

6）双排脚手架的横向斜撑应在同一节间，由底至顶层呈"之"字形连续布置，斜撑的固定应符合《建筑施工扣件式钢管脚手架安全技术规范》JGJ 130—2011 的相关规定。

高度在 24m 以下的封闭型双排脚手架可不设横向斜撑，高度在 24m 以上的封闭型脚手架，除拐角应设置横向斜撑外，中间应每隔 6 跨距设置一道。

7）开口型双排脚手架的两端均必须设置横向斜撑。

【知识链接】　静力模拟试验表明，对于"一"字形脚手架，两端有横向斜撑（"之"字形），外侧有剪刀撑时，脚手架的承载能力可比不设的提高 20%。

（6）型钢悬挑脚手架

1）一次悬挑脚手架高度不宜超过 20m，如图 1-6 所示。

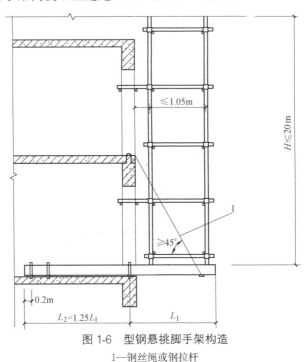

图 1-6　型钢悬挑脚手架构造

1—钢丝绳或钢拉杆

2）型钢悬挑梁宜采用双轴对称截面的型钢。悬挑钢梁型号及锚固件应按设计确定。钢梁截面高度不应小于 160mm。悬挑梁尾端应在两处及以上固定于钢筋混凝土梁板结构上。锚固型钢悬挑梁的 U 形钢筋拉环或锚固螺栓直径不宜小于 16mm。

3）用于锚固的 U 形钢筋拉环或螺栓应采用冷弯成型。U 形钢筋拉环、锚固螺栓与型钢间隙应用钢楔或硬木楔楔紧。

4）每个型钢悬挑梁外端宜设置钢丝绳或钢拉杆与上一层建筑结构斜拉结。钢丝绳、钢拉杆不参与悬挑钢梁受力计算；钢丝绳与建筑结构拉结的吊环应使用 HPB300 级钢筋，其直径不宜小于 20mm，吊环预埋锚固长度应符合国家标准《混凝土结构设计规范》GB 50010—2010（2015 年版）中钢筋锚固的规定。

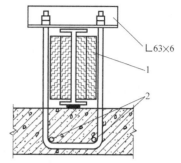

图 1-7　悬挑钢梁 U 形螺栓固定构造
1—木楔侧向楔紧；2—两根 1.5m 长
直径 18mm 的 HRB335 钢筋

5）悬挑梁悬挑长度按设计确定。固定段长度不应小于悬挑段长度的 1.25 倍。型钢悬挑梁固定端应采用 2 个（对）及以上 U 形钢筋拉环或锚固螺栓与建筑结构梁板固定，U 形钢筋拉环或锚固螺栓应预埋至混凝土梁、板底层钢筋位置，并应与混凝土梁、板底层钢筋焊接或绑扎牢固，其锚固长度应符合图 1-7～图 1-9 的规定。

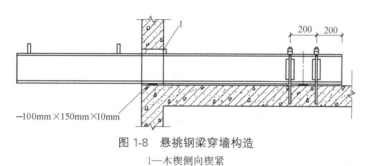

图 1-8　悬挑钢梁穿墙构造
1—木楔侧向楔紧

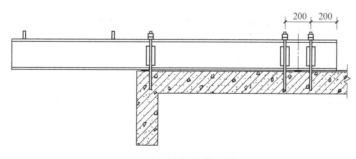

图 1-9　悬挑钢梁楼面构造

6）当型钢悬挑梁与建筑结构采用螺栓钢压板连接固定时，钢压板尺寸不应小于 100mm×10mm（宽×厚）；当采用螺栓角钢压板连接时，角钢的规格不应小于 63mm×63mm×6mm。

7）型钢悬挑梁悬挑端应设置能使脚手架立杆与钢梁可靠固定的定位点，定位点离悬挑梁端部不应小于 100mm。

【知识链接】　定位点可采用竖直焊接长 0.2m、直径 25～30mm 的钢筋或短管等方式。

8）锚固位置设置在楼板上时，楼板的厚度不宜小于 120mm。如果楼板的厚度小于120mm 应采取加固措施。

9）悬挑梁间距应按悬挑架架体立杆纵距设置，每一纵距设置一根。

10）悬挑架的外立面剪刀撑应自下而上连续设置。剪刀撑、横向斜撑、连墙件的设置应符合《建筑施工扣件式钢管脚手架安全技术规范》JGJ 130—2011 的相关规定。

11）锚固型钢的主体结构混凝土强度等级不得低于 C20。

（7）满堂脚手架

1）满堂脚手架搭设高度不宜超过 36m；满堂脚手架施工层不得超过 1 层。

2）满堂脚手架水平杆长度不宜小于 3 跨。

3）满堂脚手架应在架体外侧四周及内部纵、横向每 6～8m 由底至顶设置连续竖向剪刀撑。当架体搭设高度在 8m 以下时，应在架顶部设置连续水平剪刀撑；当架体搭设高度在 8m 及以上时，应在架体底部、顶部及竖向间隔不超过 8m 分别设置连续水平剪刀撑。水平剪刀撑宜在竖向剪刀撑斜杆相交平面设置。剪刀撑宽度应为 6～8m。

4）剪刀撑应用旋转扣件固定在与之相交的水平杆或立杆上，旋转扣件中心线至主节点的距离不宜大于 150mm。

5）满堂脚手架的高宽比不宜大于 3。当高宽比大于 2 时，应在架体的外侧四周和内部水平间隔 6～9m，竖向间隔 4～6m 设置连墙件与建筑结构拉结。当无法设置连墙件时，应采取设置钢丝绳张拉固定等措施。

6）最少跨数为 2、3 跨的满堂脚手架，宜按一般规定的要求设置连墙件。

7）当满堂脚手架局部承受集中荷载时，应按实际荷载计算并应局部加固。

8）满堂脚手架应设爬梯，爬梯踏步间距不得大于 300mm。

9）满堂脚手架操作层支撑脚手板的水平杆间距不应大于 1/2 跨距；脚手板的铺设应符合一般规定的要求。

10）常用敞开式满堂脚手架结构的设计尺寸，可按表 1-7 取用。

常用敞开式满堂脚手架结构的设计尺寸　　　　　　　　　　　　　表 1-7

序号	步距 (m)	立杆间距 (m)	支架高宽比 不小于	下列施工荷载时最大 允许高度(m)	
				2(kN/m²)	3(kN/m²)
1	1.7～1.8	1.2×1.2	2	17	9
2		1.0×1.0	2	30	24
3		0.9×0.9	2	36	36
4	1.5	1.3×1.3	2	18	9
5		1.2×1.2	2	23	16
6		1.0×1.0	2	36	31
7		0.9×0.9	2	36	36

续表

序号	步距 (m)	立杆间距 (m)	支架高宽比 不小于	下列施工荷载时最大 允许高度(m)	
				2(kN/m²)	3(kN/m²)
8		1.3×1.3	2	20	13
9	1.2	1.2×1.2	2	24	19
10		1.0×1.0	2	36	32
11		0.9×0.9	2	36	36
12	0.9	1.0×1.0	2	36	33
13		0.9×0.9	2	36	36

【知识链接】 满堂脚手架是指荷载通过水平杆传入立杆，立杆偏心受力情况。

（8）满堂支撑架

1）满堂支撑架立杆步距不宜超过 1.8m，立杆间距不宜超过 1.2m×1.2m。立杆伸出顶层水平杆中心线至支撑点的长度不应超过 0.5m。满堂支撑架搭设高度不宜超过 30m。

2）满堂支撑架立杆、水平杆的构造要求应符合规范规定。

3）满堂支撑架应根据架体的类型，即普通型和加强型进行剪刀撑的设置，并应符合规范规定。

4）竖向剪刀撑斜杆与地面的倾角应为 45°～60°，水平剪刀撑与支架纵（或横）向夹角应为 45°～60°，剪刀撑斜杆的接长应符合规范规定。

5）剪刀撑的固定应符合规范规定。

6）满堂支撑架的可调底座、可调托撑螺杆伸出长度不宜超过 300mm，插入立杆内的长度不得小于 150mm。

7）当满堂支撑架高宽比不满足规范规定（高宽比大于 2 或 2.5）时，满堂支撑架应在支架的四周和中部与结构柱进行刚性连接，连墙件水平间距应为 6～9m，竖向间距应为 2～3m。在无结构柱部位应采取预埋钢管等措施与建筑结构进行刚性连接。在有空间部位，满堂支撑架宜超出顶部加载区投影范围向外延伸布置 2～3 跨。支撑架高宽比不应大于 3。

3. 搭设

（1）施工准备

1）脚手架搭设前，应按专项施工方案向施工人员进行交底。

2）应按规范规定和脚手架专项施工方案要求对钢管、扣件、脚手板、可调托撑等进行检查验收，不合格产品不得使用。

3）经检验合格的构配件应按品种、规格分类，堆放整齐、平稳，堆放场地不得有积水。

4）应清除搭设场地杂物，平整搭设场地，并应使排水畅通。

5）脚手架基础经验收合格后，应按施工组织设计或专项方案的要求放线定位。

（2）搭设

1）单、双排脚手架必须配合施工进度搭设，一次搭设高度不应超过相邻连墙件以上两步；如果超过相邻连墙件以上两步，无法设置连墙件时，应采取撑拉固定等措施与建筑结构拉结。

2）每搭完一步脚手架后，应按规范规定校正步距、纵距、横距及立杆的垂直度。

3）立杆垫板或底座底面标高宜高于自然地坪 50～100mm。底座、垫板均应准确地放在定位线上；垫板应采用长度不少于 2 跨、厚度不小于 50mm、宽度不小 200mm 的木垫板。

4）立杆搭设时，相邻立杆的对接连接应符合规范构造要求的规定；脚手架开始搭设立杆时，应每隔 6 跨设置一根抛撑，直至连墙件安装稳定后，方可根据情况拆除；当架体搭设至有连墙件的主节点时，在搭设完该处的立杆、纵向水平杆、横向水平杆后，应立即设置连墙件。

5）搭设横向水平杆时，应符合前述构造要求的规定；双排脚手架横向水平杆的靠墙一端至墙装饰面的距离不应大于 100mm。

6）单排脚手架的横向水平杆不应设置在下列部位：设计上不允许留脚手眼的部位；过梁上与过梁两端成 60°角的三角形范围内及过梁净跨度 1/2 的高度范围内；宽度小于 1m 的窗间墙；梁或梁垫下及其两侧各 500mm 的范围内；砖砌体的门窗洞口两侧 200mm 和转角处 450mm 的范围内；其他砌体的门窗洞口两侧 300mm 和转角处 600mm 的范围内；墙体厚度小于或等于 180mm；独立或附墙砖柱、空斗砖墙、加气块墙等轻质墙体；砌筑砂浆强度等级小于或等于 M2.5 的砖墙。

7）脚手架纵、横向扫地杆搭设应符合前述构造要求的规定。

8）连墙件的安装应随脚手架搭设同步进行，不得滞后安装；当单、双排脚手架施工操作层高出相邻连墙件以上两步时，应采取确保脚手架稳定的临时拉结措施，直到上一层连墙件安装完毕后再根据情况拆除。

9）脚手架剪刀撑与单、双排脚手架横向斜撑应随立杆、纵向和横向水平杆等同步搭设，不得滞后安装。

10）钢管扣件安装时，应保证规格与钢管外径相同；螺栓拧紧扭力矩不应小于 40N·m，且不应大于 65N·m；在主节点处固定横向水平杆、纵向水平杆、剪刀撑、横向斜撑等用的直角扣件、旋转扣件的中心点的相互距离不应大于 150mm；对接扣件开口应朝上或朝内；各杆件端头伸出扣件盖板边缘的长度不应小于 100mm。

11）作业层、斜道的栏杆和挡脚板进行搭设时，栏杆和挡脚板均应搭设在外立杆的内侧；上栏杆上皮高度应为 1.2m；挡脚板高度不应小于 180mm；中栏杆应居中设置，如图 1-10 所示。

12）脚手板应铺满、铺稳，离墙面的距离不应大于 150mm；采用对接或搭接时均应符合前述构造要求的规定；脚手板探头应用直径 3.2mm 的镀锌钢丝固定在支承杆件上；在拐角、斜道平台口处的脚手板，应用镀锌钢丝固定在横向水平杆上，防

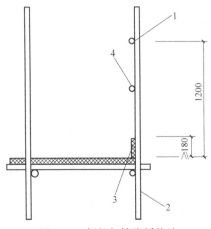

图 1-10　栏杆与挡脚板构造
1—上栏杆；2—外立杆；
3—挡脚板；4—中栏杆

止滑动。

4. 拆除

（1）脚手架拆除应按专项方案施工，拆除前应全面检查脚手架的扣件连接、连墙件、支撑体系等是否符合构造要求；根据检查结果补充完善脚手架专项方案中的拆除顺序和措施，经审批后方可实施；对施工人员进行交底；清除脚手架上杂物及地面障碍物。

（2）单、双排脚手架拆除作业必须由上而下逐层进行，严禁上下同时作业；连墙件必须随脚手架逐层拆除，严禁先将连墙件整层或数层拆除后再拆脚手架；分段拆除高差大于两步时，应增设连墙件加固。

（3）脚手架拆至下部最后一根长立杆的高度（约 6.5m）时，应先在适当位置搭设临时抛撑加固后，再拆除连墙件。当单、双排脚手架采取分段、分立面拆除时，对不拆除的脚手架两端，应先按前述构造要求的有关规定设置连墙件和横向斜撑加固。

（4）架体拆除作业应设专人指挥，当有多人同时操作时，应明确分工、统一行动，且应具有足够的操作面。

（5）卸料时各构配件严禁抛掷到地面。

（6）运至地面的构配件应按《建筑施工扣件式钢管脚手架安全技术规范》JGJ 130—2011 的规定及时检查、整修与保养，并应按品种、规格分别存放。

5. 检查与验收

（1）脚手架及其地基基础应在下列阶段进行检查与验收：

1）基础完工后及脚手架搭设前；

2）作业层上施加荷载前；

3）每搭设完 6～8m 高度后；

4）达到设计高度后；

5）遇有六级及以上大风或大雨后，冻结地区解冻后；

6）停用超过一个月。

（2）脚手架使用中，应定期检查下列要求内容：

1）杆件的设置和连接，连墙件、支撑、门洞桁架等的构造应符合规范和专项施工方案的要求；

2）地基应无积水，底座应无松动，立杆应无悬空；

3）扣件螺栓应无松动；

4）高度在 24m 以上的双排、满堂脚手架和高度在 20m 以上的满堂支撑架，其立杆的沉降与垂直度的偏差应符合规范规定；

5）安全防护措施应符合本规范要求；

6）应无超载使用。

6. 安全管理

（1）扣件式钢管脚手架安装与拆除人员必须是经考核合格的专业架子工。架子工应持证上岗。

（2）搭拆脚手架人员必须戴安全帽、系安全带、穿防滑鞋。

（3）脚手架的构配件质量与搭设质量，应按《建筑施工扣件式钢管脚手架安全技术规范》JGJ 130—2011 第 8 章的规定进行检查验收，并应确认合格后使用。

（4）钢管上严禁打孔。

（5）作业层上的施工荷载应符合设计要求，不得超载。不得将模板支架、缆风绳、泵送混凝土和砂浆的输送管等固定在架体上；严禁悬挂起重设备，严禁拆除或移动架体上安全防护设施。

（6）满堂支撑架在使用过程中，应设有专人监护施工，当出现异常情况时，应立即停止施工，并应迅速撤离作业面上人员。应在采取确保安全的措施后，查明原因、做出判断和处理。

（7）满堂支撑架顶部的实际荷载不得超过设计规定。

（8）当有六级及以上大风、浓雾、雨或雪天气时应停止脚手架搭设与拆除作业。雨、雪后上架作业应有防滑措施，并应扫除积雪。

（9）夜间不宜进行脚手架搭设与拆除作业。

（10）脚手架的安全检查与维护，应按规范规定进行。

（11）脚手板应铺设牢靠、严实，并应用安全网双层兜底。施工层以下每隔10m应用安全网封闭。

（12）单、双排脚手架、悬挑式脚手架沿架体外围应用密目式安全网全封闭，密目式安全网宜设置在脚手架外立杆的内侧，并应与架体绑扎牢固。

（13）在脚手架使用期间，严禁拆除主节点处的纵、横向水平杆，纵、横向扫地杆和连墙件。

（14）当在脚手架使用过程中开挖脚手架基础下的设备基础或管沟时，必须对脚手架采取加固措施。

（15）满堂脚手架与满堂支撑架在安装过程中，应采取防倾覆的临时固定措施。

（16）临街搭设脚手架时，外侧应有防止坠物伤人的防护措施。

（17）在脚手架上进行电气焊作业时，应有防火措施和专人看守。

（18）工地临时用电线路的架设及脚手架接地、避雷措施等，应按行业标准《施工现场临时用电安全技术规范》JGJ 46—2005 的有关规定执行。

（19）搭拆脚手架时，地面应设围栏和警戒标志，并应派专人看守，严禁非操作人员入内。

1.2.4　附着式升降脚手架

附着式升降脚手架，是指搭设一定高度并附着于工程结构上，依靠自身的升降设备和装置，可随工程结构逐层爬升或下降，具有防倾覆、防坠落装置的外脚手架。

1. 分类

（1）附着式升降脚手架按架体使用性能分类，分为普通型和全钢型附着式升降脚手架。

1.2-1 普通型和全钢型附着式脚手架

普通型附着式升降脚手架即指生产厂家加工架体的主框架和水平支撑桁架，再通过普通钢管扣件搭接起来的架体。全钢型附着式升降脚手架，也称集成式升降操作平台，该平台是由加工好的导轨、横杆、立杆、斜杆以及钢网片组合起来的附着式升降脚手架。

（2）附着式升降脚手架按提升系统分类，分为电动葫芦式、液压式、齿轮齿条式和涡轮蜗杆式等多种。目前常用的有电动葫芦式和液压式。

（3）附着式升降脚手架按竖向主框架形式分类，分为单片式和空间桁架式。竖向主框架承受由水平支承桁架和架体构架传递过来的力，并将力传递到卸荷支座，是架体的主要组成部分，如图 1-11、图 1-12 所示。

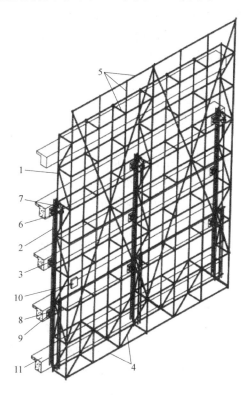

图 1-11　单片式竖向主框架的架体示意
1—竖向主框架（单片式）；2—导轨；3—附墙支座
（含防倾覆、防坠落装置）；4—水平支承桁架；5—架
体构架；6—升降设备；7—升降上吊挂件；
8—升降下吊点（含荷载传感器）；9—定位装置；
10—同步控制装置；11—工程结构

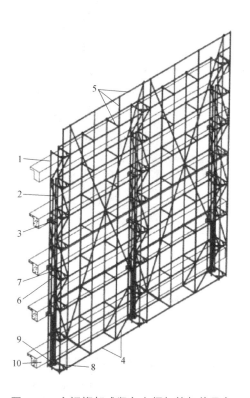

图 1-12　空间桁架式竖向主框架的架体示意
1—竖向主框架（空间桁架式）；2—导轨；
3—悬臂梁（含防倾覆装置）；4—水平支承桁架；
5—架体构架；6—升降设备；7—悬吊梁；
8—下提升点；9—防坠落装置；10—工程结构

2. 基本组成

附着式升降脚手架架体由水平支承桁架、竖向主框架、附着支承结构、防倾装置、架体构架、卸荷及防坠系统等组成，如图 1-13 所示。

3. 构造要求

（1）附着式升降脚手架结构构造的尺寸应符合下列规定：

1）架体高度不应大于 5 倍楼层高；

2）架体宽度不应大于 1.2m；

3）直线布置的架体支承跨度不得大于 7m，折线或曲线布置的架体，相邻两主框架支撑点处的架体外侧距离不得大于 5.4m；

4）架体的水平悬挑长度不应大于 2m，且不得大于跨度的 1/2；

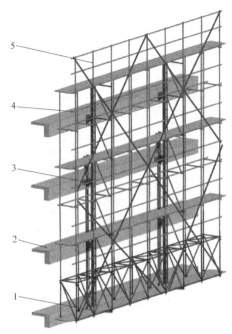

图 1-13　附着式升降脚手架结构示意

1—水平支承桁架；2—竖向主框架；
3—提升及荷载控制系统；4—卸
荷及防坠系统；5—架体构架

5）架体全高与支承跨度的乘积不得大于 110m²。

（2）附着式升降脚手架应在附着支承结构部位设置与架体高度相等的与墙面垂直的定型的竖向主框架，竖向主框架应是桁架或刚架结构，其杆件的连接点应采用焊接或螺栓连接，并应与水平支承桁架和架体构架构成有足够强度和支撑刚度的空间几何不变体系的稳定结构。

（3）在竖向主框架的底部应设置水平支承桁架，其宽度与主框架相同，平行于墙面，其高度不宜小于 1.8m。

（4）附着支承结构包括附墙支座、悬臂梁及斜拉杆，其构造应符合下列规定：

1）竖向主框架所覆盖的每个楼层处应设置一道附墙支座；

2）在使用工况时，应将竖向主框架固定于附墙支座上；

3）在升降工况时，附墙支座上应设有防倾、导向的结构装置；

4）附墙支座应采用锚固螺栓与建筑物连接，受拉螺栓的螺母不得少于两个。或应采用弹簧螺杆垫圈加单螺母，露出螺母端部长度应不少于 3 扣，并不得小于 10mm，垫板尺寸应由设计确定，且不得小于 100mm×100mm×10mm；

5）附墙支座支承在建筑物上连接处混凝土的强度应按设计要求确定，且不得小于 C10。

【知识链接】　此项构造要求是保证附着式升降脚手架能附着在在建工程上，并沿着支承结构能自行升降的重要措施。满足此构造要求，附着式脚手架才能在建筑物上生根，才是安全的。

（5）架体构架宜采用扣件式钢管脚手架，其结构构造应符合《建筑施工扣件式钢管脚手架安全技术规范》JGJ 130—2011 的规定。架体构架应设置在两竖向主框架之间，并应以纵向水平杆与之相连，其立杆应设置在水平支承桁架的节点上。

（6）水平支承桁架最底层应设置脚手板，并应铺满铺牢，与建筑物墙面之间也应设置脚手板全封闭，宜设置可翻转的密封翻板。在脚手板的下面应采用安全网兜底。

（7）架体悬臂高度不得大于架体高度的 2/5，且不得大于 6m。

（8）当水平支承桁架不能连续设置时，局部可采用脚手架杆件进行连接，但其长度不得大于 2.0m。且必须采取加强措施，确保其强度和刚度不得低于原有的桁架。

（9）物料平台不得与附着式升降脚手架各部位和各结构构件相连，其荷载应直接传递给建筑工程结构。

【知识链接】　物料平台如与附着式升降脚手架相连接，就会给附着式升降脚手架造成一个向外翻的荷载，会严重影响架体的安全。两者应严格独立使用。

（10）当架体遇到塔式起重机、施工升降机、物料平台需断开或开洞时，断开处应加设栏杆和封闭，开口处应有可靠的防止人员及物料坠落的措施。

（11）架体外立面应沿全高连续设置剪刀撑，并应将竖向主框架、水平支承桁架和架体架连成一体，剪刀撑斜杆水平夹角为 45°～60°；应与所覆盖架体构架上每一个主节点的立杆或横向水平杆伸出端扣紧；悬挑端应以竖向主框架为中心成对设置对称斜拉杆，其水平夹角不应小于 45°。

（12）架体结构应在以下部位采取可靠的加强构造措施：

1）与附墙支座的连接处；

2）架体上提升机构的设置处；

3）架体上防坠、防倾装置的设置处；

4）架体吊拉点设置处；

5）架体平面的转角处；

6）架体因碰到塔式起重机、施工升降机、物料平台等设施而需要断开或开洞处；

7）其他有加强要求的部位。

（13）附着式升降脚手架的安全防护措施应符合以下规定：

1）架体外侧必须用密目安全网封闭，密度不应低于 2000 目/100cm²，且应可靠地固定在架体上；

2）作业层外侧应设置 1.2m 高的防护栏杆和 180mm 高的挡脚板。

3）作业层应设置固定牢靠的脚手板，其与结构之间的间距应满足《建筑施工扣件式钢管脚手架安全技术规范》JGJ 130—2011 的相关规定。

（14）附着式升降脚手架必须在每个竖向主框架处设置升降设备，升降设备宜采用电动葫芦或电动液压设备，单跨升降时可采用手动葫芦。

（15）两主框架之间架体的搭设应符合《建筑施工扣件式钢管脚手架安全技术规范》JGJ 130—2011 的规定。

4. 安全装置

（1）附着式升降脚手架必须具有防倾覆、防坠落和同步升降控制的安全装置。

（2）防倾覆装置应符合下列规定：

1）防倾覆装置中必须包括导轨和两个以上与导轨连接可滑动的导向件；

2）防倾覆导轨的长度不应小于竖向主框架，且必须与竖向主框架可靠连接；

3）在升降和使用两种工况下，最上和最下两个导向件之间的最小间距不得小于 2.8m 或架体高度的 1/4；

4）应具有防止竖向主框架前、后、左、右倾斜的功能；

5）应采用螺栓与附墙支座连接，其装置与导向杆之间的间隙应不小于 5mm。

（3）防坠落装置必须符合以下规定：

1）防坠落装置应设置在竖向主框架处并附着在建筑结构上，每一升降点不得少于一个防坠落装置，防坠落装置在使用和升降工况下都必须起作用；

2）防坠落装置必须采用机械式的全自动装置，严禁使用每次升降都需重组的手动装置；

3）防坠落装置技术性能除应满足承载能力要求外，还应符合表 1-8 的规定。

防坠落装置技术技能   表 1-8

脚手架类别	制动距离（mm）
整体式升降脚手架	≤80
单片式升降脚手架	≤150

4）防坠落装置应具有防尘防污染的措施，并应灵敏可靠和运转自如；

5）防坠落装置与升降设备必须分别独立固定在建筑结构上；

6）钢吊杆式防坠落装置，钢吊杆规格应由计算确定，且不应小于 Φ25mm。

【知识链接】 防坠落装置是防止附着式升降脚手架在各种工况下坠落的一种安全防护措施，必须保证该装置万无一失。

（4）同步控制装置应符合下列规定：

1）附着式升降脚手架升降时，必须配备有限制荷载或水平高差的同步控制系统。连续式水平支承桁架，应采用限制荷载自控系统；简支静定水平支承桁架，应采用水平高差同步自控系统，当设备受限时，可选择限制荷载自控系统；

2）限制荷载自控系统应具有下列功能：当某一机位的荷载超过设计值的 15％时，应采用声光形式自动报警和显示报警机位；当超过 30％时，应能使该升降设备自动停机；应具有超载、失载、报警和停机的功能；宜增设记忆和储存功能；除应具有本身故障报警功能外，并应适应施工现场环境。性能应可靠、稳定，控制精度应在 5％以内；

3）水平高差同步控制系统应具有下列功能：当水平支承桁架两端高差达到 30mm 时，应能自动停机；应具有显示各提升点的实际升高和超高的数据，并应有记忆和储存的功能；不得采用附加重量的措施控制同步。

5. 安装

（1）附着式升降脚手架应按专项施工方案进行安装，可采用单片式主框架的架体，也可采用空间桁架式主框架的架体。

（2）附着式升降脚手架在首层安装前应设置安装平台，安装平台应有保障施工人员安全的防护设施，安装平台的水平精度和承载能力应满足架体安装的要求。

（3）安装时应符合以下规定：

1）相邻竖向主框架的高差应不大于 20mm；

2）竖向主框架和防倾导向装置的垂直偏差应不大于 5‰，且不得大于 60mm；

3）预留穿墙螺栓孔和预埋件应垂直于建筑结构外表面，其中心误差应小于 15mm；

4）连接处所需要的建筑结构混凝土强度应由计算确定，但不应小于 C10；

5）升降机构连接正确且牢固可靠；

6）安全控制系统的设置和试运行效果应符合设计要求；

7）升降动力设备工作正常。

（4）附着支承结构的安装应符合设计规定，不得少装和使用不合格螺栓及连接件。

（5）安全保险装置应全部合格，安全防护设施齐备，且应符合设计要求，并应设置必要的消防设施。

（6）电源、电缆及控制柜等的设置应符合《施工现场临时用电安全技术规范》JGJ

46—2011 的有关规定。

（7）采用扣件式脚手架的架体构架，其构造应符合《建筑施工扣件式钢管脚手架安全技术规范》JGJ 130—2011 的要求。

（8）升降设备、同步与荷载控制系统及防坠落装置等专项设备，均应分别采用同一厂家的产品。

（9）升降设备、控制系统、防坠落装置等应采取防雨、防砸、防尘等措施。

6. 升降

（1）附着式升降脚手架可有采用手动、电动和液压三种升降形式，并应符合下列规定：

1）单片架体升降时，可采用手动、电动和液压三种升降形式；

2）三片以上的架体同时整体升降时，应采用电动或液压设备。

（2）附着式升降脚手架每次升降前，应按《建筑施工工具式脚手架安全技术规范》JGJ 202—2010 表 7.1.3 进行检查，经检查合格后，方可进行升降。

（3）附着式升降脚手架的升降操作应符合下列规定：

1）应按升降作业的程序和操作规程进行作业；

2）操作人员不得停留在架体上；

3）升降过程中不得有施工荷载；

4）所有妨碍升降的障碍物已拆除；

5）所有影响升降作业的约束已经解除；

6）各相邻提升点间的高差不得大于 30mm，整体架最大升降差不得大于 80mm。

（4）升降过程中应实行统一指挥、规范指令。升、降指令只能由总指挥一人下达；当有异常情况出现时，任何人均可立即发出停止指令。

（5）采用环链葫芦作升降动力的，应严密监视其运行情况，及时排除翻链、铰链和其他影响正常运行的故障。

（6）采用液压设备作升降动力的，应严密监视整个液压系统的泄漏、失压、颤动、油缸爬行和不同步等问题和故障，确保正常工作。

（7）架体升降到位后，应及时按使用状况要求进行附着固定；在没有完成架体固定工作前，施工人员不得擅自离岗或下班。

（8）附着式升降脚手架架体升降到位固定后，应按规范规定进行检查，合格后方可使用；遇五级及以上大风和大雨、大雪、浓雾和雷雨等恶劣天气时，严禁进行升降作业。

7. 使用

（1）附着式升降脚手架必须按照设计性能指标进行使用，不得随意扩大使用范围；架体上的施工荷载必须符合设计规定，不得超载，不得放置影响局部杆件安全的集中荷载。

（2）架体内的建筑垃圾和杂物应及时清理干净。

（3）附着式升降脚手架在使用过程中不得进行下列作业：

1）利用架体吊运物料；

2）在架体上拉结吊装缆绳（或缆索）；

3）在架体上推车；

4）任意拆除结构件或松动连接件；

5）拆除或移动架体上的安全防护设施；

6）利用架体支撑模板或卸料平台；

7）其他影响架体安全的作业。

（4）当附着式升降脚手架停用超过3个月时，应提前采取加固措施。

（5）当附着式升降脚手架停用超过1个月或遇六级及以上大风后复工时，应进行检查，确认合格后方可使用。

（6）螺栓连接件、升降设备、防倾装置、防坠落装置、电控设备、同步控制装置等应每月维护保养。

8. 拆除

（1）附着式升降脚手架的拆除工作必须按专项施工方案及安全操作规程的有关要求进行。

（2）应对拆除作业人员进行安全技术交底。

（3）拆除时应有可靠的防止人员与物料坠落的措施，拆除的材料及设备严禁抛扔。

（4）拆除作业必须在白天进行。遇五级及以上大风和大雨、大雪、浓雾和雷雨等恶劣天气时，不得进行拆卸作业。

9. 验收

（1）附着式升降脚手架安装前应具有下列文件：

1）相应资质证书及安全生产许可证；

2）附着式升降脚手架的鉴定或验收证书；

3）产品进场前的自检记录；

4）特种作业人员和管理人员岗位证书；

5）各种材料、工具的质量合格证、材质单、测试报告；

6）主要部件及提升机构的合格证。

（2）附着式升降脚手架应在下列阶段进行检查与验收：

1）首次安装完毕；

2）提升或下降前；

3）提升、下降到位，投入使用前。

（3）在附着式升降脚手架使用、提升和下降阶段均应对防坠、防倾装置进行检查，合格后方可作业。

（4）附着式升降脚手架所使用的电气设施和线路应符合《施工现场临时用电安全技术规范》JGJ 46—2005 的要求。

10. 安全管理

（1）附着式升降脚手架安装前，应根据工程结构、施工环境等特点编制专项施工方案，并应经总承包单位技术负责人审批、项目总监理工程师审核后实施。

（2）专项施工方案应包括下列内容：

1）工程特点；

2）平面布置情况；

3）安全措施；

4）特殊部位的加固措施；

5）工程结构受力核算；

6）安装、升降、拆除程序及措施；

7）使用规定。

（3）总承包单位必须将附着式升降脚手架专业工程发包给具有相应资质等级的专业队伍，并应签订专业承包合同，明确总包、分包或租赁等各方的安全生产责任。

（4）附着式升降脚手架专业施工单位应当建立健全安全生产管理制度，制订相应的安全操作规程和检验规程，应制定设计、制作、安装、升降、使用、拆除和日常维护保养等的管理规定。

（5）附着式升降脚手架专业施工单位应设置专业技术人员、安全管理人员及相应的特种作业人员。特种作业人员应经专门培训，并应经建设行政主管部门考核合格，取得特种作业操作资格证书后，方可上岗作业。

（6）施工现场使用附着式升降脚手架应由总承包单位统一监督，安装、升降、拆除等作业前，应向有关作业人员进行安全教育；并应监督对作业人员的安全技术交底；应对专业承包人员的配备和特种作业人员的资格进行审查；安装、升降、拆卸等作业时，应派专人进行监督；应组织附着式升降脚手架的检查验收；应定期对附着式升降脚手架使用情况进行安全巡检。

（7）监理单位应对施工现场的附着式升降脚手架使用状况进行安全监理并记录，出现隐患应要求及时整改，并应符合下列规定：

1）应对专业承包单位的资质及有关人员的资格进行审查；

2）在附着式升降脚手架的安装、升降、拆除等作业时应进行监理；

3）应参加附着式升降脚手架的检查验收；

4）应定期对附着式升降脚手架使用情况进行安全巡检；

5）发现存在隐患时，应要求限期整改，对拒不整改的，应及时向建设单位和建设行政主管部门报告。

（8）附着式升降脚手架所使用的电气设施、线路及接地、避雷措施等应符合《施工现场临时用电安全技术规范》JGJ 46—2005 的规定。

（9）进入施工现场的附着式升降脚手架产品应具有建设行政主管部门组织鉴定或验收的合格证书，并应符合规范的有关规定。

（10）附着式升降脚手架的防坠落装置应经法定检测机构标定后方可使用；使用过程中，使用单位应定期对其有效性和可靠性进行检测。安全装置受冲击载荷后应进行解体检验。

（11）临街搭设时，外侧应有防止坠物伤人的防护措施。

（12）安装、拆除时，在地面应设围栏和警戒标志，并应派专人看守，非操作人员不得入内。

（13）在附着式升降脚手架使用期间，不得拆除架体上的杆件和与建筑物连接的各类杆件（如连墙件、附墙支座）等。

（14）作业层上的施工荷载应符合设计要求，不得超载。不得将模板支架、缆风绳、泵送混凝土和砂浆的输送管等固定在架体上；不得用其悬挂起重设备。

（15）遇五级以上大风和雨天，不得提升或下降附着式升降脚手架。

（16）当施工中发现附着式升降脚手架故障和存在安全隐患时，应及时排除。当可能危及人身安全时，应停止作业。应由专业人员进行整改。整改后的附着式升降脚手架应重新进行验收检查，合格后方可使用。

（17）剪刀撑应随立杆同步搭设。

（18）扣件的螺栓拧紧力矩不应小于 40N·m，且不应大于 65N·m。

（19）各地建筑安全主管部门及产权单位和使用单位应对附着式升降脚手架建立设备技术档案，其主要内容应包含机型、编号、出厂日期、验收、检修、试验、检修记录及故障事故情况。

（20）附着式升降脚手架在施工现场安装完成后应进行整机检测。

（21）附着式升降脚手架作业人员在施工过程中应戴安全帽、系安全带、穿防滑鞋，酒后不得上岗作业。

1.2.5 碗扣式钢管脚手架

1. 主要构配件

（1）钢管

钢管宜采用公称尺寸为 Φ48.3×3.5 的钢管，外径允许偏差为 ±0.5mm，壁厚偏差不应为负偏差。

（2）节点构造及杆件模数

立杆的碗扣节点由上碗扣、下碗扣、水平杆接头和限位销等构成，如图 1-14 所示。

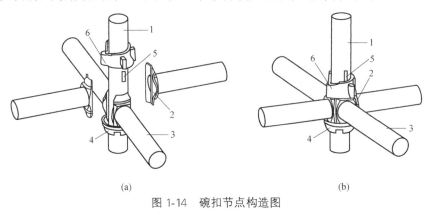

(a)   (b)

图 1-14 碗扣节点构造图

（a）组装前；（b）组装后

1—立杆；2—水平杆接头；3—水平杆；4—下碗扣；5—限位销；6—上碗扣

立杆碗扣节点间距，对 Q235 级材质钢管立杆宜按 0.6mm 模数设置；对 Q345 级材质钢管立杆宜按 0.5mm 模数设置。水平杆长度宜按 0.3mm 模数设置。

（3）脚手板

脚手板可采用钢、木、竹材料制作，单块脚手板的质量不宜大于 30kg。

（4）可调托撑及可调底座

调节螺母厚度不得小于 30mm；螺杆外径不得小于 38mm，空心螺杆壁厚不得小于 5mm；螺杆与调节螺母啮合长度不得少于 5 扣；可调托撑 U 形托板厚度不得小于 5mm；可调底座垫板厚度不得小于 6mm。

2. 一般规定

（1）脚手架地基应符合下列规定：

1）地基应坚实、平整，场地应有排水措施，不应有积水。

2）土层地基上的立杆底部应设置底座和混凝土垫层，垫层混凝土强度等级不应低于C15，厚度不应小于150mm；当采用垫板代替混凝土垫层时，垫板宜采用厚度不小于50mm、宽度不小于200mm、长度不少于两跨的木垫板；

3）混凝土结构层上的立杆底部应设置底座或垫板；

4）对承载力不足的地基土或混凝土结构层，应进行加固处理；

5）湿陷性黄土、膨胀土、软土地基应有防水措施；

6）当基础表面高差较小时，可采用可调底座调整；当基础表面高差较大时，可利用立杆碗扣节点位差配合可调底座进行调整，且高处的立杆距离坡顶边缘不宜小于500mm。

（2）双排脚手架起步立杆应采用不同型号的杆件交错布置，架体相邻立杆接头应错开设置，不应设置在同步内。模板支撑架相邻立杆接头宜交错布置。

（3）脚手架的水平杆应按步距沿纵向和横向连续设置，不得缺失。在立杆的底部碗扣处应设置一道纵向水平杆、横向水平杆作为扫地杆，扫地杆距离地面高度不应超过400mm，水平杆和扫地杆应与相邻立杆连接牢固。

【知识链接】 当可调底座的外伸长度较大导致扫地杆距离地面高度超过400mm时，应对底座采取必要的拉结措施。

（4）钢管扣件剪刀撑杆件应符合下列规定：

1）竖向剪刀撑两个方向的交叉斜向钢管宜分别采用旋转扣件设置在立杆的两侧；

2）竖向剪刀撑斜向钢管与地面的倾角应在45°～60°之间；

3）剪刀撑杆件应每步与交叉处立杆或水平杆扣接；

4）剪刀撑杆件接长应采用搭接，搭接长度不应小于1m，并应采用不少于两个旋转扣件扣紧，且杆端距端部扣件盖板边缘的距离不应小于100mm；

5）扣件扭紧力矩应为40～65N·m。

（5）脚手架作业层设置应符合下列规定：

1）作业平台脚手板应铺满、铺稳、铺实；

2）工具式钢脚手板必须有挂钩，并应带有自锁装置与作业层横向水平杆锁紧，严禁浮放；

3）木脚手板、竹串片脚手板、竹笆脚手板两端应与水平杆绑牢，作业层相邻两根横向水平杆间应加设间水平杆，脚手板探头长度不应大于150mm；

4）立杆碗扣节点间距按0.6m模数设置时，外侧应在立杆0.6m及1.2m高的碗扣节点处搭设两道防护栏杆；立杆碗扣节点间距按0.5m模数设置时，外侧应在立杆0.5m及1.0m高的碗扣节点处搭设两道防护栏杆，并应在外立杆的内侧设置高度不低于180mm的挡脚板；

5）作业层脚手板下应采用安全平网兜底，以下每隔10m应采用安全平网封闭；

6）作业平台外侧应采用密目安全网进行封闭，网间连接应严密，密目安全网宜设置在脚手架外立杆的内侧，并应与架体绑扎牢固，密目安全网应为阻燃产品。

3. 双排脚手架构造要求

（1）当设置二层装修作业层、二层作业脚手板、外挂密目安全网封闭时，常用双排脚手架结构的设计尺寸和架体允许搭设高度宜符合表 1-9 的规定。

双排脚手架设计尺寸和架体允许搭设高度（m）　　　　　　　　　　　　　表 1-9

连墙件设置	步距 h	横距 l_b	纵距 l_a	脚手架允许搭设高度 $[H]$		
				基本风压值 w_0 (kN/m²)		
				0.4	0.5	0.6
二步三跨	1.8	0.9	1.5	48	40	34
		1.2	1.2	50	44	40
	2.0	0.9	1.5	50	45	42
		1.2	1.2	50	45	42
三步三跨	1.8	0.9	0.9	30	23	18
		1.2	1.2	26	21	17

注：表中架体允许搭设高度的取值基于下列条件：

1. 计算风压高度变化系数时，地面粗糙度按 C 类采用；
2. 装修作业层施工荷载标准值按 2.0kN/m² 采用，脚手板自重标准值按 0.35kN/m² 采用；
3. 作业层横向水平杆间距按不大于立杆纵距的 1/2 设置；
4. 当基本风压值、地面粗糙度、架体设计尺寸和脚手架用途及作业层数与上述条件不相符时，架体允许搭设高度应另行计算确定。

（2）双排脚手架的搭设高度不宜超过 50m；当搭设高度超过 50m 时，应采用分段搭设等措施。

（3）当双排外脚手架按曲线布置进行组架时，应按曲率要求使用不同长度的内外水平杆组架，曲率半径应大于 2.4m。

（4）双排外脚手架拐角为直角时，宜采用水平杆直接组架；拐角为非直角时，可采用钢管扣件组架，如图 1-15 所示。

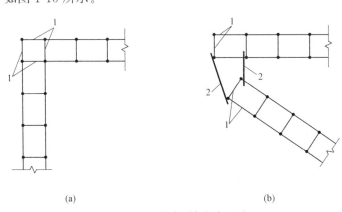

(a)　　　　　　　　　　　　　　　　　　　(b)

图 1-15　双排脚手架组架示意

（a）水平杆组架；（b）钢管扣件拐角组架

1—水平杆；2—钢管扣件

（5）双排脚手架立杆顶端防护栏杆宜高出作业层 1.5m。

（6）双排脚手架应设置竖向斜撑杆，如图 1-16 所示，并应符合下列规定：

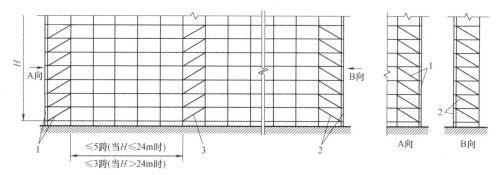

图 1-16 双排脚手架斜撑杆示意
1—拐角竖向斜撑杆；2—端部竖向斜撑杆；3—中间竖向斜撑杆

1) 竖向斜撑杆应采用专用外斜杆，并应设置在有纵向及横向水平杆的碗扣节点上；

2) 在双排脚手架的转角处、开口型双排脚手架的端部应各设置一道竖向斜撑杆；

3) 当架体搭设高度在 24m 以下时，应每隔不大于 5 跨设置一道竖向斜撑杆；当架体搭设高度在 24m 及以上时，应每隔不大于 3 跨设置一道竖向斜撑杆；相邻斜撑杆宜对称"八"字形设置；

4) 每道竖向斜撑杆应在双排脚手架外侧相邻立杆间由底至顶按步连续设置；

5) 当斜撑杆临时拆除时，拆除前应在相邻立杆间设置相同数量的斜撑杆。

(7) 采用钢管扣件剪刀撑代替竖向斜撑杆时，当架体搭设高度在 24m 以下时，应在架体两端、转角及中间间隔不超过 15m，各设置一道竖向剪刀撑；当架体搭设高度在 24m 及以上时，应在架体外侧全立面连续设置竖向剪刀撑；每道剪刀撑的宽度应为 4～6 跨，且不应小于 6m，也不应大于 9m；每道竖向剪刀撑应由底至顶连续设置。

(8) 当双排脚手架高度在 24m 以上时，顶部 24m 以下所有的连墙件设置层应连续设置"之"字形水平斜撑杆，水平斜撑杆应设置在纵向水平杆之下，如图 1-17 所示。

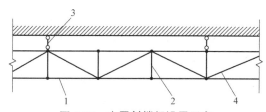

图 1-17 水平斜撑杆设置示意
1—纵向水平杆；2—横向水平杆；3—连墙件；4—水平斜撑杆

(9) 双排脚手架连墙件应采用能承受压力和拉力的构造，并应与建筑结构和架体连接牢固；同一层连墙件应设置在同一水平面，连墙点的水平投影间距不得超过三跨，竖向垂直间距不得超过三步，连墙点之上架体的悬臂高度不得超过两步；在架体的转角处、开口型双排脚手架的端部应增设连墙件，连墙件的竖向垂直间距不应大于建筑物的层高，且不应大于 4m；连墙件宜从底层第一道水平杆处开始设置；连墙件宜采用菱形布置，也可采用矩形布置；连墙件中的连墙杆宜呈水平设置，也可采用连墙端高于架体端的倾斜设置方式；连墙件应设置在靠近有横向水平杆的碗扣节点处，当采用钢管扣件做连墙件时，连墙件应与立杆连接，连接点距架体碗扣主节点距离不应大于 300mm；当双排脚手架下部暂不能设置连墙件时，应采取可靠的防倾覆措施，但无连墙件的最大高度不得超过 6m。

（10）双排脚手架应按规范规定设置作业层。架体外侧全立面应采用密目安全网进行封闭。

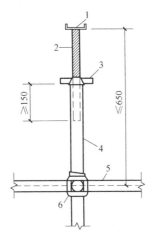

图 1-18　立杆顶端可调托撑伸出
顶层水平杆的悬臂长度 (mm)
1—托座；2—螺杆；3—调节螺母；
4—立杆；5—顶层水平杆；
6—碗扣节点

（11）双排脚手架内立杆与建筑物距离不宜大于 150mm；当双排脚手架内立杆与建筑物距离大于 150mm 时，应采用脚手板或安全平网封闭。当选用窄挑梁或宽挑梁设置作业平台时，挑梁应单层挑出，严禁增加层数。

4. 模板支撑架构造要求

（1）模板支撑架搭设高度不宜超过 30m。

（2）模板支撑架每根立杆的顶部应设置可调托撑。当被支撑的建筑结构底面存在坡度时，应随坡度调整架体高度，可利用立杆碗扣节点位差增设水平杆，并应配合可调托撑进行调整。

（3）立杆顶端可调托撑伸出顶层水平杆的悬臂长度，如图 1-18 所示，不应超过 650mm。可调托撑和可调底座螺杆插入立杆的长度不得小于 150mm，伸出立杆的长度不宜大于 300mm，安装时其螺杆应与立杆钢管上下同心，且螺杆外径与立杆钢管内径的间隙不应大于 3mm。

【知识链接】　钢管满堂模板支撑架顶层水平杆以上的架体结构为失稳的重点控制部位，立杆伸出顶层水平杆的自由悬臂长度过大会导致立杆因局部失稳而造成架体整体坍塌，可调托撑螺杆插入立杆长度过小也会大大降低立杆顶端的稳定性。

（4）可调托撑上主楞支撑梁应居中设置，接头宜设置在 U 形托板上，同一断面上主楞支撑梁接头数量不应超过 50%。

（5）水平杆步距应通过设计计算确定，并应符合下列规定：步距应通过立杆碗扣节点间距均匀设置；当立杆采用 Q235 级材质钢管时，步距不应大于 1.8m；当立杆采用 Q345 级材质钢管时，步距不应大于 2.0m。

（6）立杆间距应通过设计计算确定，并应符合下列规定：当立杆采用 Q235 级材质钢管时，立杆间距不应大于 1.5m；当立杆采用 Q345 级材质钢管时，立杆间距不应大于 1.8m。

（7）当有既有建筑结构时，模板支撑架应与既有建筑结构可靠连接，并应符合下列规定：

1）连接点竖向间距不宜超过两步，并应与水平杆同层设置；

2）连接点水平向间距不宜大于 8m；

3）连接点至架体碗扣主节点的距离不宜大于 300mm；

4）当遇柱时，宜采用抱箍式连接措施；

5）当架体两端均有墙体或边梁时，可设置水平杆与墙或梁顶紧。

【知识链接】　大量事故案例和工程实例证明，支撑架与结构进行可靠连接后，可大大提高支撑架的抗倾覆能力，降低事故的发生。

（8）模板支撑架应设置竖向斜撑杆、水平斜撑杆。当采用钢管扣件剪刀撑代替竖向斜撑杆、水平斜撑杆时，应符合规范规定。

（9）当模板支撑架同时满足下列条件时，可不设置竖向及水平向的斜撑杆和剪刀撑：

1）搭设高度小于 5m，架体高宽比小于 1.5；

2）被支撑结构自重面荷载标准值不大于 $5kN/m^2$，线荷载标准值不大于 $8kN/m$；

3）架体按规范规定的构造要求与既有建筑结构进行了可靠连接；

4）场地地基坚实、均匀，满足承载力要求。

（10）独立的模板支撑架高宽比不宜大于 3。当大于 3 时，应采取加强措施。

5. 施工

（1）施工准备和地基基础

1）脚手架施工前应根据建筑结构的实际情况，编制专项施工方案，并应经审核批准后方可实施；

2）脚手架在安装、拆除作业前，应根据专项施工方案要求，对作业人员进行安全技术交底；

3）进入施工现场的脚手架构配件，在使用前应对其质量进行复检，不合格产品不得使用；

4）对经检验合格的构配件应按品种、规格分类码放，并应标识数量和规格。构配件堆放场地排水应畅通，不得有积水；

5）脚手架搭设前，应对场地进行清理、平整，地基应坚实、均匀，并应采取排水措施；

6）当采取预埋方式设置脚手架连墙件时，应按设计要求预埋；在混凝土浇筑前，应进行隐蔽检查；

7）地基施工完成后，应检查地基表面平整度，平整度偏差不得大于 20mm。地基和基础经验收合格后，应按专项施工方案的要求放线定位。

（2）搭设

1）脚手架立杆垫板、底座应准确放置在定位线上，垫板应平整、无翘曲，不得采用已开裂的垫板，底座的轴心线应与地面垂直；

2）双排脚手架搭设应按立杆、水平杆、斜杆、连墙件的顺序配合施工进度逐层搭设。一次搭设高度不应超过最上层连墙件两步，且自由长度不应大于 4m；模板支撑架应按先立杆、后水平杆、再斜杆的顺序搭设形成基本架体单元，并应以基本架体单元逐排、逐层扩展搭设成整体支撑架体系，每层搭设高度不宜大于 3m；斜撑杆、剪刀撑等加固件应随架体同步搭设，不得滞后安装；

3）双排脚手架连墙件必须随架体升高及时在规定位置处设置；当作业层高出相邻连墙件以上两步时，在上层连墙件安装完毕前，必须采取临时拉结措施；

4）碗扣节点组装时，应通过限位销将上碗扣锁紧水平杆；

【知识链接】　连墙件滞后安装，会导致已搭好架体处于悬空状态，会产生严重变形，并且有倒塌的危险。当作业层高出相邻连墙件以上两步（含两步）时，架体的上部悬臂段过高，会严重危及架体安全。

5）脚手架每搭完一步架体后，应校正水平杆步距、立杆间距、立杆垂直度和水平杆水平度；

6）当双排脚手架内外侧加挑梁时，在一跨挑梁范围内不得超过 1 名施工人员操作，严禁堆放物料；

7）在多层楼板上连续搭设模板支撑架时，应分析多层楼板间荷载传递对架体和建筑结构的影响，上下层架体立杆宜对位设置；

8）模板支撑架应在架体验收合格后，方可浇筑混凝土。

6. 拆除

（1）当脚手架拆除时，应按专项施工方案中规定的顺序拆除。

（2）当脚手架分段、分立面拆除时，应确定分界处的技术处理措施，分段后的架体应稳定。

（3）脚手架拆除前，应清理作业层上的施工机具及多余的材料和杂物。

（4）脚手架拆除作业应设专人指挥，当有多人同时操作时，应明确分工、统一行动，且应具有足够的操作面。

（5）拆除的脚手架构配件应采用起重设备吊运或人工传递到地面，严禁抛掷。

（6）拆除的脚手架构配件应分类堆放，并应便于运输、维护和保管。

（7）双排脚手架拆除时，应自上而下逐层进行，严禁上下层同时拆除；连墙件应随脚手架逐层拆除，严禁先将连墙件整层或数层拆除后再拆除架体；拆除作业过程中，当架体的自由端高度大于两步时，必须增设临时拉结件。

【知识链接】 双排脚手架拆除作业具有较大的危险性，拆除作业必须严格按规定的顺序进行，以保证拆除作业的安全。

（8）双排脚手架的斜撑杆、剪刀撑等加固件应在架体拆除至该部位时，才能拆除。

（9）模板支撑架的拆除应符合下列规定：

1）架体拆除应符合相关现行国家标准中混凝土强度的规定，拆除前应填写拆模申请单；

2）预应力混凝土构件的架体拆除应在预应力施工完成后进行；

3）架体的拆除顺序、工艺应符合专项施工方案的要求，当专项施工方案无明确规定时，应先拆除后搭设的部分，后拆除先搭设的部分；架体拆除必须自上而下逐层进行，严禁上下层同时拆除作业，分段拆除的高度不应大于两层；梁下架体的拆除，宜从跨中开始，对称地向两端拆除；悬臂构件下架体的拆除，宜从悬臂端向固定端拆除。

7. 检查与验收

（1）根据施工进度，脚手架应在下列环节进行检查与验收：

1）施工准备阶段，构配件进场时；

2）地基与基础施工完后，架体搭设前；

3）首层水平杆搭设安装后；

4）双排脚手架每搭设一个楼层高度，投入使用前；

5）模板支撑架每搭设完 4 步或搭设至 6m 高度时；

6）双排脚手架搭设至设计高度后；

7）模板支撑架搭设至设计高度后。

（2）进入施工现场的主要构配件应有产品质量合格证、产品性能检验报告，并应按规范规定对其表面观感质量、规格尺寸等进行抽样检验。

（3）脚手架验收合格投入使用后，在使用过程中应定期检查，检查项目应符合下列规定：

1）基础应无积水，基础周边应有序排水，底座和可调托撑应无松动，立杆应无悬空；

2）基础应无明显沉降，架体应无明显变形；

3）立杆、水平杆、斜撑杆、剪刀撑和连墙件应无缺失、松动；

4）架体应无超载使用情况；

5）模板支撑架监测点应完好；

6）安全防护设施应齐全有效，无损坏缺失。

（4）当脚手架遇有下列情况之一时，应进行全面检查，确认安全后方可继续使用：

1）遇有六级及以上强风或大雨后；

2）冻结的地基土解冻后；

3）停用超过一个月后；

4）架体遭受外力撞击作用后；

5）架体部分拆除后；

6）遇有其他特殊情况后；

7）其他可能影响架体结构稳定性的特殊情况发生后。

8. 安全管理

（1）脚手架搭设和拆除人员必须经岗位作业能力培训考核合格后，方可持证上岗。

（2）搭设和拆除脚手架作业应有相应的安全设施，操作人员应正确佩戴安全帽、安全带和防滑鞋。

（3）脚手架作业层上的施工荷载不得超过设计允许荷载。

（4）当遇六级及以上大风、浓雾、雨或雪天气时，应停止脚手架的搭设与拆除作业。凡雨、霜、雪后，上架作业应有防滑措施，并应及时清除水、冰、霜、雪。

（5）夜间不宜进行脚手架搭设与拆除作业。

（6）在搭设和拆除脚手架作业时，应设置安全警戒线和警戒标志，并应设专人监护，严禁非作业人员进入作业范围。

（7）严禁将模板支撑架、缆风绳、混凝土输送泵管、卸料平台及大型设备的附着件等固定在双排脚手架上。

（8）脚手架使用期间，严禁擅自拆除架体主节点处的纵向水平杆、横向水平杆、纵向扫地杆、横向扫地杆和连墙件。

【知识链接】 随意拆除这些构配件会导致结构局部丧失承载能力，造成薄弱环节，影响架体完整性和整体稳定性，存在较大安全隐患，甚至会形成几何可变体系，导致架体倾覆及坍塌事故发生。

（9）当脚手架在使用过程中出现安全隐患时，应及时排除；当出现可能危及人身安全的重大隐患时，应停止架上作业，撤离作业人员，并应及时组织检查处置。

（10）模板支撑架在使用过程中，模板下严禁人员停留。

（11）模板支撑架上浇筑混凝土时，应在签署混凝土浇筑令后进行；框架结构中连续浇筑立柱和梁板时，应按先浇筑立柱、后浇筑梁板的顺序进行；浇筑梁板或悬臂构件时，应按从沉降变形大的部位向沉降变形小的部位顺序进行。

（12）模板支撑架应编制监测方案，使用中应按监测方案对架体实施监测。

（13）双排脚手架在使用过程中，应对整个架体相对主体结构的变形、基础沉降、架体垂直度进行观测。

（14）在影响脚手架地基安全的范围内，严禁进行挖掘作业。

1.2.6   门式钢管脚手架

门式钢管脚手架是以门架、交叉支撑、连接棒、水平架、锁臂、底座等基本结构组成，再以水平加固杆、剪刀撑、扫地杆加固，能承受相应荷载，具有安全防护功能，为建筑施工提供作业条件的一种定型化钢管脚手架，包括门式作业脚手架和门式支撑架。简称门式脚手架。

【知识链接】 门式作业脚手架与门式支撑架最大的不同是门式作业脚手架须采用连墙件与建筑主体结构拉结。

1. 一般规定

（1）配件应与门架配套，在不同架体结构组合工况下，均应使门架连接可靠、方便，不同型号的门架与配件严禁混合使用。

（2）上下榀门架立杆应在同一轴线位置上，门架立杆轴线的对接偏差不应大于2mm。

（3）门式脚手架设置的交叉支撑应与门架立杆上的锁销锁牢，交叉支撑的设置应符合下列规定：

1）门式作业脚手架的外侧应按步满设交叉支撑，内侧宜设置交叉支撑；

2）当门式作业脚手架的内侧不设交叉支撑时，在门式作业脚手架内侧应按步设置水平加固杆；当门式作业脚手架按步设置挂扣式脚手板或水平架时，可在内侧的门架立杆上每两步设置一道水平加固杆；

3）门式支撑架应按步在门架的两侧满设交叉支撑。

【知识链接】 经试验表明，门式支撑架如果在门架的两侧不设交叉支撑，其架体的承载力将会下降30%～46%。

（4）上下榀门架的组装必须设置连接棒，连接棒插入立杆的深度不应小于30mm，连接棒与门架立杆配合间隙不应大于2mm。

（5）门式脚手架上下榀门架间应设置锁臂。当采用插销式或弹销式连接棒时，可不设锁臂。

（6）底部门架的立杆下端可设置固定底座或可调底座。

（7）可调底座和可调托座插入门架立杆的长度不应小于150mm，调节螺杆伸出长度不应大于200mm。

（8）门式脚手架应设置水平加固杆，水平加固杆的构造应符合下列规定：

1）每道水平加固杆均应通长连续设置；

2）水平加固杆应靠近门架横杆设置，应采用扣件与相关门架立杆扣紧；

3）水平加固杆的接长应采用搭接，搭接长度不宜小于1000mm，搭接处宜采用两个及以上旋转扣件扣紧。

1.2-4 门式脚手架
剪刀撑作用

（9）门式脚手架应设置剪刀撑，剪刀撑的构造应符合下列规定：

1）剪刀撑斜杆的倾角应为 45°～60°；

2）剪刀撑应采用旋转扣件与门架立杆及相关杆件扣紧；

3）每道剪刀撑的宽度不应大于 6 个跨距，且不应大于 9m；也不宜小于 4 个跨距，且不宜小于 6m，如图 1-19 所示；

4）每道竖向剪刀撑均应由底至顶连续设置；

5）剪刀撑斜杆的接长应采用搭接，搭接长度不宜小于 1000mm，搭接处宜采用两个及以上旋转扣件扣紧。

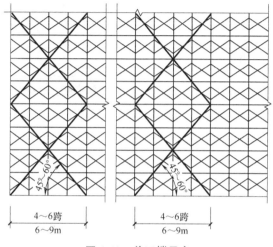

图 1-19　剪刀撑示意

（10）作业人员上下门式脚手架的斜梯宜采用挂扣式钢梯，并宜采用"Z"字形设置，一个梯段宜跨越两步或三步门架再行转折。当采用垂直挂梯时，应采用护圈式挂梯，并应设置安全锁。

（11）钢梯规格应与门架规格配套，并应与门架挂扣牢固。钢梯应设栏杆扶手和挡脚板。

（12）水平架可由挂扣式脚手板或在门架两侧立杆上设置的水平加固杆代替。

（13）当架上总荷载大于 $3kN/m^2$ 时，门式支撑架宜在顶部门架立杆上设置托座和楞梁，如图 1-20 所示，楞梁应具有足够的强度和刚度。当架上总荷载小于或等于 $3kN/m^2$ 时，门式支撑架可通过门架横杆承担和传递荷载。

2. 门式作业脚手架

门式作业脚手架是采用连墙件与建筑物主体结构附着连接，为建筑施工提供作业平台和安全防护的门式钢管脚手架，如图 1-21 所示。包括落地作业脚手架、悬挑脚手架、架体构架以门架搭设的建筑施工用附着式升降作业安全防护平台。

（1）组成

1）门架

门式脚手架的主要构件，其受力杆件为焊接钢管，由立杆、横杆、加强杆及锁销等相互焊接组成的"门"字形框架式结构件，如图 1-22 所示。

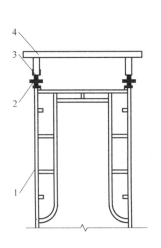

图 1-20　门式支撑架上部设置示意

1—门架；2—托座；3—楞梁；4—小楞

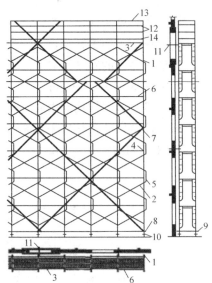

图 1-21　门式作业脚手架

1—门架；2—交叉支撑；3—挂扣式脚手板；
4—连接棒；5—锁臂；6—水平加固杆；7—剪
刀撑；8—纵向扫地杆；9—横向扫地杆；
10—底座；11—连墙件；12—栏杆；
13—扶手；14—挡脚板

1.2-5 门架组
成详解

1.2-6 配件组
成详解

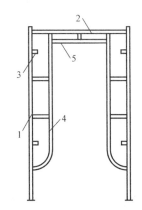

图 1-22　门架

1—立杆；2—横杆；3—锁销；4—立杆
加强杆；5—横杆加强杆

2）配件

门式脚手架的其他构件，包括连接棒、锁臂、交叉支撑、水平架、挂扣式脚手板、底座、托座。

【知识链接】　门架与配件的性能、质量、型号应符合行业标准《门式钢管脚手架》JG 13—1999 的规定。

（2）门式作业脚手架的搭设高度除应满足设计计算条件外，尚不宜超过表 1-10 的规定。

门式作业脚手架搭设高度 表 1-10

序号	搭设方式	施工荷载标准值(kN/m²)	搭设高度 (m)
1	落地、密目式安全立网全封闭	≤2.0	≤60
2		>2.0且≤4.0	≤45
3	悬挑、密目式安全立网全封闭	≤2.0	≤30
4		>2.0且≤4.0	≤24

注：表内数据适用于 10 年重现期基本风压值 $\omega_0 \leq 0.4 kN/m^2$ 的地区，对于 10 年重现期基本风压值 $\omega_0 > 0.4 kN/m^2$ 的地区应按实际计算确定。

（3）当门式作业脚手架的内侧立杆离墙面净距大于 150mm 时，应采取内设挑架板或其他隔离防护的安全措施。

（4）门式作业脚手架顶端防护栏杆宜高出女儿墙上端或檐口上端 1.5m。

（5）门式作业脚手架应在门架的横杆上扣挂水平架，水平架设置应符合下列规定：

1）应在作业脚手架的顶层、连墙件设置层和洞口处顶部设置；

2）当作业脚手架安全等级为Ⅰ级时，应沿作业脚手架高度每步设置一道水平架；当作业脚手架安全等级为Ⅱ级时，应沿作业脚手架高度每两步设置一道水平架；

3）每道水平架均应连续设置。

（6）门式作业脚手架应在架体外侧的门架立杆上设置纵向水平加固杆，应符合下列规定：

1）在架体的顶层、沿架体高度方向不超过 4 步设置一道，宜在有连墙件的水平层设置；

2）在门式作业脚手架的转角处、开口型作业脚手架端部的两个跨距内，按步设置。

（7）门式作业脚手架作业层应连续满铺挂扣式脚手板，并应有防止脚手板松动或脱落的措施。当脚手板上有孔洞时，孔洞的内切圆直径不应大于 25mm。

（8）门式作业脚手架外侧立面上剪刀撑的设置应符合下列规定：

1）当门式作业脚手架安全等级为Ⅰ级时，剪刀撑应按下列要求设置：宜在门式作业脚手架的转角处、开口型端部及中间间隔不超过 15m 的外侧立面上各设置一道剪刀撑，如图 1-23 所示；当在门式作业脚手架的外侧立面上不设剪刀撑时，应沿架体高度方向每

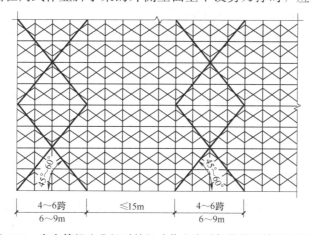

图 1-23 安全等级为Ⅰ级时的门式作业脚手架的剪刀撑构造要求

间隔2～3步在门架内外立杆上分别设置一道水平加固杆。

2）当门式作业脚手架安全等级为Ⅱ级时，门式作业脚手架外侧立面可不设置剪刀撑。

（9）门式作业脚手架的底层门架下端应设置纵横向扫地杆。纵向通长扫地杆应固定在距门架立杆底端不大于200mm处的门架立杆上，横向扫地杆宜固定在紧靠纵向扫地杆下方的门架立杆上。

【知识链接】 门式作业脚手架的底层门架一般是受力最大的部位，在底层门架下设置扫地杆，对于保证底层门架的刚度及稳定承载能力非常重要。底层门架下设置扫地杆也是为了减小底层门架立杆计算长度的构造措施。

（10）在建筑物的转角处，门式作业脚手架内外两侧立杆上应按步水平设置连接杆和斜撑杆，应将转角处的两榀门架连成一体，如图1-24所示，并应符合下列规定：

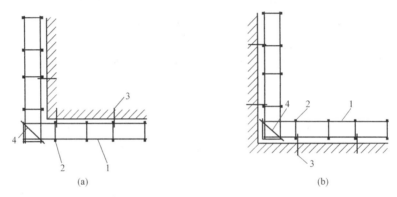

图 1-24 转角处脚手架连接
(a) 阳角转角外脚手架连接；(b) 阴角转角处脚手架连接
1—连接杆；2—门架；3—连墙件；4—斜撑杆

1）连接杆和斜撑杆应采用钢管，其规格应与水平加固杆相同；
2）连接杆和斜撑杆应采用扣件与门架立杆或水平加固杆扣紧；
3）当连接杆与水平加固杆平行时，连接杆的一端应采用不少于两个旋转扣件与平行的水平加固杆扣紧，另一端应采用扣件与垂直的水平加固杆扣紧。

（11）门式作业脚手架应按设计计算和构造要求设置连墙件与建筑结构拉结，连墙件设置的位置和数量应按专项施工方案确定，应按确定的位置设置预埋件，并应符合下列规定：

1）连墙件应采用能承受压力和拉力的构造，并应与建筑结构和架体连接牢固；
2）连墙件应从作业脚手架的首层首步开始设置，连墙点之上架体的悬臂高度不应超过两步；
3）应在门式作业脚手架的转角处和开口型脚手架端部增设连墙件，连墙件的竖向间距不应大于建筑物的层高，且不应大于4.0m。

【知识链接】 当建筑物的层高大于4.0m时，应临时设置与建筑结构连接牢固的钢横梁等措施固定连墙件。

（12）门式作业脚手架连墙件的设置除应满足计算要求外，尚应满足表1-11的要求。

连墙件最大间距或最大覆盖面积

表 1-11

序号	脚手架搭设方式	脚手架高度(m)	连墙件间距(m)		每根连墙件覆盖面积(m²)
			竖向	水平	
1	落地、密目式安全网封闭	≤40	3h	3l	≤33
2			2h	3l	≤22
3		>40			
4	悬挑、密目式安全网封闭	≤40	3h	3l	≤33
5		>40~≤60	2h	3l	≤22
6		>60	2h	2l	≤15

注：1. 序号 4~6 为架体位于地面上高度；
　　2. 按每根连墙件覆盖面积设置连墙件时，连墙件的竖向间距不应大于 6m；
　　3. 表中 h 为步距；l 为跨距。

（13）连墙件应靠近门架的横杆设置，如图 1-25 所示，并应固定在门架的立杆上。

（14）连墙件宜水平设置；当不能水平设置时，与门式作业脚手架连接的一端，应低于与建筑结构连接的一端，连墙杆的坡度宜小于 1：3。

（15）门式作业脚手架通道口高度不宜大于两个门架高度，对门式作业脚手架通道口应采取加固措施，如图 1-26 所示，并应符合下列规定：

1）当通道口宽度为一个门架跨距时，在通道口上方的内外侧应设置水平加固杆，水平加固杆应延伸至通道口两侧各一个门架跨距；

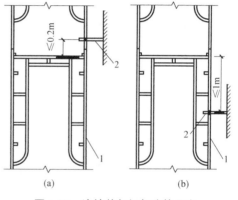

图 1-25　连墙件与门架连接示意

（a）连墙件在门架横杆之上

（b）连墙件在门架横杆之下

1—门架；2—连墙件

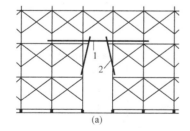
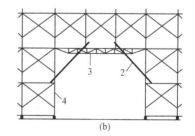

图 1-26　通道口加固示意

（a）通道口宽度为一个门架跨距；（b）通道口宽度为多个门架跨距

1—水平加固杆；2—斜撑杆；3—托架梁；4—加强杆

2）当通道口宽度为多个门架跨距时，在通道口上方应设置托架梁，并应加强洞口两侧的门架立杆，托架梁及洞口两侧的加强杆应经专门设计和制作；

3）应在通道口内上角设置斜撑杆。

【**知识链接**】　门式作业脚手架通道口处架体的构造，原则上应进行专门的设计计算，只有当洞口宽为一个跨距时，方可按 1）的规定搭设。

3. 悬挑脚手架

（1）门式悬挑脚手架的设置和构造要求、剪刀撑的设置和构造要求与扣件式钢管悬挑脚手架基本相同。

（2）悬挑脚手架底层门架立杆与型钢悬挑梁应可靠连接，门架立杆不得滑动或窜动。型钢梁上应设置定位销，定位销的直径不应小于 30mm，长度不应小于 100mm，并应与型钢梁焊接牢固。门架立杆插入定位销后与门架立杆的间隙不宜大于 3mm。

【**知识链接**】　施工时可按门架（立杆间）的宽度尺寸焊接连接棒。连接棒一般采用长度不小于 100mm、外径略小于门架立杆钢管内径的短钢管或短钢筋制作。搭设时，将门架立杆分别安插在两个连接棒上。

（3）悬挑脚手架的底层门架立杆上应设置纵向通长扫地杆，并应在脚手架的转角处、开口处和中间间隔不超过 15m 的底层门架上各设置一道单跨距的水平剪刀撑，剪刀撑斜杆应与门架立杆底部扣紧。

（4）在建筑平面转角处，如图 1-27 所示，型钢悬挑梁应经单独设计后设置；架体应

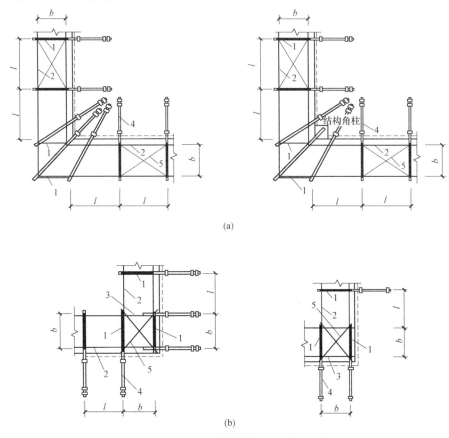

(a)

(b)

图 1-27　建筑平面转角处型钢悬挑梁设置

（a）型钢悬挑梁在阳角处设置；（b）型钢悬挑梁在阴角处设置

1—门架；2—水平加固杆；3—连接杆；4—型钢悬挑梁；5—水平剪刀撑

按规定设置水平连接杆和斜撑杆。

（5）每个型钢悬挑梁外端宜设置钢拉杆或钢丝绳与上部建筑结构斜拉结，如图 1-28 所示，并应符合下列规定：

1）刚性拉杆可参与型钢悬挑梁的受力计算，钢丝绳不宜参与型钢悬挑梁的受力计算，刚性拉杆与钢丝绳应有张紧措施。刚性拉杆的规格应经设计确定，钢丝绳的直径不宜小于 15.5mm；

2）刚性拉杆或钢丝绳与建筑结构拉结的吊环宜采用 HPB300 级钢筋制作，其直径不宜小于 Φ18mm，吊环预埋锚固长度应符合现行国家标准《混凝土结构设计规范》GB 50010—2010（2015 年版）的规定；

3）钢丝绳绳卡的设置应符合国家标准《钢丝绳夹》GB/T 5976—2006 的规定，钢丝绳与型钢悬挑梁的夹角不应小于 45°。

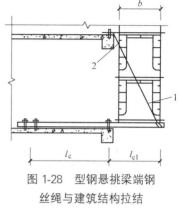

图 1-28　型钢悬挑梁端钢
丝绳与建筑结构拉结
1—钢拉杆或钢丝绳；2—花篮螺栓

【知识链接】　型钢悬挑梁外端设置钢丝绳或钢拉杆与建筑结构拉结并张紧，是增加悬挑结构安全储备的措施。钢丝绳可采用花篮螺栓张紧，也可采用其他方法拉紧固定。

（6）悬挑脚手架在底层应满铺脚手板，并应将脚手板固定。

4. 门式支撑架

（1）门式支撑架的搭设高度、门架跨距、门架列距应根据施工现场条件等因素经计算确定，架体的结构构造尺寸宜符合表 1-12 的规定。

门式支撑架结构构造尺寸　　　　　　表 1-12

项目 支撑架用途	门架跨距 （m）	门架列距 （m）	搭设高度 （m）	高宽比	备注
满堂作业架	≤1.8	≤2.1	≤36	≤4	当高宽比大于 2 时应有侧向稳定措施
满堂支撑架	≤1.5	≤1.8	≤30	≤3	

【知识链接】　当门式支撑架搭设的结构尺寸超过表 1-12 的规定时，可根据试验和实践经验等，在具有充分依据的情况下进行单独设计。

（2）满堂作业架的水平加固杆设置，如图 1-29 所示，应符合下列规定：

1）平行于门架平面的水平加固杆应在架体顶部和沿高度方向不大于 4 步、在架体外侧和水平方向间隔不大于 4 个跨距各设置一道；

2）垂直于门架平面的水平加固杆应在架体顶部和沿高度方向不大于 4 步、在架体外侧和水平方向间隔不大于 4 个列距各设置一道。

（3）满堂支撑架的水平加固杆设置应符合下列规定：

1）安全等级为Ⅰ级的满堂支撑架，水平加固杆应按下列要求设置：平行于门架平面的水平加固杆应在架体顶部和沿高度方向不大于 2 步、在架体外侧和水平方向间隔不大于 2 个跨距各设置一道；垂直于门架平面的水平加固杆应在架体顶部和沿高度方向不大于 2

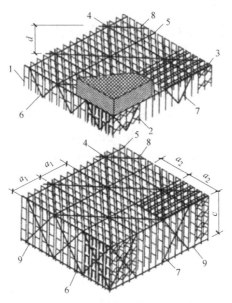

图 1-29　满堂作业架水平加固杆设置示意

1—门架；2—交叉支撑；3—水平架；4—平行于门架平面方向的水平加固杆；5—垂直于门架平面方向的水平加固杆；
6—平行于门架平面方向的竖向剪刀撑；7—垂直于门架平面方向的竖向剪刀撑；8—水平剪刀撑；9—扫地杆
a_1—平行于门架平面方向的水平加固杆间距；a_2—垂直于门架平面方向的水平加固杆间距；
c—沿架体高度方向的水平加固杆间距；d—水平剪刀撑相邻斜杆间距

步、在架体外侧和水平方向间隔不大于 2 个列距各设置一道；

2）安全等级为Ⅱ级的满堂支撑架，水平加固杆应按《建筑施工门式脚手架安全技术标准》JGJ/T 128—2019（以下简称"本标准"）第 6.4.2 条的要求设置；

3）满堂支撑架水平加固杆的端部宜设置连墙件与建筑结构连接。

（4）满堂作业架剪刀撑的设置应符合下列规定（图 1-30）：

1）安全等级为Ⅰ级的满堂作业架，竖向剪刀撑应按下列要求设置：平行于门架平面的竖向剪刀撑应在架体外侧和水平间隔不大于 4 个跨距各设置一道，每道剪刀撑的宽度宜

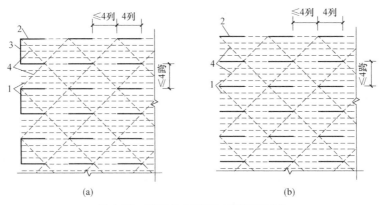

图 1-30　满堂作业架剪刀撑设置示意

（a）安全等级为Ⅰ级时剪刀撑设置；（b）安全等级为Ⅱ级时剪刀撑设置

1—门架；2—平行于门架平面的竖向剪刀撑；3—垂直于门架平面的竖向剪刀撑；4—水平剪刀撑

为 4 个列距，沿门架平面方向的间隔距离不宜大于 4 个列距；垂直于门架平面的竖向剪刀撑应在架体外侧每隔 4 个跨距各设置一道，每道剪刀撑的宽度宜为 4 个跨距。

2）安全等级为Ⅱ级的满堂作业架，竖向剪刀撑应按本标准 6.4.4 条第 1 款第 1 项的要求设置。

3）水平剪刀撑应在架体的顶部和沿高度方向间隔不大于 4 步连续设置，其相邻斜杆的水平距离宜为 10～12m。

（5）满堂支撑架剪刀撑的设置应符合下列规定：

1）安全等级为Ⅰ级的满堂支撑架，竖向剪刀撑应按下列要求设置（图 1-31）：平行于门架平面的竖向剪刀撑应在架体外侧和水平间隔不大于 4 个跨距各设置一道，每道竖向剪刀撑均应连续设置；垂直于门架平面的竖向剪刀撑应在架体外侧和水平间隔不大于 4 个列距各设置一道，每道竖向剪刀撑的宽度宜为 4 个跨距，沿垂直于门架平面方向的间隔距离不宜大于 4 个跨距；

2）安全等级为Ⅱ级的满堂支撑架，竖向剪刀撑应按本标准第 6.4.4 条第 1 款的要求设置；

3）水平剪刀撑应按本标准第 6.4.4 条第 3 款的要求设置，但其相邻斜杆的水平距离宜为 6～10m。

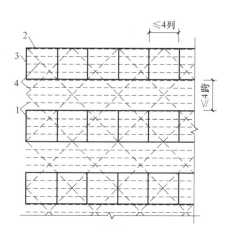

图 1-31　安全等级为Ⅰ级的
满堂支撑架剪刀撑设置示意
1—门架；2—平行于门架平面的竖向剪刀撑；
3—垂直于门架平面的
竖向剪刀撑；4—水平剪刀撑

（6）在门式支撑架的底层门架立杆上应分别设置纵、横向通长扫地杆，并应采用扣件与门架立杆扣紧。

（7）门式支撑架应设置水平架对架体进行纵向拉结，水平架的设置应符合下列规定：

1）满堂作业架应在架体顶部及沿高度方向间隔不大于 4 步的每榀门架上连续设置；

2）满堂支撑架的水平架应按下列要求设置：安全等级为Ⅰ级的满堂支撑架应在架体顶部及沿高度方向间隔不大于 2 步的每榀门架上连续设置；安全等级为Ⅱ级的满堂支撑架应在架体顶部及沿高度方向间隔不大于 4 步的每榀门架上连续设置。

（8）对于高宽比大于 2 的门式支撑架，宜采取设置缆风绳或连墙件等有效措施防止架体倾覆，缆风绳或连墙件设置宜符合下列规定：

1）在架体外侧周边水平间距不宜超过 8m、竖向间距不宜超过 4 步设置一处；宜与竖向剪刀撑或水平加固杆的位置对应设置；

2）当满堂支撑架按规范规定设置了连墙件时，架体可不采取其他防倾覆措施。

（9）满堂作业架顶部作业平台应满铺脚手板，并应采用可靠的连接方式固定。作业平台上的孔洞应按行业标准《建筑施工高处作业安全技术规范》JGJ 80—2016 的规定防护。作业平台周边应设置栏杆和挡脚板。

（10）当门式支撑架中间设置通道口时，通道口底层门架可不设垂直通道方向的水平加固杆和扫地杆，通道口上部两侧应设置斜撑杆，并应按《建筑施工高处作业安全技术规范》JGJ 80—2016 的规定在通道口上部设置防护层。

　　【知识链接】 搭设时，通道口两侧门架应设置顺通道方向的扫地杆、水平加固杆，通道口上部每步门架应设置垂直于通道方向的水平加固杆。

　　（11）门式支撑架宜采用调节架、可调底座和可调托座调整高度。底座和托座与门架立杆轴线的偏差不应大于 2.0mm。

　　（12）用于支承混凝土梁模板的门式支撑架，门架可采用平行或垂直于梁轴线的布置方式，如图 1-32 所示。

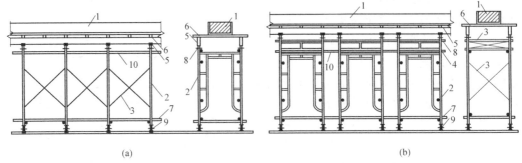

（a）　　　　　　　　　　　　　　　　　　　　　　（b）

图 1-32　混凝土梁模板门式支撑架的布置形式（一）

（a）门架垂直于梁轴线布置；（b）门架平行于梁轴线布置

1—混凝土梁；2—门架；3—交叉支撑；4—调节架；5—托梁；6—小楞；

7—扫地杆；8—可调托座；9—可调底座；10—水平加固杆

　　（13）当混凝土梁的模板门式支撑架高度较高或荷载较大时，门架可采用复式的布置方式，如图 1-33 所示。

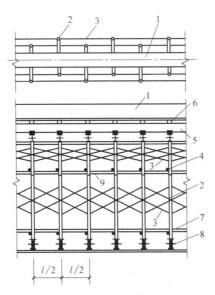

图 1-33　混凝土梁模板门式支撑架的布置形式（二）

1—混凝土梁；2—门架；3—交叉支撑；4—调节架；5—托梁；
6—小楞；7—扫地杆；8—可调底座；9—水平加固杆

　　（14）混凝土梁板类结构的模板满堂支撑架，应按梁板结构分别设计。板支撑架跨距（或列距）宜为梁支撑架跨距（或列距）的倍数，梁下横向水平加固杆应伸入板支撑架内不少于 2 根门架立杆，并应与板下门架立杆扣紧。

　　5. 搭设与拆除

　　（1）施工准备

　　门式脚手架搭设与拆除作业前，应根据工程特点编制专项施工方案，经审核批准后方可实施。专项施工方案应向作业人员进行安全技术交底，并应由安全技术交底双方书面签字确认。

　　门架与配件、加固杆等在使用前应进行检查和验收。

　　经检验合格的构配件及材料应按品种和规格分类堆放整齐、平稳。

对搭设场地应进行清理、平整，并应采取排水措施。回填土应分层回填，逐层夯实。场地排水应顺畅，不应有积水。

悬挑脚手架搭设前应检查预埋件和支撑型钢悬挑梁的混凝土强度。

在搭设前，应根据架体结构布置先在基础上弹出门架立杆位置线，垫板、底座安放位置应准确，标高应一致。搭设门式作业脚手架的地面标高宜高于自然地坪标高 50～100mm。

1.2-7 门式脚手架
的地基要求

【知识链接】 落地门式作业脚手架一般使用的时间比较长，搭设地面标高高于自然地坪标高有利于排水。

当门式脚手架搭设在楼面等建筑结构上时，门架立杆下宜铺设垫板。

（2）搭设

门式脚手架的搭设程序应符合下列规定：作业脚手架的搭设应与施工进度同步，一次搭设高度不宜超过最上层连墙件两步，且自由高度不应大于 4m；支撑架应采用逐列、逐排和逐层的方法搭设；门架的组装应自一端向另一端延伸，应自下而上按步架设，并应逐层改变搭设方向；每搭设完两步门架后，应校验门架的水平度及立杆的垂直度；安全网、挡脚板和栏杆应随架体的搭设及时安装。

【知识链接】 选择合理的架体搭设顺序和施工操作程序，是保证搭设安全和减少架体搭设积累误差的重要措施。门架的正确组装方法是"应自一端向另一端延伸"，而不是自两端向中间搭设或自中间向两端搭设。

搭设门架及配件应符合下列规定：交叉支撑、水平架、脚手板应与门架同时安装；连接门架的锁臂、挂钩应处于锁住状态；钢梯的设置应符合专项施工方案组装布置图的要求，底层钢梯底部应加设钢管，并应采用扣件与门架立杆扣紧；在施工作业层外侧周边应设置 180mm 高的挡脚板和两道栏杆，上道栏杆高度应为 1.2m，下道栏杆应居中设置。挡脚板和栏杆均应设置在门架立杆的内侧。

加固杆的搭设应符合下列规定：水平加固杆、剪刀撑斜杆等加固杆件应与门架同步搭设；水平加固杆应设于门架立杆内侧，剪刀撑斜杆应设于门架立杆外侧。

门式作业脚手架连墙件的安装应符合下列规定：连墙件应随作业脚手架的搭设进度同步进行安装；当操作层高出相邻连墙件以上两步时，在上层连墙件安装完毕前，应采取临时拉结措施，直到上一层连墙件安装完毕后方可根据实际情况拆除。

当加固杆、连墙件等杆件与门架采用扣件连接时，应符合下列规定：扣件规格应与所连接钢管的外径相匹配；扣件螺栓拧紧扭力矩值应为 40～65N·m；杆件端头伸出扣件盖板边缘长度不应小于 100mm。

门式脚手架通道口的斜撑杆、托架梁及通道口两侧门架立杆的加强杆件应与门架同步搭设。

门式脚手架的可调底座、可调托座宜采取防止砂浆、水泥浆等污物填塞螺纹的措施。

（3）拆除

架体拆除应按专项施工方案实施，并应在拆除前做好下列准备工作：应对拆除的架体进行拆除前检查，当发现有连墙件、加固杆缺失，拆除过程中架体可能倾斜失稳的情况时，应先行加固后再拆除；应根据拆除前的检查结果补充完善专项施工方案；应清除架体上的材料、杂物及作业面的障碍物。

门式脚手架拆除作业应符合下列规定：架体的拆除应从上而下逐层进行；同层杆件和构配件应按先外后内的顺序拆除，剪刀撑、斜撑杆等加固杆件应在拆卸至该部位杆件时再拆除；连墙件应随门式作业脚手架逐层拆除，不得先将连墙件整层或数层拆除后再拆架体。拆除作业过程中，当架体的自由高度大于两步时，应加设临时拉结。

【知识链接】 门式脚手架拆除作业是危险性很强的工作，应有序进行，不允许出现违反规范规定的野蛮作业行为，否则，可能会产生安全事故。

当拆卸连接部件时，应先将止退装置旋转至开启位置，然后拆除，不得硬拉、敲击。拆除作业中，不应使用手锤等硬物击打、撬别。

当门式作业脚手架分段拆除时，应先对不拆除部分架体的两端加固后再进行拆除作业。

门架与配件应采用机械或人工运至地面，严禁抛掷。

拆卸的门架与配件、加固杆等不得集中堆放在未拆架体上，并应及时检查、整修和保养，宜按品种、规格分别存放。

6. 检查与验收

（1）搭设检查验收

搭设前，应对门式脚手架的地基与基础进行检查，经检验合格后方可搭设。

门式作业脚手架每搭设两个楼层高度或搭设完毕，门式支撑架每搭设 4 步高度或搭设完毕，应对搭设质量及安全进行一次检查，经检验合格后方可交付使用或继续搭设。

在门式脚手架搭设质量验收时，应具备下列文件：专项施工方案；构配件与材料质量的检验记录；安全技术交底及搭设质量检验记录。

门式脚手架搭设质量验收应进行现场检验，在进行全数检查的基础上，应对下列项目进行重点检验，并应记入搭设质量验收记录：构配件和加固杆的规格、品种应符合设计要求，质量应合格，构造设置应齐全，连接和挂扣应紧固可靠；基础应符合设计要求，应平整坚实；门架跨距、间距应符合设计要求；连墙件设置应符合设计要求，与建筑结构、架体连接应可靠；加固杆的设置应符合设计要求；门式作业脚手架的通道口、转角等部位搭设应符合构造要求；架体垂直度及水平度应经检验合格；悬挑脚手架的悬挑支承结构及与建筑结构的连接固定应符合设计要求，U 形钢筋拉环或锚固螺栓的隐蔽验收应合格；安全网的张挂及防护栏杆的设置应齐全、牢固。

【知识链接】 在门式脚手架搭设质量验收时，应特别注意查验搭设专项施工方案与搭设后的质量验收检查记录（结果）是否一致。

门式脚手架扣件拧紧力矩的检查与验收，应符合行业标准《建筑施工扣件式钢管脚手架安全技术规范》JGJ 130—2011 的规定。

（2）使用过程中的检查

门式脚手架在使用过程中应进行日常维护检查，发现问题应及时处理，并应符合下列规定：地基应无积水，垫板及底座应无松动，门架立杆应无悬空；架体构造应完整，无人为拆除，加固杆、连墙件应无松动，架体应无明显变形；锁臂、挂扣件、扣件螺栓应无松动；杆件、构配件应无锈蚀、无泥浆等污染；安全网、防护栏杆应无缺失、损坏；架体上或架体附近不得长期堆放可燃易燃物料；应无超载使用。

门式脚手架在使用过程中遇有下列情况时，应进行检查，确认安全后方可继续使用：遇有八级以上强风或大雨后；冻结的地基土解冻后；停用超过一个月，复工前；架体遭受外力撞击等作用后；架体部分拆除后；其他特殊情况。

当混凝土模板门式支撑架在施加荷载或浇筑混凝土时，应设专人看护检查。看护检查人员应在门式支撑架的外侧。

7. 安全管理

搭拆门式脚手架应由架子工担任，并应经岗位作业能力培训考核合格后，持证上岗。

当搭拆架体时，施工作业层应临时铺设脚手板，操作人员应站在临时设置的脚手板上进行作业，并应按规定使用安全防护用品，穿防滑鞋。

门式脚手架使用前，应向作业人员进行安全技术交底。

【知识链接】 门式脚手架在使用前向作业人员进行安全技术交底，主要是让作业人员明确：在施工过程中应遵守标准规定，不允许随意拆除连墙件、水平加固杆、斜撑杆、剪刀撑等加固杆件，不得超载使用等。

门式脚手架作业层上的荷载不得超过设计荷载，门式作业脚手架同时满载作业的层数不应超过2层。

严禁将支撑架、缆风绳、混凝土输送泵管、卸料平台及大型设备的支承件等固定在作业脚手架上；严禁在门式作业脚手架上悬挂起重设备。

六级及以上强风天气应停止架上作业；雨、雪、雾天应停止门式脚手架的搭拆作业；雨、雪、霜后上架作业应采取有效的防滑措施，并应扫除积雪。

门式脚手架在使用期间，当预见可能有强风天气所产生的风压值超出设计的基本风压值时，应对架体采取临时加固等防风措施。

在门式脚手架使用期间，立杆基础下及附近不宜进行挖掘作业；当因施工需进行挖掘作业时，应对架体采取加固措施。

门式支撑架的交叉支撑和加固杆，在施工期间严禁拆除。

门式作业脚手架在使用期间，不应拆除加固杆、连墙件、转角处连接杆、通道口斜撑杆等加固杆件。

门式作业脚手架临街及转角处的外侧立面应按步采取硬防护措施，硬防护的高度不应小于1.2m，转角处硬防护的宽度应为作业脚手架宽度。

门式作业脚手架外侧应设置密目式安全网，网间应严密。

【知识链接】 门式作业脚手架外侧张挂密目式安全网，网间要严密，是安全施工的要求，安全网应绑扎牢固。

门式作业脚手架与架空输电线路的安全距离、工地临时用电线路架设及作业脚手架接地、防雷措施，应按行业标准《施工现场临时用电安全技术规范》JGJ 46—2005 的有关规定执行。

在门式脚手架上进行电气焊和其他动火作业时，应符合国家标准《建设工程施工现场消防安全技术规范》GB 50720—2011 的规定，应采取防火措施，并应设专人监护。

不得攀爬门式作业脚手架。

当搭拆门式脚手架作业时，应设置警戒线、警戒标志，并应派专人监护，严禁非作业人员入内。

对门式脚手架应进行日常性的检查和维护，架体上的建筑垃圾或杂物应及时清理。

通行机动车的门式作业脚手架洞口，门洞口净空尺寸应满足既有道路通行安全界线的要求，应设置导向、限高、限宽、减速、防撞等设施及标志。

门式支撑架在施加荷载的过程中，架体下面严禁有人。当门式脚手架在使用过程中出现安全隐患时，应及时排除；当出现可能危及人身安全的重大隐患时，应停止架上作业，撤离作业人员，并应由专业人员组织检查、处置。

【知识链接】 门式脚手架在使用过程中，可能遇有意外情况，此时应果断停止架上作业，撤离架上作业人员，由专业技术人员进行处置。千万不可采取边加固边施工的做法，架体上部和架体下部都有作业人员的情况是极其危险的。

1.3   模板工程施工安全技术

1.3.1   概述

模板是混凝土构件成型的基础条件，建筑施工中用模板来保证现浇混凝土结构的各部分形状、尺寸标高及其相互间位置正确性的工程称为模板工程。

模板工程由模板面（或称面板）和支架系统（主次楞、支架柱及其基础）两大部分组成。模板面是与混凝土直接接触使混凝土具有构件所要求形状的部分，支架系统则是支撑模板面保持其位置的正确和承受模板面、混凝土、钢筋、操作人员、设备、倾倒混凝土、振捣等所产生的垂直和水平荷载的结构。

1.3.2   模板体系及特性

1. 木模板体系

制作、拼装灵活，较适用于外形复杂或异形混凝土构件，以及冬期施工的混凝土工程。缺点是制作量大，木材资源浪费大等。

2. 组合模板体系

（1）组合钢模板体系

此模板体系优点是轻便灵活、拆装方便、通用性强、周转率高；缺点是接缝多且严密性差，导致混凝土成型后外观质量差。

（2）钢框木（竹）胶合板模板体系

以热轧异型钢为钢框架，以覆面胶合板作板面，并加焊若干钢肋承托面板的一种组合式模板。与组合钢模比，其特点是自重轻、用钢量少、面积大、模板拼缝少、维修方便。

（3）铝模板体系

铝模板是铝合金制作的建筑模板，经专用设备挤压后制作而成，由铝面板、支架和连接件三部分系统组成，有完整配套使用的通用配件，能组合拼装成不同尺寸的外形尺寸复杂的整体模架、装配化、工业化程度高。具有施工周期短，重复使用率高，拼缝少，稳定性好等优点。

3. 工具式模板体系

工具式模板体系包括大模板、滑动模板、爬升模板、飞模、胎膜及永久性压型钢板模板和各种配筋的混凝土薄板模板等。

4. 早拆模板体系

在模板支架立柱的顶端，采用柱头的特殊构造装置来保证国家现行标准所规定的拆模原则下，达到早期拆除部分模板的体系。部分模板可早拆，加快周转，节约成本。

1.3.3 模板工程的施工方案

（1）模板工程的施工方案必须经施工企业技术负责人审批。

（2）下列危险性较大的模板工程及支撑体系需编制安全专项施工方案：

1）各类工具式模板工程：包括大模板、滑模、爬模、飞模等工程；

2）混凝土模板支撑工程：搭设高度 5m 及以上；搭设跨度 10m 及以上；施工总荷载 10kN/m² 及以上；集中线荷载 15kN/m 及以上；高度大于支撑水平投影宽度且相对独立无联系构件的混凝土模板支撑工程；

3）承重支撑体系：用于钢结构安装等满堂支撑体系。

（3）下列超过一定规模的危险性较大的模板工程及支撑体系的安全专项施工方案需施工单位组织进行专家论证：

1）工具式模板工程：包括滑模、爬模、飞模工程；

2）混凝土模板支撑工程：搭设高度 8m 及以上；搭设跨度 18m 及以上；施工总荷载 15kN/m² 及以上；集中线荷载 20kN/m 及以上；

3）承重支撑体系：用于钢结构安装等满堂支撑体系，承受单点集中荷载 700kg 以上。

（4）模板及其支架应具有足够的承载能力、刚度和稳定性，应能可靠地承受新浇混凝土的自重、侧压力和施工过程中所产生的荷载及风荷载。构造应简单，装拆方便，便于钢筋的绑扎、安装和混凝土的浇筑、养护。

1.3.4 模板构造与安装

1. 一般规定

模板安装前必须做好下列安全技术准备工作：

（1）应审查模板结构设计与施工说明书中的荷载、计算方法、节点构造和安全措施，设计审批手续应齐全。

（2）应进行全面的安全技术交底，操作班组应熟悉设计与施工说明书，并应做好模板安装作业的分工准备。采用爬模、飞模、隧道模等特殊模板施工时，所有参加作业人员必须经过专门技术培训，考核合格后方可上岗。

（3）应对模板和配件进行挑选、检测，不合格者应剔除，并应运至工地指定地点堆放。

（4）备齐操作所需的一切安全防护设施和器具。

2. 模板构造与安装

（1）模板安装应按设计与施工说明书顺序拼装。木杆、钢管、门架等支架立柱不得混用。

（2）竖向模板和支架立柱支承部分安装在基土上时，应加设垫板，垫板应有足够强度和支承面积，且应中心承载。基土应坚实，并应有排水措施。对湿陷性黄土应有防水措施；对特别重要的结构工程可采用混凝土、打桩等措施防止支架柱下沉。对冻胀性土应有防冻融措施。

（3）当满堂模板支架立柱高度超过 8m 时，若地基土达不到承载要求，无法防止立柱下沉，则应先施工地面下的工程，再分层回填夯实基土，浇筑地面混凝土垫层，达到强度后方可支模。

（4）模板及其支架在安装过程中，必须设置有效防倾覆的临时固定设施。

（5）现浇钢筋混凝土梁、板，当跨度大于 4m 时，模板应起拱；当设计无具体要求时，起拱高度宜为全跨长度的 1/1000～3/1000。

（6）当层间高度大于 5m 时，应选用桁架支模或钢管立柱支模。当层间高度小于或等于 5m 时，可采用木立柱支模。

（7）安装模板应保证工程结构和构件各部分形状、尺寸和相互位置的正确，防止漏浆，构造应符合模板设计要求。模板应具有足够的承载能力、刚度和稳定性，应能可靠承受新浇混凝土自重和侧压力以及施工过程中所产生的荷载。

（8）拼装高度为 2m 以上的竖向模板，不得站在下层模板上拼装上层模板。安装过程中应设置临时固定设施。

【知识链接】　竖向模板是指墙、柱模板，在安装时应随时用临时支撑进行可靠固定，防止倒塌伤人。在安装过程还应随时拆换支撑或增加支撑以保证随时处于稳定状态。

（9）当支架立柱成一定角度倾斜，或其支架立柱的顶表面倾斜时，应采取可靠措施确保支点稳定，支撑底脚必须有防滑移的可靠措施。

（10）除设计图另有规定者外，所有垂直支架柱应保证其垂直。

（11）对梁和板安装二次支撑前，其上不得有施工荷载，支撑的位置必须正确。安装后所传给支撑或连接件的荷载不应超过其允许值。

【知识链接】　二次支撑是指板或梁模板未拆除前或拆除后，板上需堆放或安放设备材料，而这些所增加的荷载远大于现时混凝土所能承受的荷载或者超过设计所允许的荷载，于是需要第二次加些支撑来满足堆载的要求。

（12）支撑梁、板的支架立柱构造与安装应符合下列规定：

1）梁和板的立柱，其纵横向间距应相等或成倍数。

2）木立柱底部应设垫木，顶部应设支撑头。钢管立柱底部应设垫木和底座，顶部应设可调支托，U 形支托与楞梁两侧间如有间隙，必须楔紧，其螺杆伸出钢管顶部不得大于 200mm，螺杆外径与立柱钢管内径的间隙不得大于 3mm，安装时应保证上下同心。

3）在立柱底距地面 200mm 高处，沿纵横水平方向应按"纵下横上"的程序设扫地杆。可调支托底部的立柱顶端应沿纵横向设置一道水平拉杆。扫地杆与顶部水平拉杆之间的间距，在满足模板设计所确定的水平拉杆步距要求条件下，进行平均分配确定步距后，在每一步距处纵横向应各设一道水平拉杆。当层高在 8～20m 时，在最顶步距两水平拉杆中间应加设一道水平拉杆；当层高大于 20m 时，在最顶两步距水平拉杆中间应分别增加一道水平拉杆。所有水平拉杆的端部均应与四周建筑物顶紧顶牢。无处可顶时，应在水平拉杆端部和中部沿竖向设置连续式剪刀撑。

4）木立柱的扫地杆、水平拉杆、剪刀撑应采用 40mm×50mm 木条或 25mm×80mm 的木板条与木立柱钉牢。钢管立柱的扫地杆、水平拉杆、剪刀撑应采用 Φ48mm×3.5mm 钢管，用扣件与钢管立柱扣牢。木扫地杆、水平拉杆、剪刀撑应采用搭接，并应采用铁钉钉牢。钢管扫地杆、水平拉杆应采用对接，剪刀撑应采用搭接，搭接长度不得小于 500mm，并应采用两个旋转扣件分别在离杆端不小于 100mm 处进行固定。

（13）木立柱支撑的构造与安装应符合下列规定：

1）木立柱宜选用整料，当不能满足要求时，立柱的接头不宜超过 1 个，并应采用对接夹板接头方式。立柱底部可采用垫块垫高，但不得采用单码砖垫高，垫高高度不得超过 300mm；

【知识链接】 木立柱由于材质的原因，在模板高度较高时，比较容易发生安全事故，一般不能接长。

2）木立柱底部与垫木之间应设置硬木对角楔调整标高，并应用铁钉将其固定在垫木上；

3）木立柱间距、扫地杆、水平拉杆、剪刀撑的设置应符合第（11）条的规定，严禁使用板皮替代规定的拉杆；

4）所有单立柱支撑应在底垫木和梁底模板的中心，并应与底部垫木和顶部梁底模板紧密接触，且不得承受偏心荷载；

5）当仅为单排立柱时，应在单排立柱的两边每隔 3m 加设斜支撑，且每边不得少于 2 根，斜支撑与地面的夹角应为 60°。

（14）当采用扣件式钢管作立柱支撑时，其构造与安装应符合下列规定：

1）钢管规格、间距、扣件应符合设计要求。每根立柱底部应设置底座及垫板，垫板厚度不得小于 50mm。

2）钢管支架立柱间距、扫地杆、水平拉杆、剪刀撑的设置应符合第（12）条的规定。当立柱底部不在同一高度时，高处的纵向扫地杆应向低处延长不少于两跨，高低差不得大于 1m，立柱距边坡上方边缘不得小于 0.5m。

3）立柱接长严禁搭接，必须采用对接扣件连接，相邻两立柱的对接接头不得在同步内，且对接接头沿竖向错开的距离不宜小于 500mm，各接头中心距节点不宜大于步距的 1/3。

【知识链接】 扣件式立柱采用对接接长，能达到传力明确，没有偏心，可大大提高承载能力。

4）严禁将上段的钢管立柱与下段钢管立柱错开固定在水平拉杆上。

5）满堂模板和共享空间模板支架立柱，在外侧周围应设由下至上的竖向连续式剪刀撑；中间在纵横向应每隔 10m 左右设由下至上的竖向连续式剪刀撑其宽度宜为 4～6m，并在剪刀撑部位的顶部、扫地杆处设置水平剪刀撑。剪刀撑杆件的底端应与地面顶紧，夹角宜为 45°～60°。当建筑层高在 8～20m 时，除应满足上述规定外，还应在纵横向相邻的两竖向连续式剪刀撑之间增加"之"字斜撑，在有水平剪刀撑的部位，应在每个剪刀撑中间处增加一道水平剪刀撑。当建筑层高超过 20m 时，在满足以上规定的基础上，应将所有"之"字斜撑全部改为连续剪刀撑。

6）当支架立柱高度超过 5m 时，应在立柱周围外侧和中间有结构柱的部位，按水平间距 6~9m、竖向间距 2~3m 与建筑结构设置一个固结点。

（15）施工时，在已安装好的模板上的实际荷载不得超过设计值。已承受荷载的支架和附件，不得随意拆除或移动。

（16）安装模板时，安装所需各种配件应置于工具箱或工具袋内，严禁散放在模板或脚手板上；安装所用工具应系挂在作业人员身上或置于所配带的工具袋中，不得掉落。

（17）当模板安装高度超过 3m 时，必须搭设脚手架，除操作人员外，脚手架下不得站其他人。

（18）木料应堆放在下风向，离火源不得小于 30m，且料场四周应设置灭火器材。

1.3.5 模板拆除

（1）模板的拆除措施应经技术主管部门或负责人批准，拆除模板的时间可按国家标准《混凝土结构工程施工质量验收规范》GB 50204—2015 的有关规定执行。冬期施工的拆模，应符合专门规定。

（2）当混凝土未达到规定强度或已达到设计规定强度，需提前拆模或承受部分超设计荷载时，必须经过计算和技术主管确认其强度能足够承受此荷载后，方可拆除。

（3）大体积混凝土的拆模时间除应满足混凝土强度要求外，还应使混凝土内外温差降低到 25℃ 以下时方可拆模。否则应采取有效措施防止产生温度裂缝。

（4）拆模前应对所使用的工具有效性和可靠性进行检查，扳手等工具必须装入工具袋或系挂在身上，并应检查拆模场所范围内的安全措施。

（5）模板的拆除工作应设专人指挥。作业区应设围栏，其内不得有其他工种作业，并应设专人负责监护。拆下的模板、零配件严禁抛掷。

（6）拆模的顺序和方法应按模板的设计规定进行。当设计无规定时，可采取先支的后拆、后支的先拆、先拆非承重模板、后拆承重模板，并应从上而下进行拆除。拆下的模板不得抛扔，应按指定地点堆放。

【知识链接】 模板拆除的顺序和方法，应首先按照模板设计规定进行。原则上应先拆非承重部位，后拆承重部位，并遵守自上而下的原则。

（7）多人同时操作时，应明确分工、统一信号或行动，应具有足够的操作面，人员应站在安全处。

（8）高处拆除模板时，应符合有关高处作业的规定。严禁使用大锤和撬棍，操作层上临时拆下的模板堆放不能超过 3 层。

（9）在提前拆除互相搭连并涉及其他后拆模板的支撑时，应补设临时支撑。拆模时，应逐块拆卸，不得成片撬落或拉倒。

（10）拆模如遇中途停歇，应将已拆松动、悬空、浮吊的模板或支架进行临时支撑牢固或相互连接稳固。对活动部件必须一次拆除。

（11）已拆除了模板的结构，应在混凝土强度达到设计强度值后方可承受全部设计荷载。若在未达到设计强度以前，须在结构上加置施工荷载时，应另行核算，强度不足时，应加设临时支撑。

（12）遇六级或六级以上大风时，应暂停室外的高处作业。雨、雪、霜后应先清扫施工现场，方可进行工作。

（13）拆除有洞口模板时，应采取防止操作人员坠落的措施。洞口模板拆除后，应按《建筑施工高处作业安全技术规范》JGJ 80—2016 的有关规定及时进行防护。

1.3.6 安全管理

（1）从事模板作业的人员，应经安全技术培训。从事高处作业人员，应定期体检，不符合要求的不得从事高处作业。

（2）安装和拆除模板时，操作人员应佩戴安全帽、系安全带、穿防滑鞋。安全帽和安全带应定期检查，不合格者严禁使用。

（3）模板及配件进场应有出厂合格证或当年的检验报告，安装前应对所用部件（立柱、楞梁、吊环、扣件等）进行认真检查，不符合要求者不得使用。

【知识链接】 不符合要求者不得使用，主要指不得使用无出厂合格证或未经试验鉴定的钢模板及配件。

（4）模板工程应编制施工设计和安全技术措施，并应严格按施工设计与安全技术措施的规定进行施工。满堂模板、建筑层高 8m 及以上和梁跨大于或等于 15m 的模板，在安装、拆除作业前，工程技术人员应以书面形式向作业班组进行施工操作的安全技术交底，作业班组应对照书面交底进行上下班的自检和互检。

【知识链接】 对大型和技术复杂的模板工程，应按照施工设计和安全技术措施，组织操作人员进行技术训练，使作业人员充分熟悉和掌握施工设计及安全操作技术。

（5）施工过程中的检查项目应符合下列要求：

1）立柱底部基土应回填夯实；

2）垫木应满足设计要求；

3）底座位置应正确，顶托螺杆伸出长度应符合规定；

4）立杆的规格尺寸和垂直度应符合要求，不得出现偏心荷载；

5）扫地杆、水平拉杆、剪刀撑等的设置应符合规定，固定应可靠；

6）安全网和各种安全设施应符合要求。

（6）在高处安装和拆除模板时，周围应设安全网或搭脚手架，并应加设防护栏杆。在临街面及交通要道地区，尚应设警示牌，派专人看管。

（7）作业时，模板和配件不得随意堆放，模板应放平放稳，严防滑落。脚手架或操作平台上临时堆放的模板不宜超过 3 层，连接件应放在箱盒或工具袋中，不得散放在脚手板上。脚手架或操作平台上的施工总荷载不得超过其设计值。

（8）对负荷面积大和高 4m 以上的支架立柱采用扣件式钢管、门式钢管脚手架时，除应有合格证外，对所用扣件应采用扭矩扳手进行抽检，达到合格后方可承力使用。

（9）多人共同操作或扛抬组合钢模板时，必须密切配合、协调一致、互相呼应。

（10）模板安装高度在 2m 及以上时，应符合《建筑施工高处作业安全技术规范》JGJ 80—2016 的有关规定。

（11）模板安装时，上下应有人接应，随装随运，严禁抛掷。且不得将模板支搭在门窗框上，也不得将脚手板支搭在模板上，并严禁将模板与上料井架及有车辆运行的脚手架或操作平台支成一体。

（12）支模过程中如遇中途停歇，应将已就位模板或支架连接稳固，不得浮搁或悬空。拆模中途停歇时，应将已松扣或已拆松的模板、支架等拆下运走，防止构件坠落或作业人员扶空坠落伤人。

（13）作业人员严禁攀登模板、斜撑杆、拉条或绳索等，不得在高处的墙顶、独立梁或在其模板上行走。

（14）模板施工中应设专人负责安全检查，发现问题应报告有关人员处理。当遇险情时，应立即停工和采取应急措施；待修复或排除险情后，方可继续施工。

（15）寒冷地区冬期施工用钢模板时，不宜采用电热法加热混凝土，否则应采取防触电措施。

（16）在大风地区或大风季节施工时，模板应有抗风的临时加固措施。

（17）当钢模板高度超过15m时，应安设避雷设施，避雷设施的接地电阻不得大于4Ω。

（18）当遇大雨、大雾、沙尘、大雪或六级及以上大风等恶劣天气时，应停止露天高处作业。五级及以上风力时，应停止高空吊运作业。雨、雪停止后，应及时清除模板和地面上的积水及冰雪。

1.4 高处作业施工安全技术

1.4-1 近年来建筑行业"五大伤害"事故比例

1.4.1 高处作业的概念及分级

1. 高处作业的定义

高处作业是指在坠落高度基准面2m及以上有可能坠落的高处进行的作业。

（1）坠落高处基准面

坠落高处基准面是指通过可能坠落范围内最低处的水平面，它是确定高处作业高度的起始点。

（2）可能坠落范围

可能坠落范围是以作业位置为中心，可能坠落范围半径为半径划成的与水平面垂直的柱形空间。

【知识链接】 可能坠落半径值是确定高处防坠落措施范围的依据。

（3）可能坠落范围半径（R）

可能坠落范围半径（R）是指为确定可能坠落范围而规定的相对于作业位置的一段水平距离，其大小取决于作业现场的地形、地势或建筑物分布等有关的基础高度。

【知识链接】 依据可能坠落半径值可以确定不同高度作业时，安全平网搭设的宽度。

（4）基础高度

基础高度（h）是指以作业位置为中心，6m为半径划出垂直于水平面的柱形空间内的最低处与作业位置间的高度。

（5）高处作业高度

高处作业高度是指作业区各作业位置至相应坠落高度基准面的垂直距离中的最大值，简称作业高度，以 H 表示。

【知识链接】 作业高度是确定高处作业危险性高低的依据，作业高度越高，危险性就越大。

按作业高度不同，《高处作业分级》GB/T 3608—2008（以下简称"本规范"）将高处作业分为 2m 至 5m、5m 以上至 15m、15m 以上至 30m、30m 以上四个区域。

作业高度的确定方法：根据本规范的规定，首先依据基础高度（h）（表 1-13），可得可能坠落半径（R）；在基础高度（h）和可能坠落半径（R）值确定后，即可根据实际情况计算出作业高度，例题见本规范附录 A。

高处作业基础高度与坠落半径（m）　　　　　　　　　表 1-13

高处作业基础高度（h）	2 至 5	5 以上至 15	15 以上至 30	30 以上
可能坠落半径（R）	3	4	5	6

2. 高处作业的分级

根据本规范的规定：高处作业分为 A、B 两类。其中，符合下列 9 类而直接引起的坠落的客观危险因素之一的高处作业，为 B 类高处作业：

（1）阵风风力五级（风速 8.0m/s）以上。

（2）平均气温等于或低于 5℃ 的作业环境中。

（3）接触冷水温度等于或低于 12℃ 的作业。

（4）作业场地有冰、雪、霜、水、油等易滑物。

（5）作业场所光线不足，能见度差。

（6）活动作业范围内与危险电压带电体的距离小于表 1-14 规定的作业。

作业活动范围与危险电压带电体的距离表　　　　　　表 1-14

危险电压带电体的等级（kV）	距离（m）	危险电压带电体的等级（kV）	距离（m）
≤10	1.7	220	4.0
35	2.0	330	5.0
63～110	2.5	500	6.0

（7）摆动，或立足处不是平面或只有很小的平面，即任一边小于 500mm 的矩形平面、直径小于 500mm 的圆形平面或具有类似尺寸的其他形状的平面，致使作业者无法维持正常姿势。

（8）存在有毒气体或空气中含氧量低于 0.195 环境中的作业。

（9）可能引起各种灾害事故的作业和抢救突然发生的各种灾害事故的作业。

不存在以上列举的任一种客观危险因素的高处作业为 A 类高处作业。

A、B 类高处作业又可依据表 1-15 进行划分。

【知识链接】 安全级别越高，高处作业的危险性就越大，所采取安全防范的措施更应加强。如作业高度 14m，作业环境为 5℃ 的室外作业，则该高处作业为 B 类Ⅱ级高处作业。

高处作业分级（m）　　　　　　　　　　　　　　　　　　表 1-15

级别　　作业高度　　分类	2～5	5～15	15～30	>30
A	I	II	III	IV
B	II	III	IV	IV

3. 高处作业安全的基本要求

（1）高处作业人员的基本要求

1）凡从事高处作业的人员必须身体健康，并定期体检。患有高血压、心脏病、癫痫病、贫血、四肢有残疾以及其他不适应高处作业的人员，不得从事高处作业；

2）高处作业人员应根据作业的实际情况配备相应的高处作业安全防护用品，并应按规定正确佩戴和使用相应的安全防护用品、用具；

3）高处作业人员衣着要便利，禁止赤脚，以及穿硬底鞋、拖鞋、高跟鞋和带钉、易滑的鞋从事高处作业；

4）严禁酒后进行高处作业；

5）所有高处作业人员应从规定的通道上、下，不得在阳台、脚手架上等非规定的通道上、下，也不得任意利用吊车悬臂架及非载人设备上、下；

6）高处作业施工前，应对作业人员进行安全技术交底，并应记录。应对初次作业人员进行培训。

（2）高处作业的其他要求

根据《建筑施工高处作业安全技术规范》JGJ 80—2016 的规定，建筑施工单位在进行高处作业时，应满足以下基本要求：

1）建筑施工中凡涉及临边与洞口作业、攀登与悬空作业、交叉作业及操作平台、安全网搭设的，应在施工组织设计或施工方案中制定高处作业安全技术措施；

2）应根据要求将各类安全警示标志悬挂于施工现场各相应部位，夜间应设红灯警示。高处作业施工前，应检查高处作业的安全标志、工具、仪表、电气设施和设备，确认其完好后，方可进行施工；

3）对施工作业现场可能坠落的物料，应及时拆除或采取固定措施。高处作业所用的物料应堆放平稳，不得妨碍通行和装卸；工具应随手放入工具袋；作业中的走道、通道板和登高用具，应随时清理干净；拆卸下的物料及余料和废料应及时清理运走，不得随意放置或向下丢弃；传递物料时不得抛掷；

4）在雨、霜、雾、雪等天气进行高处作业时，应采取防滑、防冻和防雷措施，并应及时清除作业面上的水、冰、雪、霜；

当遇有六级及以上强风、浓雾、沙尘暴等恶劣气候，不得进行露天攀登与悬空高处作业。雨雪天气后，应对高处作业安全设施进行检查，当发现有松动、变形、损坏或脱落等现象时，应立即修理完善，维修合格后方可使用。

5）高处作业应按《建设工程施工现场消防安全技术规范》GB 50720—2011 的规定，采取防火措施；

6）对须临时拆除或变动的安全防护设施，应采取可靠措施，作业后应立即恢复。

（3）高处作业安全防护设施的要求

【知识链接】 建筑工程高处作业施工前，应由单位工程负责人、组织人员按类别对安全防护设施进行检查、验收。验收合格后方可进行作业，并应做验收记录。验收可分层或分阶段进行。

1）安全防护设施验收应包括下列主要内容：

① 防护栏杆的设置与搭设；

② 攀登与悬空作业的用具与设施搭设；

③ 操作平台及平台防护设施的搭设；

④ 防护棚的搭设；

⑤安全网的设置；

⑥ 安全防护设施、设备的性能与质量、所用的材料、配件的规格；

⑦ 设施的节点构造，材料配件的规格、材质及其与建筑物的固定、连接状况；

2）安全防护设施验收资料应包括下列主要内容：

① 施工组织设计中的安全技术措施或施工方案；

② 安全防护用品用具、材料和设备产品合格证明；

③ 安全防护设施验收记录；

④ 预埋件隐蔽验收记录；

⑤ 安全防护设施变更记录；

3）应有专人对各类安全防护设施进行检查和维修保养，发现隐患应及时采取整改措施。

4）安全防护设施宜采用定型化、工具化设施，防护栏应为黑黄或红白相间的条纹标示，盖件应为黄或红色标示。

5）安全防护设施的验收应按类别逐项查验做出验收记录。凡不符合规定者，必须修整合格后再行查验。施工工期内还应定期进行抽查。

1.4.2 临边与洞口作业的安全防护

1. 临边高处作业

（1）临边高处作业的定义

在施工现场工作面，边沿无围护或围护设施高度低于 800mm 的高处作业即为临边高处作业，简称临边作业。包括楼板边、楼梯段边、屋面边以及阳台边以及各类坑、沟、槽等边沿的高处作业，均为临边高处作业。

（2）临边作业的安全防护

根据《建筑施工高处作业安全技术规范》JGJ 80—2016 规定，临边作业必须按要求设置安全防护措施，并符合下列规定：

1）坠落高度基准面 2m 及以上进行临边作业时，应在临空一侧设置防护栏杆，并应采用密目式安全立网或工具式栏板封闭；

2）施工的楼梯口、楼梯平台和梯段边，应安装防护栏杆；外设楼梯口、楼梯平台和梯段边还应采用密目式安全立网封闭；

3）建筑物外围边沿处，对没有设置外脚手架的工程，应设置防护栏杆；对有外脚手架的工程，应采用密目式安全立网全封闭。密目式安全立网应设置在脚手架外侧立杆上，并应与脚手杆紧密连接；

4）施工升降机、龙门架和井架物料提升机等在建筑物间设置的停层平台两侧边，应设置防护栏杆、挡脚板，并应采用密目式安全立网或工具式栏板封闭；

5）停层平台口应设置高度不低于 1.80m 的楼层防护门，并应设置防外开装置。井架物料提升机通道中间，应分别设置隔离设施。

（3）临边防护栏杆杆件的搭设

1）临边作业的防护栏杆应由横杆、立杆及挡脚板组成，防护栏杆应符合下列规定：

① 防护栏杆应为两道横杆，上杆距地面高度应为 1.2m，下杆应在上杆和挡脚板中间设置；

② 当防护栏杆高度大于 1.2m 时，应增设横杆，横杆间距不应大于 600mm；

③ 防护栏杆立杆间距不应大于 2m；

④ 挡脚板高度不应小于 180mm。

2）防护栏杆立杆底端应固定牢固，并应符合下列规定：

① 当在土体上固定时，应采用预理或打入方式固定；

② 当在混凝土楼面、地面、屋面或墙面固定时，应将预埋件与立杆连接牢固；

③ 当在砌体上固定时，应预先砌入相应规格含有预埋件的混凝土块，预埋件应与立杆连接牢固。

3）防护栏杆杆件的规格及连接，应符合下列规定：

① 当采用钢管作为防护栏杆杆件时，横杆及栏杆立杆应采用脚手钢管，并应采用扣件、焊接、定型套管等方式进行连接固定；

② 当采用其他材料作防护栏杆杆件时，应选用与钢管材质强度相当的材料，并应采用螺栓、销轴或焊接等方式进行连接固定。

4）防护栏杆的立杆和横杆的设置、固定及连接，应确保防护栏杆在上下横杆和立杆任何部位处，均能承受任何方向 1kN 的外力作用。当栏杆所处位置有发生人群拥挤、物件碰撞等可能时，应加大横杆截面或加密立杆间距；

5）防护栏杆应张挂密目式安全立网或其他材料封闭。

2. 洞口高处作业

（1）洞口高处作业的定义

洞口作业是指在地面、楼面、屋面和墙面等有可能使人和物料坠落，其坠落高度大于或等于 2m 的洞口处的高处作业。

（2）洞口高处作业的安全防护要求

洞口的防护措施应能防止人与物的坠落，各类洞口的防护应根据具体情况采取加盖板、设置防护栏杆及密目网或工具式栏板等措施。

1）盖板须有防止移位或固定位置的措施，不允许用施工材料随意盖设。因此，提倡采用工具式、定型化的盖件。

【知识链接】 盖板的主要作用是防人坠落，不考虑施工堆载。

2）对边长大于 500mm 的非竖向洞口规定采用专项设计盖板进行防护，因为对短边大于500mm的洞口，用非专项设计盖件不能有效承受坠物的冲击。一般可采用钢管及扣件组合而成的钢管防护网，网格间距不应大于400mm；或采用贯穿于混凝土板内的钢筋构成防护网，网格间距不得大于200mm；且防护网上应满铺竹笆或木板，盖板孔洞短边不大于25mm。防护栏杆的构造应符合防护栏杆相关要求。

3）洞口作业时，应采取防坠落措施，并应符合下列规定：

①当竖向洞口短边边长小于500mm时，应采取封堵措施；当垂直洞口短边边长大于或等于500mm时，应在临空一侧设置高度不小于1.2m的防护栏杆，并应采用密目式安全立网或工具式栏板封闭，设置挡脚板；

②当非竖向洞口短边边长为25～500mm时，应采用承载力满足使用要求的盖板覆盖，盖板四周搁置应均衡，且应防止盖板移位；

③当非竖向洞口短边边长为500～1500mm时，应采用盖板覆盖或防护栏杆等措施，并应固定牢固；

④当非竖向洞口短边边长大于或等于1500mm时，应在洞口作业侧设置高度不小于1.2m的防护栏杆，洞口应采用安全平网封闭。

4）电梯井口应设置防护门，其高度不应小于1.5m，防护门底端距地面高度不应大于50mm，并应设置挡脚板。

【知识链接】 电梯井口的安全防护仅针对建筑施工过程中的电梯井口防护进行要求，不适用于电梯安装施工过程。

5）在电梯施工前，电梯井道内应每隔2层且不大于10m加设一道安全平网。电梯井内的施工层上部，应设置隔离防护设施。

6）洞口盖板应能承受不小于1kN的集中荷载和不小于$2kN/m^2$的均布荷载，有特殊要求的盖板应另行设计。

7）墙面等处落地的竖向洞口、窗台高度低于800mm的竖向洞口及框架结构在浇筑完混凝土未砌筑墙体时的洞口，应按临边防护要求设置防护栏杆。

1.4.3 攀登与悬空作业的安全防护

1. 攀登高处作业

（1）攀登高处作业的概念

攀登高处作业是指在建筑施工现场借助登高用具或登高设施进行的高处作业。

【知识链接】 攀登高处作业危险性较大，因此在建筑施工活动中，各类施工作业人员都应严格执行相关安全操作规定，防止安全生产事故的发生。

（2）攀登高处作业的安全技术要求

施工现场的登高与攀登设施必须编入施工组织中。登高作业应借助施工通道、梯子及其他攀登设施和用具，最常用的工具是梯子。

【知识链接】 国家对不同类型的梯子均有相应的标准和要求，如高度、斜度、宽度受力性能等。供人上下的踏板负荷能力（即使用荷载）不应小于1100N，这是以人和衣物的总重750N乘以动载安全系数1.5而定的。因此，过于肥胖的人员不宜从事攀登高处作业。

攀登高处作业的安全技术要求如下：

1）攀登作业设施和用具应牢固可靠；当采用梯子攀爬作用时，踏面荷载不应大于

1.1kN；当梯面上有特殊作业时，应按实际情况进行专项设计；

　　2）同一梯子上不得两人同时作业。在通道处使用梯子作业时，应有专人监护或设置围栏，脚手架操作层上严禁架设梯子作业；

　　3）便携式梯子宜采用金属材料或木材制作，并应符合《便携式金属梯安全要求》GB 12142—2007 和《便携式木折梯安全要求》GB 7059—2007 的规定；

　　4）使用单梯时梯面应与水平面成 75°夹角，踏步不得缺失，梯格间距宜为 300mm，不得垫高使用；

　　5）折梯张开到工作位置的倾角应符合 3）中国家标准的规定，并应有整体的金属撑杆或可靠的锁定装置；

　　6）固定式直梯应采用金属材料制成，并应符合《固定式钢梯及平台安全要求　第 1 部分：钢直梯》GB 4053.1—2009 的规定；梯子净宽应为 400～600mm，固定直梯的支撑应采用不小于 L 70×6 的角钢，埋设与焊接应牢固。直梯顶端的踏步应与攀登顶面齐平，并应加设 1.1～1.5m 高的扶手；

　　7）使用固定式直梯攀登作业时，当攀登高度超过 3m 时，宜加设护笼；当攀登高度超过 8m 时，应设置梯间平台；

　　8）钢结构安装时，应使用梯子或其他登高设施攀登作业；坠落高度超过 2m 时，应设置操作平台；

　　9）当安装屋架时，应在屋脊处设置扶梯，扶梯踏步间距不应大于 400mm；屋架杆件安装时搭设的操作平台，应设置防护栏杆或使用作业人员拴挂安全带的安全绳；

　　10）深基坑施工应设置扶梯、入坑踏步及专用载人设备或斜道等设施。采用斜道时，应加设间距不大于 400mm 的防滑条等防滑措施。作业人员严禁沿坑壁、支撑或乘运土工具上下。

2. 悬空作业

（1）悬空高处作业的概念

悬空高处作业是指在周边无任何防护设施或防护设施不能满足防护要求的临空状态下进行的高处作业。

（2）悬空高处作业的安全技术要求

1）悬空作业应有可靠的立足点，并视具体情况设置安全防护网、栏杆或其他安全防护设施；

2）悬空作业所用的索具、脚手板、吊篮、吊笼、安全平台等设备。均应经过技术鉴定或检证方可使用；

3）由于悬空作业的条件并不相同，具体可由施工单位自行决定，用以保证施工安全。建筑施工活动中用到的结构构件尽量在地面安装，并装设进行高空作业的安全设施，尽量避免或减少在悬空状态下的作业；

4）悬空作业中的管道安装作业，特别是横向管道，并不具有承受操作人员重量的能力，操作时严禁在其上面站立和行走。

1.4.4　操作平台与交叉作业的安全防护

1. 操作平台

（1）操作平台的概念

操作平台是指在建筑施工活动中，由钢管、型钢及其他等效性能材料等组装搭设制作的供施工现场高处作业和载物的平台，包括移动式、落地式、悬挑式等操作平台。

1）移动式操作平台是指带脚轮或导轨，可移动的脚手架操作平台；

2）落地式操作平台是指从地面或楼面搭起、不能移动的操作平台，单纯进行施工作业的施工平台和可进行施工作业与承载物料的接料平台；

3）悬挑式操作平台是指以悬挑形式搁置或固定在建筑物结构边沿的操作平台，有斜拉式悬挑操作平台和支承式悬挑操作平台。

（2）操作平台的一般规定

1）操作平台应通过设计计算，并应编制专项方案，架体构造与材质应满足国家现行相关标准的规定。

2）操作平台的架体结构应采用钢管、型钢及其他等效性能材料组装，并应符合《钢结构设计标准》GB 50017—2017 及国家现行有关脚手架标准的规定。平台面铺设的钢、木或竹胶合板等材质的脚手板，应符合材质和承载力要求，并应平整满铺及可靠固定。

3）操作平台的两边应设置防护栏杆，单独设置的操作平台应设置供人上下、踏步间距不大于 400mm 的扶梯。

4）应在操作平台明显位置设置标明允许负载值的限载牌及限定允许的作业人数，物料应及时转运，不得超重、超高堆放。

5）操作平台使用中应每月不少于 1 次定期检查，应由专人进行日常维护工作，及时消除安全隐患。

（3）移动式操作平台的安全要求

1）移动式操作平台面积不宜大于 $10m^2$，高度不宜大于 5m，高宽比不应大于 2：1，施工荷载不应大于 $1.5kN/m^2$。

2）移动式操作平台的轮子与平台架体连接应牢固，立柱底端离地面不得大于 80mm，行走轮和导向轮应配有制动器或刹车闸等制动措施。

3）移动式行走轮承载力不应小于 5kN，制动力矩不应小于 2.5N·m，移动式操作平台架体应保持垂直，不得弯曲变形，制动器除在移动情况外，均应保持制动状态。

4）移动式操作平台移动时，操作平台上不得站人。

5）移动式升降工作平台应符合《移动式升降工作平台　设计计算、安全要求和测试方法》GB 25849—2010 和《移动式升降工作平台　安全规则、检查、维护和操作》GB/T 27548—2011 的要求。

（4）落地式操作平台的安全要求

1）落地式操作平台架体构造应符合下列规定：

① 操作平台高度不应大于 15m，高宽比不应大于 3：1；

施工平台的施工荷载不应大于 $2.0kN/m^2$；当接料平台的施工荷载大于 $2.0kN/m^2$ 时，应进行专项设计；

② 操作平台应与建筑物进行刚性连接或加设防倾措施，不得与脚手架连接；

③ 用脚手架搭设操作平台时，其立杆间距和步距等结构要求应符合国家现行相关脚手架规范的规定；应在立杆下部设置底座或垫板、纵向与横向扫地杆，并应在外立面设置剪刀撑或斜撑；

④ 操作平台应从底层第一步水平杆起逐层设置连墙件，且连墙件间隔不应大于 4m，并应设置水平剪刀撑。连墙件应为可承受拉力和压力的构件，并应与建筑结构可靠连接。

2）落地式操作平台搭设材料及搭设技术要求、允许偏差应符合国家现行相关脚手架标准的规定。

3）落地式操作平台应按国家现行相关脚手架标准的规定计算受弯构件强度、连接扣件抗滑承载力、立杆稳定性、连墙杆件强度与稳定性及连接强度、立杆地基承载力等；

4）落地式操作平台一次搭设高度不应超过相邻连墙件以上两步。

5）落地式操作平台拆除应由上而下逐层进行，严禁上下同时作业，连墙件应随施工进度逐层拆除。

6）落地式操作平台检查验收应符合下列规定：

① 操作平台的钢管和扣件应有产品合格证；

② 搭设前应对基础进行检查验收，搭设中应随施工进度按结构层对操作平台进行检查验收；

③ 遇六级及以上大风、雷雨、大雪等恶劣天气及停用超过 1 个月，恢复使用前，应进行检查。

（5）悬挑式操作平台的安全要求

1）悬挑式操作平台设置应符合下列规定：

① 操作平台的搁置点、拉结点、支撑点应设置在稳定的主体结构上，且应可靠连接；

② 严禁将操作平台设置在临时设施上；

③ 操作平台的结构应稳定可靠，承载力应符合设计要求。

2）悬挑式操作平台的悬挑长度不宜大于 5m，均布荷载不应大于 $5.5kN/m^2$，集中荷载不应大于 15kN，悬挑梁应锚固固定；

3）采用斜拉方式的悬挑式操作平台，平台两侧的连接吊环应与前后两道斜拉钢丝绳连接，每一道钢丝绳应能承载该侧所有荷载；

4）采用支承方式的悬挑式操作平台，应在钢平台下方设置不少于两道斜撑，斜撑的一端应支承在钢平台主结构钢梁下，另一端应支承在建筑物主体结构；

5）采用悬臂梁式的操作平台，应采用型钢制作悬挑梁或悬挑桁架，不得使用钢管，其节点应采用螺栓或焊接的刚性节点。当平台板上的主梁采用与主体结构预埋件焊接时，预埋件、焊缝均应经设计计算，建筑主体结构应同时满足强度要求；

6）悬挑式操作平台应设置 4 个吊环，吊运时应使用卡环，不得使吊钩直接钩挂吊环。吊环应按通用吊环或起重吊环设计，并应满足强度要求；

7）悬挑式操作平台安装时，钢丝绳应采用专用的钢丝绳夹连接，钢丝绳夹数量应与钢丝绳直径相匹配，且不得少于 4 个。建筑物锐角、利口周围系钢丝绳处应加衬软垫物；

8）悬挑式操作平台的外侧应略高于内侧；外侧应安装防护栏杆并应设置防护挡板全封闭；

9）人员不得在悬挑式操作平台吊运、安装时上下。

2. 交叉作业

（1）交叉作业的概念

交叉作业是指垂直空间贯通状态下，可能造成人员或物体坠落，并处于坠落半径范围内、上下左右不同层面的立体作业。

（2）交叉作业的安全要求

1）交叉作业时，下层作业位置应处于上层作业的坠落半径之外，高空作业坠落半径应按表1-16确定。安全防护棚和警戒隔离区范围的设置应视上层作业高度（h_b）确定，并应大于坠落半径。

坠落半径　　　　　　　　　　　表 1-16

序号	上层作业高度(h_b)	坠落半径(m)
1	$2 \leqslant h_b \leqslant 5$	3
2	$5 < h_b \leqslant 15$	4
3	$15 < h_b \leqslant 30$	5
4	$h_b > 30$	6

2）交叉作业时，坠落半径内应设置安全防护棚或安全防护网等安全隔离措施。

【知识链接】　当尚未设置安全隔离措施时，应设置警戒隔离区，人员严禁进入隔离区。

3）处于起重机臂架回转范围内的通道，应搭设安全防护棚。

4）施工现场人员进出的通道口，应搭设安全防护棚。

5）不得在安全防护棚棚顶堆放物料。

6）当采用脚手架搭设安全防护棚架构时，应符合国家现行相关脚手架标准的规定。

7）对不搭设脚手架和设置安全防护棚时的交叉作业，应设置安全防护网，当在多层、高层建筑外立面施工时，应在二层及每隔四层设一道固定的安全防护网，同时设一道随施工高度提升的安全防护网。

（3）交叉作业的安全措施

1）安全防护棚搭设应符合下列规定：

① 当安全防护棚为非机动车辆通行时，棚底至地面高度不应小于3m；当安全防护棚为机动车辆通行时，棚底至地面高度不应小于4m。

② 当建筑物高度大于24m并采用木质板搭设时，应搭设双层安全防护棚。两层防护的间距不应小于700mm，安全防护棚的高度不应小于4m。

③ 当安全防护棚的顶棚采用竹笆或木质板搭设时，应采用双层搭设，间距不应小于700mm；当采用木质板或与其等强度的其他材料搭设时，可采用单层搭设，木板厚度不应小于50mm。防护棚的长度应根据建筑物高度与可能坠落半径确定。

2）安全防护网搭设应符合下列规定：

① 安全防护网搭设时，应每隔3m设一根支撑杆，支撑杆水平夹角不宜小于45°；

② 当在楼层设支撑杆时，应预埋钢筋环或在结构内外侧各设一道横杆；

③ 安全防护网应外高里低，网与网之间应拼接严密。

1.4.5　安全帽、安全带、安全网

安全帽、安全带和安全网被称作建设工程安全生产的"三宝"。安全帽是用来保护使用者头部、减轻撞击伤害的个人防护用品；安全带是高处作业人员预防坠落伤亡的防护用

品；安全网是用来防止人、物坠落或用来避免、减轻坠落及物体打击伤害的安全防护设施。

【知识链接】 正确佩戴和使用安全生产"三宝"是有效减少和防止高处坠落和物体打击事故发生的重要措施。

1.4-3 市监质监
〔2019〕35号

1. 安全帽

（1）安全帽的定义及组成

对使用者头部受坠落物或小型飞溅物体等其他特定因素引起的伤害起防护作用的帽，由帽壳、帽衬及附件组成。

（2）安全帽的分类

安全帽产品按性能分为普通型和特殊型。普通型安全帽标记为安全帽（P）。具备侧向刚性、耐低温性能的安全帽标记为安全帽（T LD -30℃），具备侧向刚性、耐极高温性能、电绝缘性能，测试电压为20000V的安全帽标记为安全帽（T LD＋150℃JE）。

【知识链接】 每种安全帽都具有一定的技术性能指标和适用范围，要根据所使用的行业和作业环境选购相应的产品。

（3）安全帽的检验与管理

安全帽的检验样品应符合产品标识的描述，零件齐全，功能有效。检验类别分为出厂检验、型式检验。生产企业应按照生产批次对安全帽逐批进行出厂检验。检查批量以一次生产投料为一批次。检验项目名称、检验项目条款号、批量范围、样本大小、不合格分类、判定数组应符合《头部防护 安全帽》GB 2811—2019的规定。

（4）安全帽的正确佩戴和管理

1）任何人员进入生产、施工现场必须正确佩戴安全帽。

2）佩戴前、使用前应先检查帽壳无裂纹或损伤，无明显变形，帽衬关键组件（帽箍、后箍、托带、帽衬接头、下颌带等）齐全、完好、牢固，永久性标志可清晰辨认，未超出使用有效期等。

3）正常使用期：从产品制造完成之日计算，塑料安全帽正常有效使用寿命为30个月。

4）根据使用者头的大小，为充分发挥保护力，安全帽佩戴时必须按头围的大小调整帽箍并系紧下颌带。

5）安全帽在使用时受到较大冲击后，无论是否发现帽壳有明显的断裂纹或变形，都应停止使用，更换受损的安全帽。

6）安全帽不应储存在有酸碱、高温（50℃以上）、阳光、潮湿等处，避免重物挤压或尖物碰刺。

7）帽壳与帽衬可用冷水、温水（低于50℃）洗涤，不可放在暖气片上烘烤，以防帽壳变形。

8）除非按制造商的建议进行，否则不得对安全帽配件进行任何改造和更换。

2. 安全带

建筑施工活动中的攀登作业、悬空作业、吊装作业、钢结构安装等，作业人员均应按要求系挂安全带。

【知识链接】　安全带的作用在于通过束缚人的腰部，使高空坠落的惯性得到缓冲，减少和消除高空坠落所引起的人身伤亡事故的发生，可以有效地提高操作工人的安全系数。

（1）安全带的定义及分类

1）安全带的定义

安全带是防止高处作业人员发生坠落或发生坠落后将作业人员安全悬挂的个体防护装备。

2）安全带的分类及标志

① 分类：安全带按作业类别分为围杆作业安全带、区域限制安全带、坠落悬挂安全带。

② 标记：安全带的标记由作业类别、产品性能两部分组成。

a. 作业类别：以字母 W 代表围杆作业安全带、以字母 Q 代表区域限制安全带、以字母 Z 代表坠落悬挂安全带；

b. 产品性能：以字母 Y 代表一般性能、以字母 J 代表抗静电性能、以字母 R 代表抗阻燃性能、以字母 F 代表抗腐蚀性能、以字母 T 代表适合特殊环境（各性能可组合）。

示例：围杆作业、一般安全带表示为 "W-Y"；区域限制、抗静电、抗腐蚀安全带表示为 "Q-JF"。

（2）安全带的检验

安全带的检验分为出厂检验和型式检验。

1）出厂检验

生产企业应按照生产批次对安全带逐批进行出厂检验。

2）型式检验

有下列情况之一时需进行型式检验：

① 新产品鉴定或老产品转厂生产的试制定型鉴定；

② 当材料、工艺、结构设计发生变化时；

③ 停产超过一年后恢复生产时；

④ 周期检查，每年一次；

⑤ 出厂检验结果与上次型式检验结果有较大差异时；

⑥ 国家有关主管部门提出型式检验要求时；

⑦ 样本由提出检验的单位或委托第三方从企业出厂检验合格的产品中随机抽取，样品数量以满足全部测试项目要求为原则。

（3）标识

安全带的标识由永久标识和产品说明组成。

1）永久标识

永久性标志应缝制在主带上，内容应包括：①产品名称；②本标准号；③产品类别（围杆作业、区域限制或坠落悬挂）；④制造厂名；⑤生产日期（年、月）；⑥伸展长度；⑦产品的特殊技术性能（如果有）；⑧可更换的零部件标识应符合相应标准的规定。

【知识链接】　可以更换的系带应有下列永久标记：①产品名称及型号；②相应标准号；③产品类别（围杆作业、区域限制或坠落悬挂）；④制造厂名；⑤生产日期（年、月）。

2）产品说明

每条安全带应配有一份说明书，随安全带到达佩戴者手中。其内容包括：

① 安全带的适用和不适用对象；

② 生产厂商的名称、地址、电话；整体报废或更换零部件的条件或要求；

③ 清洁、维护、储存的方法；

④ 穿戴方法；

⑤ 日常检查的方法和部位；

⑥ 安全带同挂点装置的连接方法；

⑦ 扎紧扣的使用方法或带在扎紧扣上的缠绕方式；

⑧ 系带扎紧程度；

⑨ 首次破坏负荷测试时间及以后的检查频次；

⑩ 声明"旧产品，当主带或安全绳的破坏负荷低于 15kN 时，该批安全带应报废或更换部件"；

⑪ 根据安全带的伸展长度、工作现场的安全空间、挂点位置判定该安全带是否可用的方法；

⑫ 该产品为合格品的声明。

（4）使用和保管

依据《安全带》GB 6095—2009 规定安全带的使用应符合以下要求：

1）安全带应高挂低用，注意防止摆动碰撞。使用 3m 以上长绳应加缓冲器，自锁钩所用的吊绳则例外；

2）缓冲器、速差式装置和自锁钩可以串联使用；

3）不准将绳打结使用，也不准将钩直接挂在安全绳上使用，应挂在连接环上使用；

4）安全带上的各种部件不得任意拆除。更换新绳时要注意加绳套；

5）安全带使用两年后，按批量购入情况，抽验一次。

【知识链接】　围杆作业安全带做静负荷试验，以 2206N 拉力拉伸 5mm，如无破断方可继续使用。坠落悬挂安全带冲击试验时，以 80kg 重量做自由坠落试验，若不破断，该批安全带可继续使用。对抽试过的样带，必须更换安全绳后才能继续使用。

6）使用频繁的绳，要经常进行外观检查，发现异常时，应立即更换新绳。带子使用期为 3~5 年，发现异常应提前报废。

3. 安全网

（1）安全网的定义、分类及组成

1）安全网：用来防止人、物坠落，或用来避免、减轻坠落及物击伤害的网具。安全网一般由网体、边绳、系绳等组成。

2）根据功能安全网可分为三类，即安全平网、安全立网和密目式安全立网：

① 安全平网：安装平面不垂直于水平面，用来防止人、物坠落，或用来避免、减轻坠落及物击伤害的安全网，简称为平网。

② 安全立网：安装平面垂直于水平面，用来防止人、物坠落，或用来避免、减轻坠落及物击伤害的安全网，简称为立网。

③ 密目式安全立网：网眼孔径不大于垂直于水平面安装，用于阻挡人员、视线、自

然风、飞溅及失控小物体的网，简称为密目网。密目网一般由网体、开眼环扣、边绳和附加系绳组成。

密目式安全立网又分为 A、B 两级。A 级密目式安全立网：在有坠落风险的场所使用的密目式安全立网，简称为 A 级密目网。B 级密目式安全立网：在没有坠落风险或配合安全立网（护栏）完成坠落保护功能的密目式安全立网，简称为 B 级密目网。

【知识链接】 安全网组成相关定义

网目指由一系列绳等经编织或采用其他工艺形成的基本几何形状。网目组合在一起构成安全网的主体。网目密度指密目网每百平方厘米面积内所具有的网孔数量。开眼环扣指密目网上用金属或其他硬质材料制成，中间开有孔的环状扣，两个环扣间的距离叫环扣间距。边绳指沿网体边缘与网体连接的绳。系绳指把安全网固定在支撑物上的绳。筋绳指为增加平（立）网强度而有规则地穿在网体上的绳。网目边长指平（立）网相邻两个网绳结或节点之间的距离。

（2）产品标记

1）平（立）网的产品标记由产品材料、产品分类、产品规格三部分组成：

① 产品分类以字母 P 代表平网，字母 L 代表立网；

② 产品规格尺寸以宽度×长度表示，单位为 m；

③ 阻燃型网应在分类后加"阻燃"字样。

【知识链接】 示例 1：宽 3m，长 6m，材料为锦纶的安全平网，表示为锦纶 P-3×6；示例 2：宽 1.5m，长 6m，材料为维纶的阻燃型立网，表示为阻燃维纶 L-1.5×6 阻燃。

2）密目网的产品标记由产品分类、产品规格尺寸、产品级别三部分组成：

① 产品分类以字母 ML 代表密目网；

② 产品规格尺寸以宽度×长度表示，单位为 m；

③ 产品级别分为 A 级和 B 级。

【知识链接】 示例：宽 1.8m，长 10m 的 A 级密目网，表示为 ML1.8×10A 级。

（3）技术要求

1）安全平（立）网

① 材料：安全平（立）网可采用锦纶、维纶、涤纶或其他材料组成，其物理性能、耐候性应符合相关规定。

② 质量：单张平（立）网质量不超过 15kg。

③ 绳结构：平（立）网上所用的网绳、边绳、系绳、筋绳均应由不小于 3 股单绳制成，绳头部分应经过编花、燎烫等处理，不应散开。

④ 节点：平（立）网上的所有节点应固定。

⑤ 网目形状及边长：平（立）网的目网形状为菱形或方形，边长不宜大于 8cm。

⑥ 规格尺寸：其规格尺寸，平网宽度不得小于 3m，立网宽（高）度不得小于 1.2m，立网宽（高）度不得小于 1.2m。平（立）网的规格尺寸与其标称的规格尺寸的允许偏差为±4%。

⑦ 系绳间距及长度：平（立）网的系绳与网体应牢固连接，各系绳沿网边均匀分布，相邻两系绳间距不应大于 75cm，系绳长度不小于 80cm。当筋绳加长用作系绳时，系绳部分必须加长，且与边绳系紧后，再折回边绳系紧，至少形成双根。

⑧ 筋绳间距：平（立）网如有筋绳，则筋绳分布应合理，平网上两根相邻筋绳的距离不小于 30cm。

⑨ 绳断裂强力：对平（立）网的绳断裂强力进行检测，其绳断裂强度应符合表 1-17 规定：

平（立）网绳断裂强力要求   表 1-17

网类别	绳类别	绳断裂强力要求(N)
安全平网	边绳	≥7000
	网绳	≥3000
	筋绳	≤300
安全立网	边绳	≥3000
	网绳	≥2000
	筋绳	≤3000

⑩ 耐冲击性：按平（立）网耐冲击性能测试方法进行测试，其耐冲击性能应符合表 1-18 规定：

按平（立）网耐冲击性能要求   表 1-18

安全网类别	平网	立网
冲击高度(m)	7	2
测试结果	网绳、系绳、边绳不断裂,测试重物不应接触地面	网绳、系绳、边绳不断裂,测试重物不应接触地面

⑪ 阻燃性能：按阻燃性能测试规定方法进行测试，其续燃、阻燃时间均不得大于 4s。

2）密目式安全网

① 一般要求：缝线不应有跳针、漏缝，缝边应均匀；每张密目网允许有一个缝接，缝接部位应端正牢固；网体上不应有断纱、破洞、变形及有碍使用的编织缺陷；密目网各边缘部位的开眼环扣应牢固可靠。密目网宽度应介于 1.2～2m，长度由合同双方协议条款指定，但最低不应小于 2m。

② 基本性能：按密目安全网相关规定进行测试，其 A、B 级裂断强力×裂断伸长、接缝部位抗拉强力、梯形法撕裂强力、开眼环扣强力、系绳裂断强力、耐贯穿性能、耐冲击、耐腐蚀能、阻燃、耐老化性能均应符合规定。

（4）标识

1）平（立）网的标识由永久标识和产品说明书组成。

① 平（立）网的永久标识包括：本标准号、产品合格证、产品名称及分类标记、制造商名称、地址、生产日期、其他国家有关法律法规所规定必须具备的标记或标志。

② 制造商应在产品的最小包装内提供产品说明书，应包括但不限于以下内容：平（立）网安装、使用及拆除的注意事项；储存、维护及检查；使用期限；在何种情况下应停止使用。

2）密目式安全立网的标识由永久标识和产品说明组成。

① 密目式安全立网的永久标识包括本标准号；产品合格证；产品名称及分类标记；制

造商名称、地址；生产日期，其他国家有关法律法规所规定必须具备的标记或标志。

②批量供货的密目式安全立网应在最小包装内提供产品说明，应包括但不限于以下内容：密目式安全立网的适用和不适用场所；使用期限；整体报废条件或要求；清洁、维护、储存的方法；挂挂方法；日常检查的方法和部位；使用注意事项；警示"不得作为平网使用"；警示"B级产品必须配合立网或护栏使用才能起到坠落防护作用"；合格品的声明。

(5) 安全网的选用

1) 建筑施工安全网的选用应符合下列规定：

① 安全网材质、规格、物理性能、耐火性、阻燃性应满足《安全网》GB 5725—2009 的规定；

② 密目式安全立网的网目密度应为 10cm×10cm 面积上大于或等于 2000 目。

2) 采用平网防护时，严禁使用密目式安全立网代替平网使用。

3) 密目式安全立网使用前，应检查产品分类标记、产品合格证、网目数及网体重量，确认合格方可使用。

(6) 安全网包装、运输、储存的一般要求

1) 每张安全网宜用塑料薄膜、纸袋等独立包装，内附产品说明书、出厂检验合格证及其他按有关规定必须提供的文件。

2) 安全网的外包装可采用纸箱、丙纶薄膜袋等。

3) 安全网应由专人保管发放，如暂不使用，应存放在通风、避光、隔热、无化学品污染的仓库或专用场所。

4) 如安全网的储存期超过两年，应按 0.2% 抽样，不足 1000 张时抽样 2 张进行耐冲击性能测试，测试合格后方可销售使用。

(7) 安全网搭设

1) 安全网搭设应绑扎牢固、网间严密。安全网的支撑架应具有足够的强度和稳定性。

2) 密目式安全立网搭设时，每个开眼环扣应穿入系绳，系绳应绑扎在支撑架上，间距不得大于 450mm。相邻密目网间应紧密结合或重叠。

3) 当立网用于龙门架、物料提升架及井架的封闭防护时，四周边绳应与支撑架贴紧，边绳的断裂张力不得小于 3kN，系绳应绑在支撑架上，间距不得大于 750mm。

4) 用于电梯井、钢结构和框架结构及构筑物封闭防护的平网，应符合下列规定：

① 平网每个系结点上的边绳应与支撑架靠紧，边绳的断裂张力不得小于 7kN，系绳沿网边应均匀分布，间距不得大于 750mm；

② 钢结构厂房和框架结构及构筑物在作业层下部应搭设平网，落地式支撑架应采用脚手钢管，悬挑式平网支撑架应采用直径不小于 9.3mm 的钢丝绳；

③电梯井内平网网体与井壁的空隙不得大于 25mm，安全网拉结应牢固。

(8) 安全网的使用及管理

1) 安全网使用时，应避免发生下列现象：

① 随便拆除安全网的构件；

② 人跳进或把物品投入安全网内；

③ 大量焊接或其他火星落入安全网内；

④ 在安全网内或下方堆积物品；

⑤ 安全网周围有严重腐蚀性烟雾。

【知识链接】 对使用中的安全网，应进行定期或不定期的检查，并及时清理网上落物污染，当受到较大冲击后应及时更换。

2）安全网的管理

安全网应由专人保管发放，暂时不用的应存放在通风、避光、隔热、无化学品污染的仓库或专用场所。

1.5　施工现场临时用电安全技术

1.5.1　概述

施工现场临时用电是指施工现场临时用电线路、安装的各种电气、配电箱提供的机械设备动力源和照明。工程施工现场环境复杂多变、用电设备繁多，在施工过程中常有触电、电气火灾事故发生。施工现场存在的安全隐患需要辨识和控制，我们要把预防触电和电气火灾事故作为临时用电安全管理工作的首要目标，施工现场临时用电必须严格按国家、行业有关标准、规范执行。

1.5.2　施工现场临时用电基本原则

（1）施工现场临时用电工程中的电源中性点直接接地的220/380V三相四线制低压电力系统的设计、安装、使用、维修和拆除必须符合《施工现场临时用电安全技术规范》JGJ 46—2005 的要求。

1.5-1 临时用电组织设计

（2）施工现场临时用电工程专用的电源中性点直接接地的220/380V三相四线制低压电力系统，必须符合下列规定：

1）采用三级配电系统。

2）采用 TN-S 接零保护系统。

3）采用二级漏电保护系统。

（3）配电箱、开关箱应采用由专业厂家生产的定型化产品，并应符合《低压成套开关设备和控制设备　第4部分：对建筑工地用成套设备（ACS）的特殊要求》GB/T 7251.4—2017、《施工现场临时用电安全技术规范》JGJ 46—2005、《建筑施工安全检查标准》JGJ 59—2011 等的要求，并取得"3C"认证证书，配电箱内使用的隔离开关、漏电保护器及绝缘导线等电器元件也必须取得"3C"认证。

（4）施工现场临时用电设备在5台及以上或设备总容量在50kW及以上者，应编制临时用电组织设计。临时用电组织设计及变更时，必须履行"编制、审核、批准"程序，由电气工程技术人员组织编制，经企业的技术负责人和项目总监批准后方可实施。

【知识链接】 触电及电气火灾事故的概率与用电设备数量、种类、分布和计算负荷大小有关，对于用电设备数量较多（5台及以上）、用电设备总容量较大（50kW及以上）的施工现场，为规范临时用电工程、加强用电管理、实现安全用电，依照施工现场临时用电实际，做好用电组织设计，用以指导建造用电工程，保障用电安全可靠。

（5）现场安装、巡检、维修或拆除临时用电设备和线路，必须由电工完成，并应有人监护。电工必须经过按国家现行标准考核合格后，持证上岗。其他用电人员必须通过相关安全教育培训和技术交底。

（6）施工现场临时用电必须建立安全技术档案。安全技术档案应包括下列内容：

1）用电组织设计的全部资料。

2）修改用电组织设计的资料。

3）用电技术交底资料。

4）用电工程检查验收表。

5）电气设备的试、检验凭单和调试记录。

6）接地电阻、绝缘电阻和漏电保护器漏电动作参数测定记录表。

7）定期检（复）查表。

8）电工安装、巡检、维修、拆除工作记录。

1.5.3 施工现场临时用电基本规定和要求

1. 外电线路防护

（1）防护设施与外电线路之间的最小安全距离应符合表 1-19 的规定，并应坚固、稳定。

防护设施与外电线路之间的最小安全距离　　　　　　　　　　表 1-19

外电线路电压等级(kV)	≤10	35	110	220	330	500
最小安全距离(m)	1.7	2.0	2.5	4.0	5.0	6.0

（2）在建工程不得在外电架空线路保护区内搭设生产、生活等临时设施或堆放构件、架具、材料及其他杂物等。

（3）当需在外电架空线路保护区内施工或作业时，应保证其安全距离并采取有效防护措施。

（4）外电防护措施无法实现时，应采取停电、迁移外电架空线路或改变工程位置等措施，未采取上述措施的不得施工。

（5）外电线路与在建工程之间的最小安全距离应符合表 1-20 的规定。如不符合国家现行相关标准规定时，应采取隔离防护措施并悬挂警示标志。

在建工程（含脚手架）的外边缘与外电线路之间的最小安全距离　　　　　表 1-20

外电线路电压等级(kV)	<1	1~10	35~100	220	330~500
最小安全操作距离(m)	4.0	6.0	8.0	10	15

（6）在外电线路附近开挖沟槽时，必须会同有关部门采取加固措施，防止外电架空线路电杆倾斜、悬倒。

2. 接地与接零保护系统

（1）施工现场专用的电源中性点直接接地的低压配电系统应采用 TN-S 接零保护系统；不得同时采用两种配电保护系统。

（2）总配电箱、分配电箱及架空线路终端，其保护导体（PE）应做重复接地，接地电阻不宜大于10Ω。

（3）电器设备的保护金属外壳必须与保护零线连接，保护零线应由工作接地线、总配电箱电源侧零线或总漏电保护器电源零线处引出。

（4）保护零线应单独敷设，线路上严禁装设开关或熔断器，严禁通过工作电流，严禁断线。

（5）PE线所用材质与相线、工作零线相同时，其最小截面应符合表1-21的规定；保护零线的材质、规格和颜色标记应符合国家现行相关标准要求。

PE 线与相线截面的关系（mm²）　　　　　　　表 1-21

相线芯线截面 S	PE 线最小截面
S≤16	S
16<S≤35	16
S>35	S/2

（6）接地装置的接地线应采用2根及以上导体，在不同点与接地体做电气连接，保证其有完好的电气通路。

（7）接地体应采用角钢、钢管或光面圆钢，工作接地电阻不得大于4Ω，重复接地电阻不得大于10Ω。

（8）施工现场的施工设施应采取防雷措施，防雷装置的冲击接地电阻值不得大于30Ω。

（9）设有防雷保护措施的机械设备，其上的金属管路应与设备的金属结构体做电气连接；机械设备的防雷接地与电气设备的保护接地可共用同一接地体，防雷接地电阻值不得大于30Ω。

（10）施工现场的起重机、井字架、龙门架等机械设备以及正在施工的钢脚手架、金属构件应安装防雷装置。

3. 配电室与配电装置

（1）配电柜应装设电度表，并应装设电流、电压表。电流表与计费电度表不得共用一组电流互感器。配电柜装设电源隔离开关及短路、过载、漏电保护器。电源隔离开关分断时应有明显分断点。配电柜应编号，并应有用途标记。

（2）配电柜或配电线路停电维修时，应挂接地线；并用悬挂"禁止合闸，有人工作"停电标志牌。停送电必须有专人负责。

【知识链接】　本条是为保障施工现场用电工程使用、停电维修，以及停、送电操作过程安全、可靠而作的技术性管理规定。

（3）发电机组的排烟管道必须伸出室外。发电机组及其控制、配电室内必须配置可用于扑灭电气火灾的灭火器，严禁存放贮油桶。

（4）成列的配电柜和控制柜应与重复接地线及保护接地线做电气连接。

（5）配电柜应装设电源隔离开关及短路、过载、漏电保护电器；并应符合国家现行相关标准要求。

（6）发电机组电源必须与外电线路电源连锁，严禁并列运行。

（7）配电箱、开关箱内的电器必须可靠、完好，严禁使用破损、不合格的电器。

（8）总配电箱和分配电箱内电器元件设置应采用以下两种方式：

1）总隔离开关—总漏电保护器（具备短路、过载、漏电保护功能）—分路隔离开关；

2）总隔离开关—总断路器（总熔断器）—分路隔离开关—分路漏电保护器（具备短路、过载、漏电保护功能）。

（9）开关箱必须设置隔离开关、断路器或熔断器，以及漏电保护器。当漏电保护器是具有短路、过载、漏电保护功能的漏电断路器时，可不设断路器或熔断器。容量大于3.0kW的动力电路应采用断路器控制，操作频繁时还应附设接触器或其他启动控制装置。

（10）开关箱中漏电保护器的额定漏电动作电流不应大于30mA，额定漏电动作时间不应大于0.1s。使用于潮湿和有腐蚀介质场所的漏电保护器应采用防溅型产品，其额定漏电动作电流不应大于15mA，额定漏电动作时间不应大于0.1s。

（11）分配电箱中漏电保护器的额定漏电动作电流应大于30mA，额定漏电动作时间应大于0.1s。总配电箱中漏电保护器的额定漏电动作电流和额定漏电动作时间应大于分配电箱的参数，但其额定漏电动作电流与额定漏电动作时间的乘积不应大于30mA·s。

（12）总配电箱、分配电箱和开关箱中漏电保护器的极数和线数必须与其负荷侧负荷的相数和线数一致。

4. 配电线路

（1）线路及接头的机械强度和绝缘强度应符合国家现行相关标准要求。

（2）电缆线路需要三相四线配电的电缆线必须采用五芯电缆。

（3）电缆选型应符合下列规定：应根据敷设方式、施工现场环境条件、用电设备负荷功率及距离等因素进行选择；低压配电系统的接地型式采用 TN-S 系统时，单根电缆应包含全部工作芯线和用作中性导体（N）或保护导体（PE）的芯线。

（4）施工现场配电线路路径选择应符合下列规定：应结合施工现场规划及布局，在满足安全要求的条件下方便线路敷设、接引及维护；应避开过热、腐蚀以及储存易燃、易爆物的仓库等影响线路安全运行的区域；宜避开易遭受机械性外力的交通、吊装、挖掘作业频繁场所，以及河道、低洼、易受雨水冲刷的地段；不应跨越在建工程、脚手架、临时建筑物。

（5）配电线路的敷设方式应符合下列规定：应根据施工现场环境特点，以满足线路安全运行、便于维护和拆除的原则来选择，敷设方式应能够避免受到机械性损伤或其他损伤。供用电电缆可采用架空、埋地、沿支架等方式进行敷设。

（6）架空线路穿越道路处应在醒目位置设置最大允许通过高度警示标识。架空线路在跨越道路、河流、电力线路挡距内不应有接头。架空线路与邻近线路、结构物或设施的距离应符合国家现行相关标准规定。

（7）室内配线应根据配线类型采用瓷瓶、瓷夹、嵌绝缘槽、穿管或钢索敷设，潮湿场所应采取相应措施。

5. 配电箱与开关箱

（1）配电箱结构、箱内电器设置及使用应符合国家现行相关标准要求。

（2）总配电箱、分配箱及开关箱应安装漏电保护器，漏电保护器参数应匹配，并应灵敏可靠。

（3）总配电箱以下可设若干分配电箱；分配电箱以下可设若干末级配电箱。分配电箱以下可根据需要，再设分配电箱。总配电箱应设在靠近电源的区域，分配电箱应设在用电设备或负荷相对集中的区域，分配电箱与末级配电箱的距离不宜超过 30m；开关箱与其固定的用电设备的水平距离不宜超过 3m。

（4）配电箱、开关箱应装设端正、牢固。固定式配电箱、开关箱的中心点与地面的垂直距离应为 1.4～1.6m；移动式配电箱、开关箱应装设在牢固、稳定的支架上，其中心点与地面的垂直距离宜为 0.8～1.6m。

（5）配电系统应采用三级配电、二级漏电保护系统；动力配电箱与照明配电箱应分别设置。

【知识链接】 为综合适应施工现场用电设备分区布置和用电特点，提高用电安全、可靠性，明确规定了施工现场用电工程三级配电原则，开关箱"一机、一闸、一漏、一箱"制原则和动力、照明配电分设原则。规定三相负荷平衡的要求主要是为了降低三相低压配电系统的不对称度和电压偏差，保证用电的电能质量。

（6）每台用电设备必须有各自专用的开关箱，严禁用同一个开关箱直接控制两台及两台以上用电设备。

（7）配电箱内断路器相间绝缘隔板应配置齐全；防电击护板应阻燃且安装牢固。

（8）配电箱内的导线与电器元件的连接应牢固、可靠。导线端子规格与芯线截面适配，接线端子应完整，不应减小截面积。

（9）配电箱的电器安装板上必须分设 N 线端子板和 PE 线端子板。进出线的 N 线必须通过 N 线端子板连接，PE 线必须通过 PE 线端子板连接。

（10）配电箱的金属箱体、金属电器安装板以及电器正常不带电的金属底座、外壳等应通过保护导体（PE）汇流排可靠接地。

（11）配电箱与开关箱应有门、锁、遮雨棚，并应有配电箱应有名称、编号、系统接线图、电箱编号及分路标记。

6. 现场照明

（1）照明用电与动力用电应分开设置；采用专用回路，专用回路应设置漏电保护装置。

（2）照明系统宜使三相负荷平衡。

（3）同一工作场所内的不同区域有不同照度要求时，应分区采用一般照明或混合照明，不应只采用局部照明。

（4）照明种类的选择应符合下列规定：工作场所均应设置正常照明；在坑井、沟道、沉箱内及高层构筑物内的走道、拐弯处、安全出入口、楼梯间、操作区域等部位应设置应急照明。

（5）照明灯具应根据施工现场环境条件设计并应选用防水型、防尘型、防爆型灯具。

（6）照明变压器必须使用双绕组型安全隔离变压器，严禁使用自耦变压器。

（7）特殊场所应使用安全特低电压系统（SELV）供电的照明装置，且电源电压应符合特殊场所的安全特低电压系统。

（8）照明开关应控制相导体，当采用螺口灯头时，相导体应接在中心触头上。

（9）照明灯具与易燃物之间，应保持一定的安全距离，普通灯具不宜小于 300mm；

聚光灯、碘钨灯等高热灯具不宜小于500mm，不得直接照射易燃物。当间距不够时，应采取隔热措施。

（10）在单相二线线路中，零线与相线的截面应相同；照明灯具的金属外壳应与保护零线相连接。

（11）照明灯具的金属外壳必须与PE线相连接，照明开关必须装设隔离开关、短路与过载保护电器和漏电保护器。

1.5.4　施工现场临时用电安全管理

1. 安全电压的使用

安全电压是为防止触电事故而采用的50V以下特定电源供电的电压系列，分为42V、36V、24V、12V和6V五个等级，根据不同的作业条件，选用不同的安全电压等级。特殊场所必须采用安全电压照明供电：

（1）使用行灯，必须采用小于等于36V的安全电压供电。

（2）隧道、人防工程、有高温、导电灰尘或距离地面高度低于2.4m的照明等场所，电源电压应不大于36V。

（3）在潮湿和易触电及带电体场所的照明电源电压，应不大于24V。

（4）在特别潮湿的场所、导电良好的地面、锅炉或金属容器内工作的照明电源电压不得大于12V。

2. 电线相色的识别

（1）电源线路可分工作相线（火线）、工作零线和专用保护零线。一般情况下，工作相线（火线）带电危险，工作零线和专用保护零线不带电（但在不正常情况下，工作零线也可以带电）。

（2）相线（火线）分为A、B、C三相，分别为黄色、绿色、红色；工作零线为蓝色；专用保护零线为黄绿双色线。

3. 电器插座的使用

（1）插座分类：常用的插座分为单相双孔、单相三孔和三相三孔、三相四孔等。

（2）选用与安装接线：三孔插座应选用"品"字形结构，不应选用等边三角形排列的结构，因为后者容易发生三孔互换而造成触电事故。

（3）插座在电箱中安装时，必须首先固定安装在安装板上，接出极与箱体一起作可靠的PE保护。

（4）三孔或四孔插座的接地孔（较粗的一个孔），必须置在顶部位置，不可倒置，两孔插座应水平并列安装，不准垂直并列安装。

（5）插座接线要求：对于两孔插座，左孔接零线，右孔接相线；对于三孔插座，左孔接零线，右孔接相线，上孔接保护零线；对于四孔插座，上孔接保护零线，其他三孔分别接A、B、C三根相线。

4. "用电示警"标志或标牌的识别

（1）正确识别"用电示警"标志或标牌，不得随意靠近、随意损坏和挪动标牌。

（2）常用的电力标志：

颜色：红色。

使用场所：配电房、发电机房、变压器等重要场所。

（3）高压示警标志：

颜色：字体为黑色，箭头和边框为红色。

使用场所：须高压示警场所。

（4）配电房示警标志：

颜色：字体为红色，边框为黑色（或字与边框交换颜色）。

使用场所：配电房或发电机房。

（5）维护检修示警标志：

颜色：底为红色、字为白色（或字为红色、底为白色、边框为黑色）。

使用场所：维护检修时相关场所。

（6）其他用电示警标志

颜色：箭头为红色、边框为黑色、字为红色或黑色。

使用场所：其他一般用电场所。

进入施工现场的每个人都必须认真遵守用电管理规定，看到以上用电示警标志或标牌时，不得随意靠近，更不准随意损坏、挪动标牌。

5. 其他规定

（1）不准在宿舍工棚、仓库、办公室内用使用电饭煲、电炉、电热杯等大功率电器和使用高温高热的电炉，如需使用应由管理部门指定地点。不准在宿舍内乱拉乱接电源线，非专职电工不准乱接或更换电熔丝，不准以其他金属丝代替熔丝（保险丝）。

（2）严禁在电线上晾衣服或搭设其他东西。

（3）不准在高压线下方搭设临建、堆放材料和进行施工作业；在高压线一侧作业时，必须保持水平安全距离，当达不到安全距离时，必须采取隔离防护措施。

（4）搬运较长的金属物体，如钢筋、钢管等材料时，不得碰触到电线。

（5）在临近输电线路的建筑物上作业时，不能随便往下乱扔金属类杂物，更不能触摸、拉动电线。

（6）如需采用移动金属梯子和操作平台施工时，要观察高处输电线路与移动物体的距离，确认有足够的安全距离，再进行作业。

（7）在地面或楼面上运送材料时，不能把手推车及材料压置在电线上。

（8）在移动有电源线的机械设备，如电焊机、水泵、小型木工机械等，必须先切断电源，不能带电搬动。

（9）当发现电线坠地或设备漏电时，切不可随意跑动或触摸金属物体，并保持安全距离。

（10）现场施工用电缆、电线必须采用 TN-S 三相五线制。严禁使用三相四芯再外加一芯代替五芯电缆、电线。现场所有配电导线采用橡套软电线，不准使用塑料线及花线，不允许用铁丝、铜线代替保险丝。

（11）对固定、移动机具及照明的使用应实行二级漏电保护。并经常进行检查、维修和保养。

（12）现场使用的配电箱、线路、用电设备、零配件齐全无损、无裸露、标记无脱落、外观清洁、摆放整齐。各类配电箱中的熔断器内严禁使用铜丝作保护，必须使用专用的铜熔片,并做到与实际使用相匹配。

(13)开关箱必须做到"一机、一闸、一漏、一箱"的要求,箱内漏电开关不得大于30mA/0.1s的额定漏电动作电流要求。

(14)施工现场当发生有人触电或电气火灾时,应首先迅速断开电源,同时报120急救中心抢救受伤人员,并立即采取有效措施对现场进行施救。

6. 电工工作管理

(1)现场电工必须熟练掌握并认真执行国家及地方对施工现场临时用电安全技术规范的要求,并结合本项目供用电实际情况做好本职工作。

(2)现场电工应随时掌握现场所有供电线路、用电设备的绝缘程度和使用运行情况,设备增减情况,开关箱、流动箱及用电设备的开关容量配置及各项安全保护情况,插座及开关的保护盖齐全完好情况,如有损坏时应及时更换。

(3)现场电工必须做好漏电保护开关的动作记录,如动作时间、动作原因、动作次数等,查清动作原因处理恢复后,才能继续投入使用。

1.5.5 施工现场临时用电检查与验收

施工现场临时用电工程必须经用电组织设计或专项施工方案编制、审核、批准部门和使用单位共同验收,合格后方可投入使用。

施工现场临时用电工程应定期检查。定期检查时,应复查接地电阻值和绝缘电阻值。临时用电工程定期检查应按分部、分项工程进行,对安全隐患必须及时处理,并应履行复查验收手续。

施工现场临时用电检查和验收的项目应包括:临时用电组织设计或专项施工方案、外电线路及电气设备防护、接地与接零保护系统、配电室及自备电源、配电线路、配电箱及开关箱、现场照明、用电档案资料等。

1.6 施工现场施工机械安全技术

1.6.1 塔式起重机

塔式起重机主要用于房屋建筑中材料的输送及建筑构件的安装。塔式起重机在高层建筑施工中是不可缺少的垂直运输施工机械。

1. 类型

(1)按回转方式分为上回转式和下回转式。

(2)按爬升方式分为外部爬升式和内部爬升式。

(3)按变幅形式分为小车变幅和动臂变幅。

(4)按行走机构分为固定(自升)式和轨道自行式。

(5)按架设方式分为快装式和非快装式。

2. 型号组成

(1)我国塔式起重机的型号编制如图1-34所示。

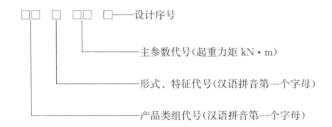

图 1-34　我国塔式起重机型号编制方法

塔式起重机是起（Q）重机大类的塔（T）式起重机组，故前两个字母 QT；特征代号看强调什么特征，如快装式用 K，自升式用 Z，固定式用 G，下回转用 X 等。例如：

QTZ800——代表起重力矩 800kN·m 的自升式塔机；

QTK400——代表起重力矩 400kN·m 的快装式塔机；

QTK800B——代表起重力矩 800kN·m 的自升式塔机，第二次改装型设计；

上回转式：QT，上回转塔式起重机；

上回转自升式：QTZ，上回转自升式塔式起重机；

下回转式：QTX，下回转式塔式起重机；

下回转自升式：QTS，下回转自升式塔式起重机；

固定式：QTG，固定式塔式起重机；

爬升式：QTP，爬升式塔式起重机；

轮胎式：QTL，轮胎式塔式起重机；

履带式：QTU，履带式塔式起重机。

（2）现在有的塔机厂家，根据国外标准，用塔机最大臂长（m）与臂端（最大幅度）处所能吊起的额定重量（kN）两个主参数来标记塔机的型号。如中联的 QTZ100 标记为 TC5 013，其意义如图 1-35 所示。

图 1-35　塔式起重机型号编制方法（国外标准）

（3）引进 POTAIN 编号方法：

我国四川建机和沈阳建机引进法国 POTAIN 技术生产的塔式起重机沿用 POTAIN 编号方法，其塔式起重机产品型号编制程式较为特别，其型号代表的技术特性如下：

塔式起重机型号编号第一个字母为最大臂长代号；

塔机型号编号第二个字符为单绳最大吊重代号；

塔机型号编号第三个字符为最大幅度时双绳最大吊重数值，单位为 kN；

塔机型号编号第四个字符为设计改进型代号；

F0/23B，H3/36B 均是我国引进 POTAIN 技术的典型产品，其型号示例如下：

F——最大幅度 50m；

0——单绳最大吊载量 2t；

23——最大幅度时最大起重量（kN）；

B——设计改进型代号；

H——最大幅度 60m 代号；

3——单绳最大吊载量 3t；

36——最大幅度时最大起重量（kN）；

B——设计改进型代号。

沈阳建机在引进技术基础上后续开发的塔机型号编号也采用了此法，如 K50/50 表示塔机最大臂长为 70m（K），此时起重量 50kN；M125/75 表示塔机最大臂长为 80m（M），此时起重量 75kN，单绳最大吊重 125kN。

（4）国外厂家编号：

德国 PEINER 公司的 SMK（Schnellmontagkran）代表快装塔机，ABK（Autobaukran）代表汽车塔机。德国 LIEBHERR 公司的 HC 系列、HC-B 系列代表建筑用自升塔机，HB 代表动臂式自升塔机。意大利 RAINMONDI 公司 TK 系列、SIMMA 公司的 GT 系列，也都是代表塔机的意思。这些厂家产品型号在外文缩写字母之后的数字或是表示该型塔机的主参数，或是代表该机的最大幅度与相应起重量两项基本参数，或是其他性能参数，各有特点。国外一些企业塔机编制型号的方式亦有采用厂名代号，如意大利 ALFA 塔机厂的产品型号均以"A"字开头，EDILMAC 厂的产品以"E"字开头。

3. 主要结构

塔式起重机的主要结构由底架结构、行走式底架结构、塔身、爬升套架、上下支座、回转塔身、塔顶、起重臂及起重臂拉杆、平衡臂及拉杆、载重小车、吊钩滑轮组、电控系统、主要零部件等组成。

4. 主要机构

塔式起重机的主要机构由行走机构、起升机构、变幅机构、回转机构、顶升机构等组成。

5. 主要安全装置

塔式起重机的主要安全装置包括起升高度限位器、力矩限制器、起重量限制器、幅度限位器、回转限位器、行程限位器、小车断绳保护装置、小车防坠落装置、钢丝绳防扭装置、钢丝绳防脱装置、爬升装置防脱功能、显示记录装置、吊钩保险装置、风速仪、工作空间限制器等。

6. 安全管理规定

（1）一般规定

1）塔式起重机制造单位必须具有特种设备制造许可证，型式试验报告、产品出厂应随机附有产品合格证、使用说明书等质量技术资料。

2）塔式起重机安装、顶升、降节和拆除应编制专项施工方案。

3）使用单位应对塔式起重机进行检查，每月不少于两次。使用单位、产权单位和监理单位应派人参加。

4）使用单位或产权单位应按照使用说明书的要求对塔式起重机进行自行检测和维护保养。

5）施工现场有多台塔式起重机交叉作业时，应编制专项方案，并应采取防碰撞的安全措施。

【知识链接】 两台相邻塔式起重机的安全距离如果控制不当，很可能会造成重大安事故，所以要严格控制。当相邻工地发生多台塔式起重机交错作业情况时，应在协调相互作业关系的基础上，编制各自的专项使用方案。

6）塔式起重机在安装前和使用过程中，发现有下列情况之一的，严禁安装和使用：

① 结构件上有可见裂纹和严重锈蚀的；

② 主要受力构件存在塑性变形的；

③ 连接件存在严重磨损和塑性变形的；

④ 钢丝绳达到报废标准的；

⑤ 安全装置不齐全或失效的。

7）塔式起重机有下列情况之一的应进行安全评估，经安全评估合格后方可使用：

① 出厂年限超过10年的630kN·m（不含630kN·m）以下塔式起重机，评估合格最长有效期限为1年；

② 出厂年限超过15年的630kN·m～1250kN·m（不含1250kN·m）塔式起重机，评估合格最长有效期限为2年；

③ 出厂年限超过20年的1250kN·m（含1250kN·m）以上塔式起重机，评估合格最长有效期限为3年。

【知识链接】 安全评估是对建筑起重机械的设计、制造情况进行了解，对使用保养情况记录进行检查，对钢结构的磨损、锈蚀、裂纹、变形等损伤情况进行检查与测量，并按规定对整机安全性能进行载荷试验，由此分析判别其安全度，作出合格或不合格结论的活动。

8）塔式起重机的信息标识应符合下列要求：

① 塔式起重机应有耐用金属标牌，永久清晰地标识产品名称、型号、产品制造编号、出厂日期、制造商名称、制造许可证号，额定起重力矩等信息；

② 司机的操纵装置和指示装置应标有文字和符号以指示其功能；

③ 塔式起重机的标准节、臂架、拉杆、塔顶等主要结构件应设有可追溯制造日期的永久性标志；

④ 在合适的位置应以文字、图形或符号标牌的形式标志出可能影响在塔式起重机上或塔式起重机周围工作人员安全的危险警告信息。

9）塔式起重机基础施工应编制专项施工方案；当基础设置对地下室结构、主体结构或基坑支护结构产生不利影响时，应由建筑结构设计单位或基坑支护结构设计单位出具书面确认意见；基础应有排水措施；行走式塔式起重机的轨道及基础应按使用说明书的要求进行设置，且应符合《塔式起重机安全规程》GB 5144—2006和《塔式起重机》GB/T 5031—2019的规定。

（2）安装、拆卸及验收

1）塔式起重机安装和拆卸应按规定办理告知手续。

2）塔式起重机安装或拆卸前应进行安全技术交底并有书面记录，履行签字手续。

3）进入现场的安装拆卸作业人员应佩戴安全防护用品，高处作业人员应系安全带，穿防滑鞋。

4）两台塔式起重机之间的最小架设距离应保证：处于低位塔式起重机的起重臂端部与另一台塔式起重机的塔身之间距离不得小于2m的距离；处于高位塔式起重机的最低位置的部件（或吊钩升至最高点或平衡重的最低位）与低位塔式起重机中处于最高位置部件

之间的垂直距离不得小于 2m。

5）安装、拆卸作业应统一指挥、分工明确；严格按专项施工方案和使用说明书的要求顺序作业；危险部位安装或拆卸时应采取可靠的防护措施；应使用对讲机等通信工具进行指挥。

6）当遇大雨、大雪、大雾等恶劣天气及四级以上风力时，应停止安装、拆卸作业。

7）验收资料中应包括塔式起重机产权备案表、安装（拆卸）告知表、安装（拆卸）单位资质证书和安全生产许可证、特种作业人员上岗证、安装（拆卸）专项方案、基础及附着装置设计计算书和施工图、检测报告、验收书、使用说明书、安装（拆卸）合同、安全协议和设备租赁合同等。

8）塔式起重机验收合格后，应悬挂验收合格标志牌、操作规程牌和安全警示标志等。

9）安装作业应符合下列规定：

① 安装前应根据专项施工方案，检查塔式起重机基础的隐蔽工程验收记录和混凝土强度报告等相关资料，以及辅助安装设备的就位点基础及地基承载力等；

② 辅助安装设备就位后，应对其机械和安全性能进行检查，合格后方可作业。安装所使用的钢丝绳、卡环、吊钩等起重机具应经检查合格后方可使用；

③ 连接件及其防松防脱件严禁用其他代用品代用。连接件及其防松防脱件应使用力矩扳手或专用工具紧固连接；

④ 当遇特殊情况安装作业不能连续进行时，必须将已安装的部位固定牢固并达到安全状态，经检查确认无隐患后，方可停止作业；

⑤ 塔式起重机独立状态（或附着状态下最高附着点以上塔身）塔身轴心线对支承面的垂直度不大于 4/1000。塔式起重机附着状态下最高附着点以下塔身轴心线对支承面的垂直度不大于 2/1000；

⑥ 塔式起重机加节后需进行附着的，应按照先装附着装置、后顶升加节的顺序进行，附着装置的位置和支撑点的强度应符合要求；

⑦ 自升式塔式起重机进行顶升加节的要求：顶升系统必须完好；结构件必须完好；顶升前应确保顶升横梁搁置正确、爬爪和爬爪座无异常；应确保塔式起重机的平衡；顶升过程中，不得进行起升、回转、变幅等操作；应有顶升加节意外故障应急对策与措施；

10）拆卸作业应符合下列规定：

① 塔式起重机拆卸前应检查主要结构件、连接件、电气系统、起升机构、回转机构、变幅机构、顶升机构等项目。发现问题应采取措施，解决后方可进行拆卸作业；

② 当用于拆卸作业的辅助起重设备设置在建筑物上时，应明确设置位置、锚固方法，并应对辅助起重设备的安全性及建筑物的承载能力等进行验算；

③ 拆卸时应先降塔身标准节、后拆除附着装置；

【知识链接】 为了确保塔式起重机在降节过程中的稳定性，防止在拆除过程中塔身倾倒或折断，塔式起重机降节时，必须遵循先降节、后拆除附着装置的规定。

④ 自升式塔式起重机每次降塔身标准节前，应检查顶升系统和附着装置的连接等，确认完好后方可进行作业；

⑤ 塔式起重机拆卸作业应连续进行；当遇特殊情况拆卸作业不能继续时，应采取措施保证塔式起重机处于安全状态。

11）安装验收应符合下列规定：

① 塔式起重机安装完毕，安装单位应进行自检，自检合格后报检测机构检测，检测合格后由施工总承包单位组织安装单位、使用单位、租赁单位和监理单位验收，并在 30 日内报当地建设行政主管部门登记，登记标志应当置于或者附着于该设备的显著位置；

② 塔式起重机独立安装高度不宜大于使用说明书规定的最大独立高度的 80%；

③ 安装验收书中各项检查项目应数据量化、结论明确。施工总承包单位、安装单位、使用单位、租赁单位和监理单位验收人均应签字确认。

（3）使用管理

① 塔式起重机使用前，应对起重司机、建筑起重信号司索工等作业人员进行安全技术交底；

② 塔式起重机力矩限制器、重量限制器、变幅限位器、行走限位器、高度限位器等安全保护装置不得随意调整和拆除。严禁用限位装置代替操纵机构；

③ 每班作业前，应按规定日检、试吊；使用期间，安装单位或租赁单位应按使用说明书的要求对塔式起重机定期检查、保养；

④ 作业中遇突发故障，应采取措施将吊物降落到安全地点，严禁吊物长时间悬挂在空中；

⑤ 塔式起重机起吊重量不得超过额定载荷的吊物，且不得起吊重量不明的重物；

⑥ 物件起吊时应绑扎牢固，不得在吊物上堆放或悬挂其他物件；零星材料起吊时，必须用吊笼或钢丝绳绑扎牢固。当吊物上站人时不得起吊；

⑦ 钢丝绳规格应满足额定重量的要求。钢丝绳的维护、检验和报废应符合《起重机钢丝绳　保养、维护、检验和报废》GB/T 5972—2016 的规定；

⑧ 遇有大雨、大雪、大雾、风沙及大风等恶劣天气时，应停止作业。雨雪过后，应先经过试吊，确认制动器灵敏、可靠后方可进行作业。夜间施工应有足够照明；

⑨ 应确保塔式起重机在非工作工况时臂架能随风转动；

⑩ 严禁在塔式起重机塔身上附加广告牌或其他标语牌。

1.6.2　施工升降机

1. 类型

（1）施工升降机按驱动方式分为齿轮齿条驱动（SC 型）、卷扬机钢丝绳驱动（SS 型）和混合驱动（SH 型）三种。

（2）按导轨架的结构分为单柱和双柱两种。

（3）按使用功能分为货用施工升降机和人货两用施工升降机。

2. 型号组成

施工升降机的型号由组、型、特性、主参数和变型更新等代号组成。型号编制方法如图 1-36 所示。

【知识链接】　人货两用施工升降机是一种用吊笼载人、载物沿导轨做上下运输，可分层输送各种材料和人员的施工机械，因其导轨架通常附着于建筑物的外侧，故又称外用电梯。它可以方便地安装和拆卸，并能随着建筑施工高度变化而相应自行接高或降低导轨架，是建筑施工中常用的、理想的垂直运输机械。

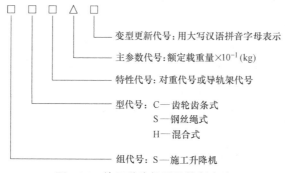

变型更新代号：用大写汉语拼音字母表示

主参数代号：额定载重量×10^{-1}(kg)

特性代号：对重代号或导轨架代号

型代号：C—齿轮齿条式
　　　　S—钢丝绳式
　　　　H—混合式

组代号：S—施工升降机

图 1-36　施工升降机型号编制方法

3. 主要结构

（1）齿轮齿条式施工升降机的主要结构

齿轮齿条式施工升降机的主要结构由钢结构、传动机构、对重、电缆导向装置、吊杆、电气控制系统等组成。

（2）钢丝绳式施工升降机的主要结构

钢丝绳式施工升降机的主要结构由钢结构、传动机构、对重等组成。

4. 主要机构

施工升降机的主要机构由传动机构、电动机构、卷扬机和曳引机等组成。

5. 主要安全装置

（1）齿轮齿条式施工升降机的主要安全装置

齿轮齿条式施工升降机的主要安全装置有渐进式防坠安全器、超载保护装置、断相与相序保护、极限开关、上下限位开关、天窗限位开关、断绳保护开关、底笼门限位开关及门锁、吊笼单双开门限位开关、急停开关、缓冲器等。

（2）钢丝绳式施工升降机安全保护装置

钢丝绳式施工升降机主要安全装置有双向限速防坠安全器、瞬间防坠安全器。超载保护装置、钢丝绳防松装置、断绳保护装置、司乘人员的应急自救装置、停层保护装置、吊笼门及底笼（围栏）门连锁装置和上下高度限位开关及上下极限开关等。

【知识链接】　防坠安全器具有防坠、限速双重功能，当吊笼超速下行或吊笼悬挂装置断裂时，防坠安全器应能将吊笼制停并保持静止状态。防坠安全器只能在有效的标定期限内使用，有效标定期限不应超过一年。防坠安全器无论使用与否，在有效检验期满后都必须重新进行检验标定。施工升降机防坠安全器的使用寿命为 5 年。为确保施工升降机的安全使用，施工升降机应每 3 个月做一次坠落实验，并形成记录。如果使用超过有效期的安全器，则不能保证其作用的正常发挥。

6. 可视安全系统与操作室

（1）货用施工升降机应安装、使用可视安全系统。导轨架外侧应有明显的楼层标志。

（2）货用施工升降机安装高度超过 30m 或司机视线不清的，应采用语音对讲系统，确保司机与各楼层之间的有效联络。

（3）货用施工升降机应搭设操作室，操作室应采用定型化、装配式形式，高度不低于2.5m，并有安全防护和防雨的功能。

7. 安全管理规定

（1）一般规定

1）施工升降机安装（加节）和拆除应编制专项施工方案；

2）施工升降机制造单位必须具有特种设备制造许可证，产品出厂应随机附有产品合格证、型式检验报告、使用说明书等质量技术资料；

3）施工升降机应设置标牌，标明产品名称和型号、主要性能参数、出厂编号、制造商名称和产品制造日期；

4）使用单位应对施工升降机进行检查，每月不少于两次；使用单位、产权单位和监理单位应派人参加；

5）使用单位或产权单位应按照使用说明书的要求对施工升降机进行自行检测和维护保养；

6）施工升降机有下列情况之一的应进行安全评估，经安全评估合格后方可使用：

① 出厂年限超过 8 年（不含 8 年）的 SC 型升降机，评估合格最长有效期限为两年；

② 出厂年限超过 5 年（不含 5 年）的 SS 型升降机，评估合格最长有效期限为 1 年。

（2）安装、拆卸及验收

1）安装、拆卸前应办理告知手续；

2）安装或拆卸前应进行安全技术交底，并有书面记录并履行签字手续；

【知识链接】 安全技术交底的目的是使每个安装或拆卸作业人员清楚自己所从事的作业内容、部位及要求，清楚相关工具和设备的使用以及任何在安装或拆卸工程专项施工方案中强调的安全规定。

3）进入现场的安装拆卸作业人员应佩戴安全防护用品，高处作业人员应系安全带、穿防滑鞋；

4）安装、拆卸作业应统一指挥，分工明确；严格按专项施工方案和使用说明书要求；顺序作业；危险部位安装或拆卸时应采取可靠的防护措施；应使用对讲机等通信工具进行指挥；

5）当遇大雨、大雪、大雾等恶劣天气及四级以上风力时，应停止安装、拆卸作业；

6）安装作业应符合下列规定：

① 安装时应确保人货两用施工升降机运行通道内无障碍物；

② 安装作业时必须将按钮盒或操作盒移至吊笼顶部操作。当导轨架或附墙架上有人作业时，严禁开机；

③ 导轨架安装时，应进行垂直度测量校正。当需安装导轨架加强标准节时，应确保普通标准节和加强标准节的安装部位正确，不得用普通标准节替代加强标准节；

④ 每次加节完毕后，应对导轨架的垂直度进行校正，且应按规定及时重新设置行程限位和极限限位，经验收合格后方能运行；

⑤ 附墙架形式、附着高度、垂直间距、附着点水平距离、附墙架与水平面之间的夹角、导轨架自由端高度等均应符合使用说明书的要求；

⑥ 连接件和连接件之间的防松防、脱件应符合使用说明书的规定，不得用其他物件代替。对有预紧力要求的连接螺栓，应使用扭力扳手或专用工具，紧固到规定的扭矩值。

7）拆卸作业应符合下列规定：

① 拆卸前应对施工升降机的关键部位进行检查，当发现问题时，应在问题解决后方能进行拆卸作业；

② 拆卸附墙架时施工升降机导轨架的自由端高度应始终满足使用说明书的要求；

③ 夜间不得进行拆卸作业；

【知识链接】 由于施工升降机拆卸作业复杂，夜间工作场地光线不佳，不利于拆卸作业人员的相互配合，易发生操作失误，从而引发安全事故。

④ 应确保与基础相连的导轨架在最底一道附墙架拆除后，仍能保持各方向的稳定；

⑤ 人货两用施工升降机拆卸应连续作业。当拆卸作业不能连续完成时，应根据拆卸状态采取相应的安全措施。

8）安装验收应符合下列规定：

同 1.6.1 塔式起重机 "11）安装验收应符合下列规定" 中①和③的内容。

② 施工升降机验收合格后，应悬挂验收合格标志牌、限载重量（人数）牌和安全警示标志牌等。

（3）使用管理

1）必须有可靠准确的楼层联络装置，启动或制动前必须鸣音示意；

2）每班作业前，应检查、试车；使用期间，使用单位应按使用说明书的要求对施工升降机进行定期检查保养；

3）齿轮齿条式人货两用施工升降机出厂时带对重的，若拆除对重后使用，额定载重量必须减半，其使用要求应符合使用说明书和《施工升降机安全使用规程》GB/T 34023—2017 的规定；

4）传动系统应设常闭式制动器，其额定制动力矩应不低于运行时额定力矩的 1.5 倍；

5）人货两用施工升降机吊笼内的荷载应布置均匀，严格控制吊笼额定载人数量不得超过 9 人，吊笼内的人员不得嬉戏打闹，运载物料的尺寸不应超过吊笼的界限；

6）人货两用施工升降机使用期间，每 3 个月应进行 1 次 1.25 倍额定载重量的超载试验，确保制动器性能安全可靠；

【知识链接】 额定载重量是指使用工况下施工升降机吊笼允许的最大荷载。施工升降机都有规定的额定载重量，为了限制施工升降机超载使用，施工升降机应装有超载保护装置，超载保护装置应在荷载达到额定载重量的 110% 前终止吊笼启动。同时，施工升降机超载使用对导轨架、防坠安全器等部件的使用寿命都有不利影响。额定安装载重量区别于额定载重量，是指施工升降机在安装工况下允许的最大荷载。施工升降机在安装工况下结构不完整，其受力性能较弱，要严格控制此期间吊笼所承受的荷载。

7）施工升降机司机或操作人员因故需离开升降机时或升降机作业结束时，应将吊笼停到最底层，将各控制开关拨到零位，切断电源，锁好开关箱、吊笼门和地面防护围栏门；

8）钢丝绳规格应满足额定载重量的要求。钢丝绳的维护、检验和报废应符合《起重机 钢丝绳 保养、维护、安装、检验和报废》GB/T 5972—2016 的规定；

9）当发生防坠安全器动作制停吊笼的情况时，应查明动作原因，排除故障，并应检查吊笼、导轨架及钢丝绳，应确认无误并重新调整复位防坠安全器后运行；

10）施工升降机的各类安全装置应保持完好有效。经过大雨、大风、台风等恶劣天气后应对各安全装置进行全面检查，确认安全有效后方能使用。

1.6.3 物料提升机

物料提升机是建筑施工现场常用的一种输送物料的垂直运输设备。它以卷扬机为动力，以底架、立柱及天梁为架体，以钢丝绳为传动，以吊笼（吊篮）为工作装置。在架体上装设滑轮、导轨、导靴、吊笼、安全装置等和卷扬机配套构成完整的垂直运输体系。

1. 类型

（1）按结构形式的不同，物料提升机可分为龙门架式物料提升机和井架式物料提升机。

（2）按吊笼数量有单笼和双笼。

2. 型号组成

物料提升机的型号是由产品代号、主参数（额定起重量和最大安装高度）、分类代号和变型更新代号组成。型号编制方法如图 1-37 所示。

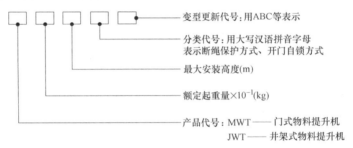

图 1-37   物料提升机型号编制方法

3. 主要结构

物料提升机的主要结构由钢结构、动力和传动机构、电气控制系统等组成。

4. 主要机构

物料提升机的主要机构由曳引机、卷扬机、滑轮、钢丝绳等组成。

5. 主要安全装置

物料提升机的主要安全装置有防坠安全器、起重量限制器、安全停层装置、上下限位装置、紧急断电开关、断绳防坠安全器、安全通信装置等。

【知识链接】 安全停层装置与防坠安全器功能不同，所以两项装置必须单独设置。安全停层装置应采用刚性结构，保证动作安全可靠，禁止使用钢丝绳、挂链等非刚性结构替代停层装置。

6. 安全管理规定

（1）一般规定

1）同 1.6.2 施工升降机中安全管理规定"（1）一般规定"的内容；

2）井架式物料提升机，最大安装高度不应超过 36m；

3）井架式导轨架，在与各楼层通道相连的开口处，应采取加强措施；

4）井架式导轨架与建筑结构连接还应符合下列规定：

① 附墙架间距应符合使用说明书的要求，并不得大于 6m。在建筑物的顶层必须设置 1 组，导轨架顶部的自由高度不得大于 6m。

【知识链接】 物料提升机的自由端高度、附墙架间距，取决于导轨架的设计强度。考虑既经济又安全的同时，结合施工现场实际，提出不得超过 6m。

② 附墙架与导轨架及建筑物之间应采用刚性连接，连接可靠并形成稳定结构。附墙架杆件不得连在脚手架上，杆件长度应可调节，具体做法应按使用说明书的规定，特殊情况应进行设计并有施工图。

5）物料提升机井架式导轨架安装条件受到限制不能安装附墙架时，可采用缆风绳稳固导轨架。缆风绳设置应符合下列规定：

① 每一组四根缆风绳与导轨架的连接点应在同一水平高度，且应对称设置；缆风绳与导轨架的连接处应采取防止钢丝绳受剪破坏的措施；

② 缆风绳宜设置在导轨架的顶部；当中间设置缆风绳时，应采取增加导轨架刚度的措施；

③ 缆风绳与水平面的夹角宜在 45°～60°之间，并应采用与缆风绳等强度的花篮螺栓与地锚连接；

④ 物料提升机架体安装高度大于或等于 30m 时，不得使用缆风绳。

6）物料提升机吊笼顶板应采用厚度不少于 1.5mm 钢板封闭，防止上部物体穿透；

7）物料提升机吊笼进、出料门应采用定型化、工具化，并设有电气安全开关；

8）物料提升机吊笼与升降机导轨架的颜色应有明显的区别；

9）同 1.6.2 施工升降机"6. 可视安全系统与操作室"中的内容。

【知识链接】 因施工现场条件所限（或安装高度超过 30m 的物料提升机），造成司机作业视线不良，不能清楚看到每层装卸料作业环境，应装设具有语音功能和影像功能的通信装置，并保证信号准确、清晰无误，防止误操作。

（2）安装、拆卸及验收

1）同 1.6.2 施工升降机安装、拆卸及验收的规定；

2）货用物料提升机安装作业应符合下列规定：

① 安装井架式导轨架，应有可靠的作业平台；杆件等材料上、下传送，宜采用机具设备；

② 每次加节完毕后，应对导轨架的垂直度进行校正，且应按规定及时重新设置行程限位和极限限位，经验收合格后方能运行；

③ 导轨架安装精度：导轨架轴心线对水平基准面的垂直度偏差不应大于导轨架高度的 0.15%；吊笼导轨对接阶差不应大于 1.5mm；对重导轨和防坠器导轨对接阶差不应大于 0.5mm；标准节截面内，两对角线长度偏差不应大于最大边长的 0.3%；

④ 导轨架自由端高度、附墙架形式、附着高度、附墙架与水平面之间的夹角等均应符合使用说明书的要求；

⑤ 连接件和连接件之间的防松防脱件应符合使用说明书的规定，不得用其他物件代替。对有预紧力要求的连接螺栓，应使用扭力扳手或专用工具，紧固到规定的扭矩值；

⑥ 井架导轨架安装时，在与各楼层通道相连的开口处需拆除斜撑和水平撑的，应按说明书的规定采取加强措施；

⑦ 钢丝绳在卷筒上应整齐排列，端部应与卷筒压紧装置连接牢固。采用卷扬机作为提升机构的，当吊笼处于最低位置时，卷筒上的钢丝绳安全圈数不应少于 3 圈；

⑧ 卷扬机卷筒与导向滑轮中心线应垂直对正，钢丝绳出绳偏角大于 2°时应设置排绳装置。

3）货用物料提升机拆卸作业应符合下列规定：

① 拆卸前应对物料提升机的关键部位进行检查，当发现问题时，应在问题解决后方能进行拆卸作业；

② 拆卸附墙架时物料提升机导轨架的自由端高度应始终满足使用说明书的要求；

③ 夜间不得进行拆卸作业；

④ 应确保与基础相连的导轨架在最底一道附墙架拆除后，仍能保持各方向的稳定。

4）安装验收应符合下列规定：

① 同 1.6.1 塔式起重机"11）安装验收应符合下列规定"中①和③的内容；

② 物料提升机验收合格后，应悬挂验收合格标志牌、限载重量牌和安全警示标志牌等。

（3）使用管理

1）同 1.6.2 施工升降机使用管理中 2）以及 7）—10）中的规定；

2）传动系统应设常闭式制动器，其额定制动力矩应不低于运行时额定力矩的 1.5 倍；

3）物料提升机严禁人员乘坐吊笼上下。

【知识链接】　目前我国规范规定的物料提升机不具备载人的安全装置，故只允许运送物料，严禁载人。

单 元 总 结

本单元依据国家现行安全技术规范，着重叙述了土方工程、脚手架工程、模板工程、高处作业、施工现场临时用电、施工机械等专项施工安全技术。

通过本单元的学习，使学生能够熟悉专项施工安全技术规范的内容、掌握相关规定、树立安全意识，并初步具备针对施工现场的专项施工进行安全监督和安全检查的能力。

习　题

教学单元1
习题答案

一、单选题

1. 施工期间应保证地下水位经常低于开挖底面（　　）m 以上。

A. 0.5　　　　　　　B. 1.0　　　　　　　C. 1.5　　　　　　　D. 2.0

2. 建筑基坑周边（　　）m 内严禁堆土、堆放物料。

A. 1　　　　　　　　B. 1.5　　　　　　　C. 2.0　　　　　　　D. 2.5

3. 下列关于基坑安全防护措施，错误的是（　　）。

A. 开挖深度超过 2m 的基坑周边必须安装防护栏杆，防护栏高度不应低于 1.2m。

B. 可将土石方、料具等荷载较重的物料堆放在基坑周边距基坑边 1m 范围内。

C. 同一垂直作业面的上下层不宜同时作业。

D. 当夜间施工时，设置的照明必须充足，灯光布置合理，必要时应配备应急照明。

4. 深基坑工程是指挖深度超过（　　）m 的基坑（槽）的土方开挖、支护、降水工程。

A. 3　　　　B. 4　　　　C. 5　　　　D. 6

5. 安全等级为二级的支护结构，在基坑开挖过程中必须进行支护结构的（　　）监测。

A. 沉降　　　　B. 水平位移　　　　C. 垂直　　　　D. 倾斜

6. 扣件式钢管脚手架必须设置纵、横向扫地杆，纵向扫地杆应用扣件固定在距钢管底端不大于（　　）处的立杆上。

A. 200mm　　　　B. 300mm　　　　C. 400mm　　　　D. 350mm

7. 在脚手架主节点处必须设置一根（　　），用直角扣件扣紧，且严禁拆除。

A. 纵向水平杆　　　B. 连墙件　　　C. 水平斜撑　　　D. 横向水平杆

8. 当脚手板采用竹笆板时，纵向水平杆的间距应满足（　　）的要求。

A. 等间距设置，间距不大于 400mm　　　　B. 等间距设置，间距不大于 300mm

C. 等间距设置，间距不大于 500mm　　　　D. 间距不大于 400mm

9. 连墙件设置应靠近主节点，偏离主节点的距离不应大于（　　）mm。

A. 300　　　　B. 350　　　　C. 400　　　　D. 450

10. 剪刀撑的设置宽度（　　）。

A. 不应小于 3 跨，且不应小于 5m　　　　B. 不应小于 3 跨，且不应小于 4.5m

C. 不应小于 4 跨，且不应小于 6m　　　　D. 不应大于 4 跨，且不应大于 6m

11. 搭设脚手架立杆时，应遵守下列（　　）规定。

A. 搭设立杆时，不必设置抛撑，可以一直搭到顶

B. 每隔 6 跨设置一根抛撑，直至连墙件安装稳定后，方可拆除

C. 立杆搭接长度不应小于 0.5m

D. 相邻立杆的对接扣件都可以在同一个水平面内

12. 脚手架连墙件的垂直间距不应大于建筑物的层高，并且不应大于（　　）m。

A. 5　　　　B. 3　　　　C. 6　　　　D. 4

13. 外脚手架外侧的全封闭立网，其网目密度不应低于（　　）。

A. 800 目/1000m²　　B. 1000 目/1000m²

C. 1500 目/1000m²　　D. 2000 目/1000m²

14. 附着式升降脚手架的竖向主框架，其杆件连接的节点应采用（　　）或螺栓连接。

A. 扣件　　　　B. 焊接　　　　C. 镀锌钢丝　　　　D. 铆钉

15. 附着式升降脚手架直线布置的架体支承跨度不得大于（　　）m。

A. 9　　　　B. 6　　　　C. 7　　　　D. 4

16. 附着式升降脚手架物料平台的荷载应直接传递给（　　）。

A. 防坠装置　　　B. 工程结构　　　C. 竖向主框架　　　D. 附着支承结构

17. 附着式升降脚手架附墙支座受拉螺栓的螺母不得少于（　　）个。

A. 3　　　　B. 2　　　　C. 1　　　　D. 4

18. 碗扣式钢管脚手架作为模板支撑架时，立杆顶端可调托撑伸出顶层水平杆的悬臂长度不应超过（　　）mm，插入立杆的长度不得小于（　　）mm。

A. 650；150　　　B. 500；150　　　C. 500；200　　　D. 600；150

19. 碗扣式钢管脚手架立杆采用 Q235 材质钢管时，立杆间距宜按（　　）mm 的模数设置。

A. 0.2　　　　B. 0.3　　　　C. 0.5　　　　D. 0.6

20. 碗扣式钢管脚手架的立杆如采用 Q345 级材质钢管，立杆间距需要通过设计计算确定，同时需

要满足立杆间距不应大于（　　）m 的规定。

A. 2.0　　　　　B. 1.2　　　　　C. 1.5　　　　　D. 1.8

21. 碗扣式模板支撑架与既有建筑结连接时，连接点水平向间距不宜大于（　　）m。

A. 8　　　　　B. 10　　　　　C. 9　　　　　D. 6

22. 门式脚手架剪刀撑斜杆的接长应采用搭接，搭接长度不宜小于（　　）mm。

A. 1000　　　　　B. 1200　　　　　C. 900　　　　　D. 1500

23. 门式满堂作业架的水平剪刀撑应在架体的顶部和沿高度方向间隔不大于（　　）步连续设置。

A. 3　　　　　B. 4　　　　　C. 5　　　　　D. 2

24. 门式满堂支撑架的门架跨距不宜超过（　　）m，门架列距不宜超过（　　）m。

A. 1.0；1.2　　　B. 1.2；1.5　　　C. 1.5；1.8　　　D. 1.5；1.0

25. 模板支架钢管立柱顶部应设可调支托，其螺杆伸出钢管顶部长度不得大于（　　）mm。

A. 150　　　　　B. 300　　　　　C. 200　　　　　D. 250

26. 拼装高度为（　　）m 以上的竖向模板，不得站在下层模板上拼装上层模板。

A. 3　　　　　B. 2　　　　　C. 4　　　　　D. 6

27. 模板安装高度超过（　　）m 时，必须搭设脚手架。

A. 3.0　　　　　B. 1.8　　　　　C. 2.0　　　　　D. 2.5

28. 模板支架立柱高度超过 5m 时，应在立柱周围外侧和中间有结构柱的部位，按水平间距（　　）m、竖向间距（　　）m 与建筑结构设置一个固结点。

A. 4～6；3～5　　　B. 6～8；4～6　　　C. 3～5；4～6　　　D. 6～9；2～3

29. 钢模板高度超过（　　）m 时，应安设避雷措施，避雷设施的接地电阻不得大于 4Ω。

A. 10　　　　　B. 15　　　　　C. 8.0　　　　　D. 12

30. 模板支架当采用单排木立柱时，单排立柱的两边应每隔（　　）m 加设斜支撑，且每边不得少于（　　）根。

A. 2；3　　　　　B. 3；3　　　　　C. 2；3　　　　　D. 3；2

31. 满堂模板支架立柱剪刀撑杆件的底端应与地面顶紧，夹角宜为（　　）。

A. 30°～45°　　　B. 45°～60°　　　C. 30°～45°　　　D. 50°～70°

32. 模板支架可调支托的立柱顶端应沿纵横向设置一道（　　）。

A. 横向斜撑　　　B. 水平拉杆　　　C. "之"字斜撑　　　D. 横向水平杆

33. 关于扣件式钢管作模板支架立杆时的说法，错误的是（　　）。

A. 上段钢管与下段钢管立杆严禁错开固定在水平拉杆上

B. 立杆接头最多只允许有一个搭接接头

C. 立杆上每步设置双向水平杆且与立杆扣件连接

D. 相邻立杆的接头不得在同步内

34. 关于模板拆除的说法，正确的是（　　）。

A. 底模及其支架拆除应符合设计和规范要求

B. 操作平台上临时堆放的模板不宜超过 2 层

C. 拆模通常先拆承重部分后拆非承重部分

D. 拆模所需的扳手等工具，可以放在脚手板上，防止掉落

35. 高处作业是指凡在坠落高度基准面（　　）以上，有可能坠落的高处进行的作业。

A. 5m　　　　　B. 3m　　　　　C. 1.8m　　　　　D. 2m

36. 使用安全带时，（　　）将安全带挂在活动的物体上，并注意防止摆动碰撞。

A. 不得　　　　　B. 直接　　　　　C. 必须　　　　　D. 可以

37. 安全帽的帽壳（　　）有破损和裂纹。

A. 稍微 　　　B. 可以 　　　C. 不得 　　　D. 允许

38.（　　）是高处作业中最常见的事故。

A. 坠落 　　　B. 触电 　　　C. 坠物 　　　D. 坍塌

39. 施工现场的防护栏杆应由上、下两道横杆和栏杆柱组成，其中上栏杆离地高度为（　　）。

A. 0.8~1.0mm　B. 1.0~1.2m　C. 1.2~1.5m　D. 1.0~1.2m

40. 安全带在使用时，应（　　）。

A. 低挂高用 　B. 水平悬挂 　C. 高挂低用 　D. 没有要求

41. 安全平网网面不宜绷得过紧，两层平网间的距离不得超过（　　）。

A. 12m 　　　B. 10m 　　　C. 15m 　　　D. 8m

42. 登高作业最常用的工具是（　　）。

A. 脚手架 　　B. 模板 　　　C. 吊篮 　　　D. 梯子

43. 当建筑物高度大于（　　）并采用木质板搭设时，应搭设双层安全防护棚。两层防护的间距不应小于700mm，安全防护棚的高度不应小于（　　）。

A. 18m；3m　B. 20m；3m　C. 22m；4m　D. 24m；4m

44. 安全网使用（　　）后，应对系绳进行强度检验。

A. 3个月 　　B. 6个月 　　C. 9个月 　　D. 12个月

45. 电梯井口应设置防护门，其高度不应小于（　　）m。

A. 3 　　　　B. 2.5 　　　C. 1 　　　　D. 1.5

46. 施工现场临时用电设备在（　　）台及以上或设备总容量在50kW及以上者，应编制临时用电组织设计。

A. 3 　　　　B. 4 　　　　C. 5 　　　　D. 2

47. 施工现场安装、巡检、维修或拆除临时用电设备和线路，必须由（　　）完成，并应有人监护。

A. 班组长 　　B. 电工 　　　C. 施工人员 　D. 技术负责人

48. 某施工现场外电线路电压等级为220kV，防护设施与外电线路之间的最小安全距离为（　　）m。

A. 4.0 　　　B. 2.0 　　　C. 3.0 　　　D. 3.5

49. 施工现场专用的电源中性点直接接地的低压配电系统应采用（　　）接零保护系统；不得同时采用两种配电保护系统。

A. TS-M 　　B. TN-M 　　C. TS-N 　　　D. TN-S

50. 施工现场的施工设施应采取防雷措施，防雷装置的冲击接地电阻值不得大于（　　）Ω。

A. 30 　　　B. 40 　　　C. 35 　　　D. 50

51. 施工现场开关箱中漏电保护器的额定漏电动作电流不应大于30mA，额定漏电动作时间不应大于（　　）s。

A. 1 　　　　B. 0.3 　　　C. 0.01 　　　D. 0.1

52. 施工现场临时用电施工组织设计应由（　　）组织编制，经相关部门审核、企业技术负责人和项目总监理工程师批准后方可实施。

A. 电气工程技术人员 　　　　B. 技术负责人
C. 项目技术负责人 　　　　　D. 安全员

53. 通常情况下，施工现场临时配电线路工作零线为（　　）。

A. 黄色 　　　B. 蓝色 　　　C. 红色 　　　D. 绿色

54. 分配电箱与末级配电箱的距离不宜超过（　　）m。

A. 30 　　　B. 40 　　　C. 50 　　　D. 35

55. 关于施工现场配电箱与开关箱，下列说法错误的是（　　）。

A. 施工现场配电系统应采用三级配电、二级漏电保护系统，用电设备必须有各自专用的开关箱

B. 配电箱必须分设工作零线端子板和保护零线端子板，保护零线、工作零线必须通过各自的端子板连接

C. 总配电箱与开关箱应安装漏电保护器，漏电保护器参数应匹配并灵敏可靠

D. 开关箱与用电设备间的距离不应超过5m

56. 塔式起重机的主要机构由行走机构、起升机构、变幅机构、回转机构、（   ）等组成。

A. 顶升机构　　　　B. 下降机构　　　　C. 吊装机构　　　　D. 爬升机构

57. （   ）应按照使用说明书的要求对塔式起重机进行自行检测和维护保养。

A. 安装单位　　　　B. 使用单位　　　　C. 检测单位　　　　D. 施工单位

58. 使用单位应对塔式起重机进行检查，每月不少于（   ）次。使用单位、产权单位和监理单位应派人参加。

A. 4　　　　　　　　B. 3　　　　　　　　C. 2　　　　　　　　D. 1

59. 出厂年限超过15年的630～1250kN·m（不含1250kN·m）塔式起重机，评估合格最长有效期限为（   ）年。

A. 5　　　　　　　　B. 4　　　　　　　　C. 3　　　　　　　　D. 2

60. 塔式起重机独立安装高度不宜大于使用说明书规定的最大独立高度的（   ）%。

A. 80　　　　　　　B. 90　　　　　　　C. 85　　　　　　　D. 100

61. 施工升降机的主要机构由（   ）、电动机构、卷扬机和曳引机等组成。

A. 起升机构　　　　B. 安装机构　　　　C. 爬升机构　　　　D. 传动机构

62. 出厂年限超过8年（不含8年）的SC型升降机，评估合格最长有效期限为（   ）年。

A. 2　　　　　　　　B. 3　　　　　　　　C. 4　　　　　　　　D. 5

63. 施工升降机制造单位必须具有（   ）。产品出厂应随机附有产品合格证、型式试验报告、使用说明书等质量技术资料。

A. 安全生产许可证　　　　　　　　B. 特种设备制造许可证

C. 生产技术人员　　　　　　　　　D. 生产能力

64. 人货两用施工升降机吊笼内的荷载应布置均匀，严格控制吊笼额定载人数量不得超过（   ）人。

A. 9　　　　　　　　B. 11　　　　　　　C. 13　　　　　　　D. 12

65. 拆卸附墙架时施工升降机导轨架的自由端高度应始终满足（   ）的要求。

A. 专项施工方案　　B. 技术交底　　　　C. 设计计算　　　　D. 使用说明书

66. 物料提升机的主要机构由（   ）、卷扬机、滑轮、钢丝绳等组成。

A. 起升机构　　　　B. 电气控制系统　　C. 曳引机　　　　　D. 输送机构

67. 龙门架、井架式物料提升机，最大安装高度不应超过（   ）m。

A. 36　　　　　　　B. 40　　　　　　　C. 46　　　　　　　D. 50

68. 物料提升机附墙架间距应符合使用说明书的要求，并不得大于（   ）m。

A. 6　　　　　　　　B. 8　　　　　　　　C. 7　　　　　　　　D. 9

69. 物料提升机司机或操作人员因故需离开升降机时或升降机作业结束时，应将吊笼停到（   ）。

A. 中间　　　　　　B. 上层　　　　　　C. 最底层　　　　　D. 底层1m处

70. 物料提升机安装完毕，（   ）应进行自检，自检合格后报检测机构检测。

A. 使用单位　　　　B. 产权单位　　　　C. 安装单位　　　　D. 维保单位

二、多选题

1. 关于土石方开挖，说法正确的是（   ）。

A. 土石方开挖在需要的情况下，可私自改变支护结构位置

B. 基坑边 1m 范围内不得堆土、堆料、放置机具

C. 基坑工程的检测包括支护结构的检测和周围环境的检测，应采用仪器检测与巡视检查相结合的方法

D. 开挖深度超过 2m 的基坑周边必须安装防护栏杆，防护栏杆高度不应低于 1.8m

E. 当夜间施工时，设置的照明必须充足，灯光布置合理，必要时应配备应急照明

2. 下列关于基坑安全防护措施，正确的是（　　）。

A. 当基坑施工深度超过 2m 时，坑边应按照高处作业的要求设置临边防护，作业人员上下应有专用梯道

B. 可将土石方、料具等荷载较重的物料堆放在基坑周边距基坑边 1m 范围内

C. 同一垂直作业面的上下层不宜同时作业

D. 多台机械开挖时，挖土机间距应大于 9m

E. 软土基坑无可靠措施时应分层均衡开挖，层高不宜超过 2m

3. 附着式脚手架的附着支承结构包括（　　）。

A. 附墙支座　　　　B. 主框架　　　　C. 悬臂梁　　　　D. 底座　　　　E. 斜拉杆

4. 脚手架拆除时，应符合（　　）规定。

A. 必须由上而下逐层进行，严禁上下同时作业

B. 连墙件必须随脚手架逐层拆除

C. 连墙件可以先整层拆除再拆除架体

D. 分段拆除高差大于两步时，应增设连墙件加固

E. 可以进行立体交叉拆除作业

5. 脚手架使用期间，严禁擅自拆除架体（　　）。

A. 主节点处的纵横向水平杆　　　　　　B. 纵横向扫地杆

C. 连墙件　　　　　　　　　　　　　　D. 非主节点处的纵横向水平杆

E. 水平安全网

6. 附着式脚手架必须具有（　　）安全装置。

A. 附着支承结构　　　B. 防倾覆　　　　C. 防坠落

D. 水平支承桁架　　　E. 同步升降控制

7. 附着式升降脚手架可采用（　　）升降形式。

A. 手动　　　　　　B. 自动　　　　　C. 电动　　　　　D. 机械　　　　E. 液压

8. 附着式脚手架防坠落装置必须符合的规定包括（　　）。

A. 防坠落装置可以设置在水平支承桁架上

B. 每次升降时可以采用手动装置

C. 每一升降点不得少于一个防坠落装置

D. 防坠落装置与升降设备分别独立固定在建筑结构上

E. 防坠落装置只需在使用工况下起作用

9. 附着式升降脚手架结构构造尺寸应符合的规定包括（　　）。

A. 架体宽度不得大于 1.2m

B. 直线布置的架体支承跨度不得大于 7m

C. 架体水平悬挑长度不得大于 2m，且不得大于跨度的 1/2

D. 架体高度不得大于 3 倍楼层高

E. 架体全高与支承跨度的乘积不得大于 $120m^2$

10. 附着式脚手架应在（　　）进行检查与验收。

A. 提升或下降前　　B. 提升或下降后　　C. 首次安装完毕

D. 提升、下降到位，投入使用前　　　　E. 拆除前

11. 关于附着式升降脚手架的说法，下列说法正确的有（　　　）。

A. 夜间照明充足，拆除工作可以在夜间进行，

B. 总包单位技术负责人审批、项目总监审核后方可进行安装

C. 遇上六级大风，仍可以提升脚手架

D. 如采用钢吊杆式防坠落装置，钢吊杆直径不应小于25mm

E. 水平支承桁架的高度不得低于1.5m

12. 下列关于碗扣式钢管脚手架的说法中，正确的有（　　　）。

A. 双排脚手架内立杆与建筑物距离不宜大于150mm

B. 可调底座垫板厚度不得低于6mm

C. 扫地杆距离地面高度不应超过400mm

D. 模板支撑架搭设高度不宜超过20m

E. 模板支撑架可以固定在双排脚手架上

13. 碗扣式钢管脚手架应在下列（　　　）环节进行检查与验收。

A. 单排脚手架搭设至设计高度后

B. 模板支撑架搭设至8m高度时

C. 首层水平杆搭设安装后

D. 模板支撑架搭设至设计高度后

E. 模板支撑架每搭设完4步

14. 关于门式作业脚手架连墙件，下列说法正确的有（　　　）。

A. 连墙件宜斜向设置，以增加抗拉能力

B. 连墙件应靠近门架的横杆设置

C. 连墙件应采用能承受压力和拉力的构造

D. 连墙件的设置仅需要考虑构造要求，不需经过设计计算

E. 开口型脚手架的端部需要增设连墙件

15. 下列关于门式脚手架搭设程序的说法中，符合规定的有（　　　）。

A. 安全网、挡脚板和栏杆可以随后安装

B. 搭设高度一次不宜超过最上层连墙件两步

C. 组装搭设时可由两端向中间进行

D. 每搭设完两步，即需校验水平度和垂直度

E. 搭设应与施工进度同步进行

16. 关于模板工程施工，下列说法正确的有（　　　）。

A. 跨度不小于8m的现浇混凝土梁，其模板应按设计要求起拱

B. 不承重的梁、柱、墙侧模板，当混凝土强度能保证其表面、棱角不因拆模而受损即可拆除

C. 模板拆除时，一般按后支先拆、先支后拆的原则进行

D. 拆模所需的扳手等工具，可以放在脚手板上，防止掉落

E. 层间高度5m时，可采用木立柱支模

17. 下列安全专项施工方案中，需要组织专家论证的有（　　　）。

A. 剪力墙大模板　　　　　　　　B. 钢结构安装满堂支撑　　　　　　C. 滑模

D. 搭设跨度10m的混凝土支撑模架　　　E. 搭设高度8m的混凝土支撑模架

18. 模板工程施工过程中的检查项目，符合要求的包括（　　　）。

A. 立杆的规格尺寸和垂直度符合要求，不出现偏心荷载

B. 扫地杆、水平拉杆、剪刀撑的设置符合要求，固定可靠

C. 立柱底部基土回填夯实

D. 模板进场有出厂合格证

E. 垫木符合设计要求

19. 关于模板安装，下列说法正确的有（　　）。

A. 模板安装时，可以将其支搭在门窗框上

B. 脚手板不得支搭在模板上

C. 立柱底部基土回填夯实

D. 模板进场有出厂合格证

E. 垫木符合设计要求

20. 模板工程施工坍塌事故的主要原因有（　　）。

A. 楼板拆模时，混凝土未达到强度要求

B. 楼板上堆放物过多，超出楼板允许荷载

C. 模板支撑系统未经计算，强度不足

D. 混凝土浇筑过程中，施工荷载过大，造成模板支架失稳

E. 专职安全员未参与安全专项施工方案编制

21. 模板应具有足够的（　　），应能可靠承受新浇混凝土自重和侧压力以及施工过程中所产生的荷载。

A. 重量　　B. 承载能力　　C. 刚度　　D. 工作面　　E. 稳定性

22. 根据《高处作业分级》GB/T 4200—2008 规定，下列（　　）属于 B 类高处作业。

A. 阵风风力五级（风速 8.0m/s）以上的作业

B. 接触冷水温度等于或低于 15℃ 的作业

C. 作业场地有冰、雪、霜、水、油等易滑物

D. 平均气温等于或低于 5℃ 的环境中的作业

E. 作业场所光线不足，能见度差的作业

23. 以下对高处作业人员的要求正确的有（　　）。

A. 凡从事高处作业的人员必须身体健康，并定期体检

B. 高处作业人员应根据作业的实际情况配备相应的高处作业安全防护用品，并应按规定正确佩戴和使用相应的安全防护用品、用具

C. 患有心脏病、贫血、四肢有残疾的人员，可以从事高处作业

D. 高处作业人员衣着要便利，禁止赤脚，以及穿硬底鞋、拖鞋、高跟鞋和带钉、易滑的鞋从事高处作业

E. 严禁酒后进行高处作业

24. 洞口的防护措施应能防止人与物的坠落，各类洞口的防护应根据具体情况采取（　　）等措施。

A. 加盖板　　　　　　B. 设置防护栏杆　　　　　　C. 密目网

D. 工具式栏板　　　　E. 搭设脚手架

25. 建筑工程施工现场安全"三宝"，指的是施工防护使用的（　　）。

A. 安全网　　B. 安全帽　　C. 安全灯　　D. 安全带　　E. 安全杆

26. 以下关于安全"三宝"说法正确的有（　　）。

A. 佩戴使用前应先检查帽壳无裂纹或损伤，帽衬关键组件齐全、完好、牢固，永久性标志可清晰辨认等。

B. 任何人员进入生产、施工现场必须正确佩戴安全帽

C. 安全网搭设应绑扎牢固、网间严密

D. 安全帽只要没有破损变形就可以一直使用

E. 安全带应低挂高用，注意防止摆动碰撞

27. 下列选项中，属于高处作业中的不安全行为有（   ）。

A. 工具、仪表、电器设备和各种设施，在施工前加以检查

B. 高处作业人员不需要专业培训

C. 及时解决发现的安全设施缺陷

D. 雨天作业必须采取防滑措施

E. 防护棚拆除时，可以上下同时拆除

28. 关于施工现场临时用电工程专用的电源中性点直接接地的 220/380V 三相四线制低压电力系统，下列说法正确的有（   ）。

A. 采用三级配电系统

B. 采用 TN-S 接零保护系统

C. 采用二级漏电保护系统

D. 采用 TS-N 接零保护系统

E. 采用低压配电系统

29. 下列属于施工现场临时用电安全技术档案的有（   ）。

A. 修改用电组织设计的资料

B. 用电技术交底资料

C. 电气设备的试、检验凭单和调试记录

D. 电气设备操作规程

E. 定期检（复）查表

30. 关于施工现场配电箱与配电装置，下列说法正确的有（   ）。

A. 配电柜或配电线路停电维修时，应挂接地线

B. 成列的配电柜和控制柜应与重复接地线及保护接地线做电气连接

C. 发电机组电源必须与配电室内电源连锁，严禁并列运行

D. 开关箱中漏电保护器的额定漏电动作电流不应大于 40mA，额定漏电动作时间不应大于 1s

E. 分配电箱中漏电保护器的额定漏电动作电流应大于 30mA，额定漏电动作时间应大于 0.1s

31. 施工现场特殊场所必须采用安全电压照明供电，下列关于安全电压照明，说法错误的有（   ）。

A. 使用行灯，必须采用小于等于 48V 的安全电压供电

B. 隧道、人防工程、有高温、导电灰尘或距离地面高度低于 2.4m 的照明等场所，电源电压应不大于 36V

C. 在潮湿和易触电及带电体场所的照明电源电压，应不大于 36V

D. 在特别潮湿的场所、导电良好的地面、锅炉或金属容器内工作的照明电源电压不得大于 12V

E. 在特别潮湿的场所、导电良好的地面、锅炉或金属容器内工作的照明电源电压不得大于 24V

32. 关于施工现场临时用电组织设计，下列说法正确的有（   ）。

A. 施工现场临时用电设备在 3 台及以上或设备总容量在 50kW 及以上时，应编制临时用电施工组织设计

B. 临时用电组织设计变更时，必须履行"编制、审核、批准"程序。临时用电施工组织设计应由安全员组织编制，经相关部门审核、企业技术负责人和项目总监理工程师批准后方可实施。变更用电组织设计时应补充有关图纸资料

C. 临时用电组织设计的内容应齐全，具有针对性、可操作性

D. 临时用电组织设计实施前必须进行安全技术交底

E. 施工现场临时用电设备在 5 台及以上或设备总容量在 50kW 及以上时，应编制临时用电施工组织

设计

33. 下列属于塔式起重机的主要安全装置的有（   ）等。

A. 起升高度限位器　　　　B. 力矩限制器　　　　　　C. 风速仪

D. 工作空间限制器　　　　E. 缓冲器

34. 塔式起重机存在下列（   ）情况时，严禁安装和使用。

A. 结构件上有可见裂纹和严重锈蚀的

B. 主要受力构件存在塑性变形的

C. 连接件存在严重磨损和塑性变形的

D. 出厂年限超过 12 年的

E. 安全装置不齐全或失效的

35. 塔式起重机验收合格后，应悬挂（   ）等。

A. 验收合格标志牌　　　　B. 操作规程牌　　　　　　C. 产品合格证

D. 使用说明书　　　　　　E. 安全警示标志

36. 齿轮齿条式施工升降机的主要安全装置有（   ）等。

A. 渐进式防坠安全器　　　B. 瞬间防坠安全器　　　　C. 极限开关

D. 断绳保护开关　　　　　E. 缓冲器

37. 关于施工升降机安装作业，下列说法正确的有（   ）。

A. 安装作业时必须将按钮盒或操作盒移至吊笼顶部操作

B. 导轨架安装时，应进行垂直度测量校正

C. 每次加节完毕后，应对导轨架的垂直度进行校正，且应按规定及时重新设置行程限位和极限限位，经验收合格后方能运行

D. 附墙架形式、附着高度、垂直间距、附着点水平距离、附墙架与水平面之间的夹角、导轨架自由端高度等均应符合专项施工方案的要求

E. 连接件和连接件之间的防松防脱件应符合使用说明书的规定

38. 物料提升机的主要安全装置有（   ）、紧急断电开关、断绳防坠安全器、安全通信装置等安全装置。

A. 防坠安全器　　　　　　B. 安全停层装置　　　　　C. 起重量限制器

D. 上下限位装置　　　　　E. 缓冲器

39. 关于货用物料提升机安装作业，下列说法正确的有（   ）。

A. 每次加节完毕后，应对导轨架的垂直度进行校正，且应按规定及时重新设置行程限位和极限限位，经验收合格后方能运行

B. 吊笼导轨对接阶差不应大于 2mm

C. 导轨架自由端高度、附墙架形式、附着高度、附墙架与水平面之间的夹角等均应符合使用说明书的要求

D. 采用卷扬机作为提升机构的，当吊笼处于最低位置时，卷筒上的钢丝绳安全圈数不应少于 3 圈

E. 卷扬机卷筒与导向滑轮中心线应垂直对正，钢丝绳出绳偏角大于 2°时应设置排绳装置

三、案例分析题

1. 某办公大楼项目，主楼地下 2 层，地上 26 层。裙房 5 层，檐高 28m。施工期间，项目部编制了裙房《落地式双排脚手架安全专项施工方案》，其中对脚手架的阶段验收进行了规定：脚手架基础完工后，架体搭设前；每搭设完 6～8m 高度后；作业层上施加荷载前，达到设计高度后。同时规定：脚手架定期检查的主要内容包括杆件的设置与连接，连墙件、支撑、门洞桁架的构造是否符合规范和本专项施工方案要求；地基是否积水，底座是否松动，立杆是否悬空，扣件螺栓是否松动；是否有超载使用现象。监理工程师认为内容不全。

脚手架拆除时，按东、南、西、北四个立面分别进行拆除，先拆除南北面积比较大的两个立面，再拆除东西两个立面。为了快速拆除架体，工人先将大部分连墙件挨个拆除后，再一起拆除架管。拆除的架管、脚手板传递到一定高度后直接顺着架体溜下后斜靠在墙根，等累积一定数量后一次性清运出场。

问题：

(1) 脚手架的阶段验收还包括哪些？脚手架定期检查的主要内容还应包括哪些？

(2) 脚手架拆除作业存在哪些不妥之处？并简述正确做法。

2. 某商业大厦工程，大厦为 12 层框架剪力墙结构，2 层地下室，首层层高 6.0m，其余楼层层高 4.5m。施工单位成立了项目部组织施工。

一层顶梁板混凝土浇筑施工 1/3 时，突遇大暴雨，混凝土浇筑留置施工缝后暂停。天气好转后，进行了剩余混凝土的浇筑。该层模板拆除后，发现整层楼板下陷，混凝土出现开裂。经调查，大雨浸湿了一层地面夯实的土层，致使模板支架基础发生沉降，导致整个支撑系统不均匀变形，造成楼板下陷和开裂。

本工程剪力墙采用大钢模，结构施工期间正值大风天气，风力最高达到六级，对高空作业安全施工造成极大影响。但施工方考虑到工期紧张，仍继续进行结构施工。同时，为了抢工期，施工单位打算尽早拆除模板，以便于不影响后续施工进度，监理工程师以施工单位上报的模板安全专项施工方案中缺少模板拆除有关内容为由，不予批准。

问题：

(1) 该项目一层顶梁板混凝土模板支设需要专家论证吗？

(2) 施工过程中，模板工程应检查的项目包括哪些？

(3) 模板支架立柱基础的施工应符合哪些规定？

(4) 风力达六级，施工单位继续作业是否妥当？请简述理由。

(5) 监理工程师的做法是否妥当？请简述理由。

3. 高处作业高度示例如图 1-38 所示，试确定基础高度、可能坠落半径和作业高度。

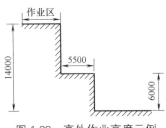

图 1-38　高处作业高度示例

4. 2016 年 10 月，杭州某公司施工班班组长张某某带领李某某和赵某某等人进入某小区，负责"采光井玻璃雨棚制作安装工程"，张某某兼任安全员。11 月 4 日 12 时 40 分许，张某某带领李某某和赵某某等 8 人到小区 × 幢 × 单元顶层 15 层安装采光井玻璃雨棚，该单元采光井需要安装 8 块玻璃，截至事发前已安装好 6 块。13 时 30 分许，李某某站在约 1.5m 高的钢架上面准备协同工友安装第 7 块玻璃时，不慎从采光井跌落至一楼，受伤较重，后经抢救无效死亡。

问题：

(1) 试分析事故发生的直接原因和间接原因。

(2) 高处作业安全防护措施有哪些？

5. 某一住宅小区工程，共六幢 18 层框架剪力墙结构，每层高 3.0m，2 层地下室，主体结构施工阶段。其中距 2 号楼外侧边缘 8m 处有三根电压为 220kV 外电架空线路，因进行三层以下施工时，未有影响，未采取措施。

施工单位项目部按照施工现场平面布置图，在钢筋加工区布置了两台钢筋切断机、两台电焊机用电设备，两台钢筋切断机共用一个开关箱，两台电焊机共用一个开关箱。木工加工区布置了两台圆盘锯用电设备。

2019年10月2日，1号楼17层现浇板进行浇筑混凝土，使用两台插入式振动棒进行振捣，振动棒从地面开关箱接入，有一人看守。施工项目部施工员安排一施工人员去潮湿的地下室抽水，该施工人员将一潜水泵接入正在地下室使用的照明开关箱，由于地下室较黑暗，该施工人员又接入220V的碘钨灯进行照明。

在工程开工前，施工单位项目部负责安全生产的副项目经理编制了临时用电组织设计，由项目部技术负责人进行了审核，专业监理工程师进行了审批。

问题：

(1) 指出上述案例中错误之处，并写出正确做法。

(2) 施工现场配电箱与开关箱应符合哪些规定？

(3) 施工现场临时用电组织设计应符合哪些要求？

(4) 专业监理工程师的做法是否妥当？请简述理由。

6. 某一住宅商业小区工程，共六幢高层住宅、三幢三层商业用房。主体施工阶段安装了3台塔式起重机，6台施工升降机，3台物料提升机。3台塔式起重机之间的最小架设距离处于低位塔式起重机的起重臂端部与另一台塔式起重机的塔身之间为1.8m，其中3号井架式物料提升机的安装高度为40m，使用了6根缆风绳进行固定。

在塔式起重机安装之前，监理工程师对资料进行了检查，发现其中1台630kN·m塔式起重机出厂年限为8年，监理工程师要求安装单位对其进行安全评估。

在使用过程中，其中1台人货两用施工升降机载人11人，且使用期已为6个月，监理工程师要求使用单位进行额定载重量的超载试验，使用单位说每次载人11人，已超过额定载重量，不必进行超载实验，监理工程师下发了监理通知单，要求暂停使用。

问题：

(1) 指出上述案例中错误之处，并写出正确做法。

(2) 案例中监理工程师的做法是否妥当？请阐述理由。

(3) 施工升降机安装过程中应注意哪些要求？请至少说出5项要求。

(4) 请简述塔式起重机拆除有哪些规定？

四、实训题

借助校内实训基地，结合《建筑施工安全检查标准》JGJ 59—2011进行脚手架工程安全检查，完成表1-22工作任务单。

脚手架工程工程任务单

表1-22

序号	检查内容	实训现场	规范规定
1	钢管直径、壁厚、外观	询问/观察/测量	
2	立杆基础设置	□有　□否	
3	横向扫地杆设置	□有　□否	
4	纵向扫地杆设置	□有　□否	
5	纵向扫地杆设置高度		
6	连墙件第一步设置	□有　□否	
7	连墙件偏离主节点的距离		
8	立杆间距		

续表

序号	检查内容	实训现场	规范规定
9	立杆连接扣件		
10	横向水平杆间距		
11	底层步距		
12	纵向水平杆和横向水平杆位置关系		
13	剪刀撑设置	□有　□否	
14	剪刀撑设置间距		
15	剪刀撑斜杆接长		
16	作业层设置	□有　□否	
17	作业层脚手板下安全平网兜底	□有　□否	
18	作业层挡脚板设置	□有　□否	
19	作业层挡脚板高度		
20	架体外侧密目式安全网封闭	□有　□否	
21	主节点处横向水平杆设置	□有　□否	
22	作业层脚手板下横杆增加的设置	□有　□否	
23	横向水平杆固定情况	□有　□否	
24	纵向水平杆搭接长度		

▶ 脚手架工程和模板工程安全设计计算

【教学目标】

1. 知识目标：通过本章的学习，掌握脚手架工程和模板工程的安全设计计算，熟悉常见单跨梁和多跨梁不同载荷作用下的内力图，了解结构荷载的分类和组合。

2. 能力目标：具备对落地式双排脚手架、悬挑式脚手架、梁板模板进行安全设计计算的能力。

【思维导图】

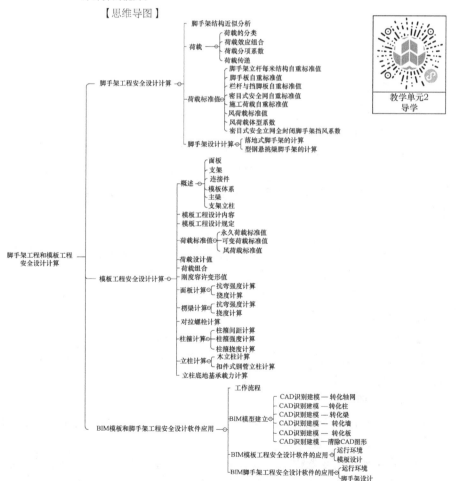

教学单元2
导学

【引文】脚手架工程和模板工程安全专项施工方案中，必须包括脚手架和模板的安全设计计算书。施工企业和项目现场安全生产管理人员想要更好地履行安全职责，进行安全检查，杜绝安全事故的发生，除了掌握和熟悉安全技术规范规定的各项条款外，还有必要对安全设计计算书中的内容进行深入的学习。

2.1　脚手架工程安全设计计算

2.1.1　脚手架结构近似分析

分析脚手架的受力情况，可以视双排脚手架近似为一个空间框架结构，立杆是框架柱，水平杆是框架梁，荷载通过节点（扣件）传递到梁、柱，最后到基础，唯一不同的是这个框架结构节点的"梁"和"柱"都不在一个平面上，因为它们是通过扣件连接的，所以节点各杆件的轴线不能正交于一点。

扣件连接不但使立杆形成偏心受压，同时由于扣件连接不属于刚性连接，受力后杆件的夹角会产生变化，所以不同于框架的刚性节点。但由于设置了剪刀撑、横向斜撑和连墙杆，从而限制了脚手架各个方向的位移，因此可以近似按无位移框架进行力学分析。

【知识链接】　思考框架结构梁柱节点和脚手架主节点的力学特点一样吗？

2.1.2　荷载

作用于脚手架的荷载可分为永久荷载与可变荷载。

1. 荷载的分类

（1）永久荷载

永久荷载又称为恒荷载，是指长期作用在脚手架上的不变荷载。主要分为两部分，一部分为架体结构自重，主要包括立杆、纵向水平杆、横向水平杆、剪刀撑、扣件等的自重；另一部分为构配件自重，主要包括脚手板、栏杆、挡脚板、安全网等防护设施的自重。

（2）可变荷载

可变荷载又称为活荷载，是指作用在脚手架上可以变化的荷载。主要分为施工荷载和风荷载。施工荷载主要包括作业层上的人员、器具和材料等的自重；风荷载按水平荷载计算，是均布作用在脚手架立面上的荷载。

2. 荷载效应组合

设计脚手架时，应根据整个使用过程中（包括工作状态和非工作状态）可能产生的各种荷载，按最不利荷载组合进行计算，荷载效应组合见表 2-1。将荷载效应叠加后脚手架应满足其稳定性要求。

3. 荷载分项系数

（1）计算杆件的强度、稳定性与连接强度时，应采用荷载设计值：永久荷载分项系数 1.2，可变荷载分项系数 1.4。

（2）脚手架中的受弯构件，尚应根据正常使用极限状态的要求验算变形。验算构件变形时，应采用荷载效应的标准组合的设计值，各类荷载分项系数均应取 1.0。

荷载效应组合　　　　　　　　　　　　　表 2-1

计算	荷载效应组合
纵向、横向水平杆强度与变形	永久荷载＋施工荷载
脚手架立杆地基承载力 型钢悬挑梁的承载力、稳定与变形	永久荷载＋施工荷载
	永久荷载＋0.9kN(施工荷载＋风荷载)
立杆稳定	永久荷载＋可变荷载(不含风荷载)
	永久荷载＋0.9kN(可变荷载＋风荷载)
连墙件承载力与稳定	单排架，风荷载＋2.0kN 双排架，风荷载＋3.0kN

【知识链接】 影响正常使用的变形是指架体承载力明显降低的变形。根据哈尔滨工业大学等单位多年的研究，在荷载作用下，架体初期的变形对脚手架承载力没有明显的影响。只有当变形发展到一定程度时，脚手架的承载力才会明显的下降。

4. 荷载传递

对于采用冲压钢脚手板、木脚手板、竹串片脚手板的脚手架，其荷载传递方式为：脚手板—小横杆—大横杆—立杆—基础。

对于采用竹笆脚手板的脚手架，其荷载传递方式为：竹笆—大横杆—小横杆—立杆—基础。

2.1.3 荷载标准值

（1）单、双排脚手架立杆承受的每米结构自重标准值 g_k，可按表 2-2 取用。

（2）冲压钢脚手板、竹串片脚手板、木脚手板与竹笆脚手板自重标准值，应按表 2-3 取用。

（3）栏杆与挡脚板自重标准值，宜按表 2-4 取用。

单、双排脚手架立杆承受的每米结构自重标准值 g_k（kN/m）　　　　表 2-2

步距 (m)	脚手架 类型	纵距(m)				
		1.2	1.5	1.8	2.0	2.1
1.20	单排	0.1642	0.1793	0.1945	0.2046	0.2097
	双排	0.1538	0.1667	0.1796	0.1882	0.1925
1.35	单排	0.1530	0.1670	0.1809	0.1903	0.1949
	双排	0.1426	0.1543	0.1660	0.1739	0.1778
1.50	单排	0.1440	0.1570	0.1701	0.1788	0.1831
	双排	0.1336	0.1444	0.1552	0.1624	0.1660
1.80	单排	0.1305	0.1422	0.1538	0.1615	0.1654
	双排	0.1202	0.1295	0.1389	0.1451	0.1482
2.00	单排	0.1238	0.1347	0.1456	0.1529	0.1565
	双排	0.1134	0.1221	0.1307	0.1365	0.1394

脚手板自重标准值表   表 2-3

类别	标准值(kN/m²)
冲压钢脚手板	0.30
竹串片脚手板	0.35
木脚手板	0.35
竹笆脚手板	0.10

栏杆、挡脚板自重标准值   表 2-4

类别	标准值(kN/m²)
栏杆、冲压钢脚手板	0.16
栏杆、竹串片脚手板	0.17
栏杆、木脚手板	0.17

（4）脚手架上吊挂的安全设施（安全网）的自重标准值应按实际情况采用，密目式安全网自重标准值不应低于 $0.01kN/m^2$。

（5）单、双排脚手架与满堂脚手架作业层上的施工均布荷载标准值应根据实际情况确定，且不应低于表 2-5 的规定。

施工均布荷载标准值   表 2-5

类 别	标准值(kN/m²)
装修脚手架	2.0
混凝土、砌筑结构脚手架	3.0
轻型钢结构及空间网格结构脚手架	2.0
普通钢结构脚手架	3.0

注：当在双排脚手架上同时有 2 个及以上操作层作业时，在同一个跨内各操作层的施工均布荷载总和不得超过 $5.0kN/m^2$。

（6）作用于脚手架上的水平风荷载标准值，应按公式（2-1）计算：

$$w_k = \mu_z \cdot \mu_s \cdot w_0 \tag{2-1}$$

式中：

w_k——风荷载标准值（kN/m^2）；

μ_z——风压高度变化系数，按表 2-6 的规定取用；

μ_s——脚手架风荷载体型系数，按表 2-7 的规定取用；

w_0——基本风压（kN/m^2），应按现行国家标准《建筑结构荷载规范》GB 50009—2012 的规定采用，取重现期 $n=10$ 对应的风压值。

风压高度变化系数 μ_z 表 2-6

离地面或海平面高度(m)	地面粗糙度类别			
	A	B	C	D
5	1.17	1.00	0.74	0.62
10	1.38	1.00	0.74	0.62

续表

离地面或海平面高度(m)	地面粗糙度类别			
	A	B	C	D
15	1.52	1.14	0.74	0.62
20	1.63	1.25	0.84	0.62
30	1.80	1.42	1.00	0.62
40	1.92	1.56	1.13	0.73
50	2.03	1.67	1.25	0.84

注：①对于平坦或稍有起伏的地形，风压高度变化系数应根据地面粗糙度类别按表 2-6 确定；
　　② 地面粗糙度可分为 A、B、C、D 四类：
　　A 类指近海海面和海岛、海岸、湖岸及沙漠地区；
　　B 类指田野、乡村、丛林、丘陵以及房屋比较稀疏的乡镇和城市郊区；
　　C 类指有密集建筑群的城市市区；
　　D 类指有密集建筑群且房屋较高的城市市区。

（7）脚手架的风荷载体型系数 μ_s，应按表 2-7 的规定取用。

脚手架的风荷载体型系数 μ_s　　　　　　　表 2-7

背靠建筑物的状况		全封闭墙	敞开、框架和开洞墙
脚手架状况	全封闭	1.0φ	1.3φ
	敞开	μ_{stw}	

注：① μ_{stw} 值可将脚手架视为桁架，按国家标准《建筑结构荷载规范》GB 50009—2012 的规定进行计算；
　　② 敞开式脚手架的 φ 值可直接查《建筑施工扣件式钢管脚手架安全技术规范》JGJ 130—2011 相应附录。

（8）密目式安全立网全封闭脚手架挡风系数 φ，可按表 2-8 取用。

挡风系数 φ　　　　　　　表 2-8

网目密度 $n/100cm^2$	密目式安全立网挡风系数 $\varphi_1=1.2(100-nA_n)/100$	敞开式脚手架挡风系数 φ_2		密目式安全立网全封闭脚手架挡风系数 $\varphi=\varphi_1+\varphi_2-\varphi_1\varphi_2/1.2$
2300 目/100cm² $A_n=1.3mm^2$	0.841	步距 $h=1.5m$ 纵距 $l_a=1.2m$	0.106	0.873
3200 目/100cm² $A_n=0.7mm^2$	0.931			0.955
2300 目/100cm² $A_n=1.3mm^2$	0.841	步距 $h=1.8m$ 纵距 $l_a=1.2m$	0.099	0.871
3200 目/100cm² $A_n=0.7mm^2$	0.931			0.953
2300 目/100cm² $A_n=1.3mm^2$	0.841	步距 $h=1.5m$ 纵距 $l_a=1.5m$	0.096	0.870
3200 目/100cm² $A_n=0.7mm^2$	0.931			0.953

网目密度 $n/100\text{cm}^2$	密目式安全立网挡风系数 $\varphi_1=1.2(100-nA_n)/100$	敞开式脚手架挡风系数 φ_2		密目式安全立网全封闭脚手架挡风系数 $\varphi=\varphi_1+\varphi_2-\varphi_1\varphi_2/1.2$
2300 目/100cm² $A_n=1.3\text{mm}^2$	0.841	步距 $h=1.8\text{m}$	0.090	0.868
3200 目/100cm² $A_n=0.7\text{mm}^2$	0.931	纵距 $l_a=1.5\text{m}$		0.951

注：密目式安全立网全封闭脚手架挡风系数不宜小于 0.8。

2.1.4　脚手架设计计算

脚手架是由多个稳定结构单元组成的。对于作业脚手架，是由按计算和构造要求设置的连墙件和剪刀撑、斜撑杆等将架体分割成若干个相对独立的稳定结构单元。这些相对独立的稳定结构单元牢固连接组成了作业脚手架。

脚手架的承力结构件基本上都是长细比较大的构件，其结构件必须是在组成空间稳定的结构体系时，才能充分发挥作用。保证脚手架的稳定承载，一是靠设计计算控制，二是靠结构和构造措施保证，其中，结构和构造措施保证是根本。

【知识链接】　脚手架满足 JGJ 130—2011 中规定的构造要求是脚手架设计计算的基本条件。脚手架的构造应满足设计计算基本假定条件（边界条件）的要求。脚手架设计计算的基本假定是脚手架设计计算的前提条件，是靠构造设置来满足的。对于作业脚手架而言，边界条件主要是连墙件、水平杆、剪刀撑（斜撑杆）、扫地杆的设置。

1. 落地式脚手架的计算

（1）纵向、横向水平杆的抗弯强度计算

$$\sigma=\frac{M}{W}\leqslant f \tag{2-2}$$

式中：

σ——弯曲正应力；

M——弯矩设计值（N·mm）应按公式（2-3）进行计算；

W——截面模量（mm³），应按附录表 2 取用；

f——钢材的抗弯强度设计值（N/mm²），应按附录表 1 取用。

（2）纵向、横向水平杆弯矩设计值

$$M=1.2M_{\text{Gk}}+1.4\sum M_{\text{Qk}} \tag{2-3}$$

【例 2-1】　某工程脚手架采用双排脚手架，冲压钢脚手板，共铺设 9 层，同时施工 3 层。小横杆在上，且每跨大横杆上搭设 2 根小横杆，用于结构施工，如图 2-1 所示。脚手架搭设高度为 28m，立杆采用单立杆，立杆的横距为 1.05m，纵距为 1.2m，步距为 1.5m。试进行（1）小横杆的抗弯强度验算；（2）大横杆的抗弯强度验算。

解：（1）小横杆按照简支梁进行强度计算，计算简图如图 2-2 所示。

2.1-1　小横杆强度计算

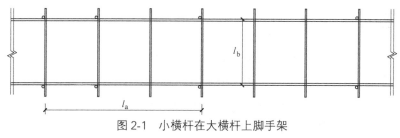

图 2-1　小横杆在大横杆上脚手架

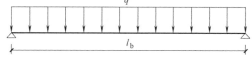

图 2-2　小横杆计算简图

1）均布荷载值计算

小横杆自重标准值：$P_1 = 0.0397\text{kN/m}$

脚手板荷载标准值：$P_2 = 0.3 \times 1.2/3 = 0.12\text{kN/m}$

活荷载标准值：$Q = 3.0 \times 1.2/3 = 1.2\text{kN/m}$

2）抗弯强度计算

均布荷载下简支梁最大弯矩为跨中产生的弯矩。

$$M = 1.2M_{Gk} + 1.4\sum M_{Qk} = 1.2 \times (P_1 + P_2)l_b^2/8 + 1.4 \times Ql_b^2/8$$
$$= 1.2 \times (0.0397 + 0.12) \times 1.05^2/8 + 1.4 \times 1.2 \times 1.05^2/8$$
$$= 0.0264 + 0.232$$
$$= 0.258\text{kN} \cdot \text{m}$$

或 $q = 1.2 \times (P_1 + P_2) + 1.4 \times Q = 1.2 \times (0.0397 + 0.12) + 1.4 \times 1.2 = 1.872\text{kN/m}$

$M = ql_b^2/8 = 1.872 \times 1.05^2/8 = 0.258\text{kN} \cdot \text{m}$

$\sigma = M/W = 0.258 \times 10^6/5.26 \times 10^3 = 49.049\text{N/mm}^2 < f = 205\text{N/mm}^2$

小横杆抗弯强度满足要求。

（2）大横杆按照三跨连续梁进行强度计算，计算简图如图 2-3 所示。

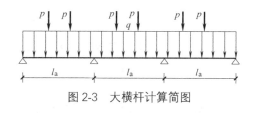

图 2-3　大横杆计算简图

2.1-2　大横杆
强度计算

1）荷载值计算

小横杆自重标准值：$P_1 = 0.0397 \times 1.05/2 = 0.0208\text{kN}$

脚手板荷载标准值：$P_2 = (0.3 \times 1.05 \times 1.2/3)/2 = 0.063\text{kN}$

活荷载标准值：$Q = (3.0 \times 1.05 \times 1.2/3)/2 = 0.63\text{kN}$

集中荷载设计值：$P = 1.2 \times (0.028 + 0.063) + 1.4 \times 0.63 = 0.991\text{kN}$

大横杆自重均布荷载设计值：$q = 1.2 \times 0.0397 = 0.0476\text{kN/m}$

2）强度验算

$M_{qmax}=0.100ql_a^2=0.100\times0.0476\times1.2^2=0.0069\text{kN}\cdot\text{m}$

$M_{pmax}=0.267pl_a=0.267\times0.991\times1.2=0.318\text{kN}\cdot\text{m}$

$M_{max}=M_{qmax}+M_{pmax}=0.0069+0.318=0.325\text{kN}\cdot\text{m}$

$\sigma=M/W=0.325\times10^6/5.26\times10^3=61.787\text{N/mm}^2<f=205\text{N/mm}^2$

大横杆抗弯强度满足要求。

（3）纵向、横向水平杆的挠度计算

$$v\leqslant[v] \tag{2-4}$$

式中：

v——挠度（mm）；

$[v]$——容许挠度，应按附录表 5 取用。

【例 2-2】 题意按照【例 2-1】，试验算小横杆和大横杆的挠度是否满足要求。

解：（1）小横杆的挠度验算

荷载标准值：$q=0.0397+0.12+1.2=1.360\text{kN/m}$

$v_{max}=5ql_b^4/384EI=5\times1.360\times1050^4/(384\times2.06\times10^5\times127100)=0.822\text{mm}$

根据附录表 6 的规定，小横杆的最大容许挠度为 1050/150＝7mm 和 10mm，所以小横杆的挠度满足要求。

（2）大横杆的挠度验算

最大挠度考虑为大横杆自重均布荷载和小横杆传递的集中荷载所产生的挠度之和。

均布荷载最大挠度：

$v_{qmax}=0.677ql_a^4/100EI=0.677\times0.0397\times1200^4/(100\times2.06\times10^5\times127100)$
$\qquad\qquad=0.0213\text{mm}$

集中荷载最大挠度：

$v_{pmax}=1.883pl_a^3/100EI=1.883\times(0.0208+0.063+0.63)\times10^3\times1200^3/$
$\qquad\qquad(100\times2.06\times10^5\times127100)=0.924\text{mm}$

$$\text{最大挠度 } v_{max}=v_{qmax}+v_{pmax}=0.0213+0.924=0.945\text{mm}$$

根据附录表 5 的规定，大横杆的最大容许挠度为 1200/150＝8mm 和 10mm，所以挠度满足要求。

（3）连接扣件的抗滑承载力计算

纵向或横向水平与立杆连接时，其扣件的抗滑承载力计算应符合下式规定：

$$R\leqslant R_c \tag{2-5}$$

式中：

R——纵向或横向水平杆传给立杆的竖向作用力设计值；

R_c——扣件抗滑承载力设计值，应按附录表 6 取用。

【例 2-3】 题意按照【例 2-1】，试验算纵向水平杆与立杆连接时，单扣件的抗滑承载力。

解：小横杆自重标准值：$P_1=0.0397\times1.05\times2/2=0.042\text{kN}$

大横杆自重标准值：$P_2=0.0397\times1.2=0.048\text{kN}$

脚手板自重标准值：$P_3=0.3\times1.05\times1.2/2=0.189\text{kN}$

活荷载自重标准值：$Q=3.0\times1.05\times1.2/2=1.89\text{kN}$

荷载设计值：$R = 1.2 \times (0.042 + 0.048 + 0.189) + 1.4 \times 1.89 = 2.981\text{kN}$

$R < R_c = 8.00\text{kN}$，单扣件满足抗滑承载力要求。

（4）立杆的稳定性计算

不组合风荷载时：
$$\frac{N}{\varphi A} \leqslant f \tag{2-6}$$

组合风荷载时：
$$\frac{N}{\varphi A} + \frac{M_w}{W} \leqslant f \tag{2-7}$$

式中：

N——计算立杆的轴向力设计值（N），应按式（2-8）和式（2-9）计算；

φ——轴心受压构件的稳定系数，应根据长细比 λ 由附录表7取值；

λ——长细比，$\lambda = l_0 / i$；

l_0——计算长度（mm），应按公式（2-10）计算；

i——截面回转半径，可按附录表2采用；

A——立杆截面面积（mm^2），可按附录表2取用；

M_w——计算立杆段由风荷载设计值产生的弯矩（N·mm），可按公式（2-11）计算；

f——钢材的抗弯强度设计值（N/mm^2），应按附录表1取用。

（5）立杆的轴向力设计值 N 计算

不组合风荷载时： $N = 1.2(N_{G1k} + N_{G2k}) + 1.4 \sum N_{Qk}$ (2-8)

组合风荷载时： $N = 1.2(N_{G1k} + N_{G2k}) + 0.9 \times 1.4 \sum N_{Qk}$ (2-9)

式中：

N_{G1k}——脚手架结构自重产生的轴向力标准值；

N_{G2k}——构配件自重产生的轴向力标准值；

$\sum N_{Qk}$——施工荷载产生的轴向力标准值总和，内、外立杆各按一纵距内施工荷载总和的1/2取值。

（6）立杆计算长度 l_0 的计算

$$l_0 = k\mu h \tag{2-10}$$

式中：

k——立杆计算长度附加系数，其值取1.155，当验算立杆允许长细比时，取 $k = 1$；

μ——考虑单、双排脚手架整体稳定因素的单杆计算长度系数，应按表2-9取用；

h——步距。

单、双排脚手架立杆的计算长度系数 μ   表 2-9

类别	立杆横距 (m)	连墙件布置	
		二步三跨	三步三跨
双排架	1.05	1.50	1.70
	1.30	1.55	1.75
	1.55	1.60	1.80
单排架	≤1.50	1.80	2.00

（7）由风荷载产生的立杆段弯矩设计值 M_w 的计算

$$M_w = 0.9 \times 1.4 M_{wk} = \frac{0.9 \times 1.4 \omega_k l_a h^2}{10} \tag{2-11}$$

式中:

M_{wk}——风荷载产生的弯矩标准值（kN·m）;

ω_k——风荷载标准值（kN/m²）,应按（2-1）计算;

l_a——立杆纵距（m）。

【知识链接】 脚手架立杆的稳定承载力计算,是根据脚手架结构设计所选定的立杆间距、步距、荷载等技术参数进行计算的。脚手架立杆稳定承载力计算的先决条件是架体的结构和构造措施必须满足其计算的边界条件的要求。

【例 2-4】 题意按照【例 2-1】,试计算脚手架立杆的稳定性是否满足要求,连墙件为两步三跨设置。

解:（1）作用于脚手架立杆上的荷载包括恒荷载、活荷载和风荷载。

恒荷载计算:

1）每米立杆承受的结构自重标准值为 0.1336kN/m。

$N_{G1}=[0.1336+(1.05\times2/2)\times0.0397/1.5]\times28=4.519kN$

2）冲压钢脚手板的自重标准值为 0.3kN/m²。

$N_{G2}=0.3\times1.2\times(1.05+0.3)\times9/2=2.187kN$。

3）栏杆与挡脚板自重标准值:采用栏杆、木脚手板挡板,其标准值为 0.17kN/m。

$N_{G3}=0.17\times1.2\times9=1.836kN$

4）吊挂的安全设施荷载,包括安全网,其标准值为 0.01kN/m²。

$N_{G4}=0.01\times1.2\times28=0.336kN$

活荷载计算:

$N_{Qk}=3.0\times1.2\times1.05\times3/2=5.67kN$

风荷载计算:地面粗糙度类别为 D 类,$\mu_z=0.62$,$\mu_s=1.3\times0.955=1.242$,$w_0=0.3kN/m²$。

$w_k=\mu_z \cdot \mu_s \cdot w_0=0.62\times1.242\times0.3=0.231kN/m²$

风荷载设计值产生的立杆段弯矩值:

$M_w=0.9\times1.4M_{wk}=0.9\times1.4w_kl_ah^2/10=0.9\times1.4\times0.231\times1.2\times1.5^2/10=0.0786kN·m$

（2）立杆的轴向力计算

不考虑风荷载时,立杆的轴向力设计值为:

$N=1.2(N_{G1k}+N_{G2k})+1.4\sum N_{Qk}=1.2(4.519+2.187+1.836+0.336)+1.4\times5.67=18.59kN$

考虑风荷载时,立杆的轴向力设计值为:

$N=1.2(N_{G1k}+N_{G2k})+0.9\times1.4\sum N_{Qk}=1.2(4.519+2.187+1.836+0.336)+0.9\times1.4\times5.67=17.80kN$

（3）立杆的稳定性计算

首先确定 φ 的取值:

立杆计算长度附加系数 $k=1.155$,立杆计算长度系数 $\mu=1.50$,步距 $h=1.5m$,

故 $l_0=k\mu h=1.155\times1.50\times1.5=2.599m=259.9cm$。

查附录表 2 可知，截面回转半径 $i=1.59\mathrm{cm}$，长细比 $l_0/i=259.9/1.59=163$，
查附录表 8 可知 $\varphi=0.262$。

查附录表 2 可知，$A=5.06\mathrm{cm}^2$，截面模量 $W=5.26\mathrm{cm}^3=5260\mathrm{mm}^3$。

1）不考虑风荷载时，$\dfrac{N}{\varphi A}=\dfrac{18.59\times10^3}{0.262\times5.06\times10^2}=140.23\mathrm{N/mm^2}<f=205\mathrm{N/mm^2}$
立杆稳定性满足要求。

2）考虑风荷载时，

$$\frac{N}{\varphi A}+\frac{M_\mathrm{w}}{W}=\frac{17.80\times10^3}{0.262\times5.06\times10^2}+\frac{0.0786\times10^6}{5260}=149.21\mathrm{N/mm^2}<f=205\mathrm{N/mm^2}$$

立杆稳定性满足要求。

（8）脚手架的搭设高度计算

单、双排脚手架的可搭设高度［H］应按下列公式计算，并应取较小值：

不组合风荷载时：
$$[H]=\frac{\varphi Af-(1.2N_\mathrm{G2k}+1.4\sum N_\mathrm{Qk})}{1.2g_\mathrm{k}} \tag{2-12}$$

组合风荷载时：
$$[H]=\frac{\varphi Af-\left[1.2N_\mathrm{G2k}+0.9\times1.4\left(\sum N_\mathrm{Qk}+\dfrac{M_\mathrm{wk}}{W}\varphi A\right)\right]}{1.2g_\mathrm{k}} \tag{2-13}$$

式中：

g_k——立杆承受的每米结构自重标准值（$\mathrm{kN/m}$），可按附录表 7 取用。

【例 2-5】 题意按照【例 2-1】，试计算脚手架的可搭设高度是否满足要求。

解：

（1）不组合风荷载时

$$[H]=\frac{\varphi Af-(1.2N_\mathrm{G2k}+1.4\sum N_\mathrm{Qk})}{1.2g_\mathrm{k}}$$

$$=\frac{0.262\times5.06\times10^{-4}\times205\times10^3-[1.2\times(2.187+0.918+0.336+1.4\times5.67]}{1.2\times0.1336}$$

$$=94\mathrm{m}$$

（2）组合风荷载时

$$[H]=\frac{\varphi Af-\left[1.2N_\mathrm{G2k}+0.9\times1.4\left(\sum N_\mathrm{Qk}+\dfrac{M_\mathrm{wk}}{W}\varphi A\right)\right]}{1.2g_\mathrm{k}}$$

$$=\frac{0.262\times5.06\times10^{-4}\times205\times10^3-\left[1.2\times(2.187+0.918+0.336)+0.9\times1.4\times\left(5.67+\dfrac{0.231\times1.2\times1.5^2/10}{5.26\times10^{-6}}\times0.262\times5.06\times10^{-4}\right)\right]}{1.2\times0.1336}$$

$=87\mathrm{m}$

故脚手架可搭设高度［H］取较小值 87m，本例中脚手架搭设高度为 28m，小于
［H］，满足要求。

（9）连墙件杆件的计算

强度：
$$\sigma=\frac{N_l}{A_\mathrm{c}}\leqslant0.85f \tag{2-14}$$

稳定：
$$\frac{N_l}{\varphi A}\leqslant0.85f \tag{2-15}$$

$$N_l = N_{l\mathrm{w}} + N_0 \tag{2-16}$$

式中：

σ——连墙件应力值（N/mm^2）；

A_c——连墙件的净截面面积（mm^2）；

A——连墙件的毛截面面积（mm^2）；

N_l——连墙件轴向力设计值（N）；

$N_{l\mathrm{w}}$——风荷载产生的连墙件轴向力设计值，应按公式（2-17）计算；

N_0——连墙件约束脚手架平面外变形所产生的轴向力。单排架取 2kN，双排架取 3kN；

φ——连墙件的稳定系数，应根据连墙件长细比按附录表 8 取值；

f——连墙件钢材的强度设计值（N/mm^2），应按附录表 1 采用。

$$N_{l\mathrm{w}} = 1.4 \cdot w_\mathrm{k} \cdot A_\mathrm{w} \tag{2-17}$$

式中：

A_w——单个连墙件所覆盖的脚手架外侧的迎风面积。

（10）连墙件的抗滑力计算

当采用钢管扣件做连墙件时，扣件抗滑承载力的验算，应满足下式要求：

$$N_l \leqslant R_\mathrm{c} \tag{2-18}$$

式中：

R_c——扣件抗滑承载力设计值，一个直角扣件应取 8.0kN。

【例 2-6】 题意按照【例 2-1】，连墙件为两步三跨设置，内排架与建筑物拉结长度为 300mm，试计算脚手架连墙件的强度、稳定性和扣件的抗滑承载力是否满足要求。

解：$N_{l\mathrm{w}} = 1.4 \cdot w_\mathrm{k} \cdot A_\mathrm{w} = 1.4 \times 0.231 \times 1.5 \times 2 \times 1.2 \times 3 = 3.493\mathrm{kN}$

$N_l = N_{l\mathrm{w}} + N_0 = 3.493 + 3 = 6.493\mathrm{kN}$

（1）强度

$$\sigma = \frac{N_l}{A_\mathrm{c}} = \frac{6.493 \times 10^3}{5.06 \times 10^2} = 12.83\mathrm{N/mm}^2 < 0.85f = 0.85 \times 205 = 174.25\mathrm{N/mm}^2$$

连墙件强度满足要求。

（2）稳定

连墙件长细比 $l/i = 300/(1.59 \times 10) = 18.87$，查附录表 8 可知，$\varphi = 0.949$，

毛截面积 $A = \pi R^2/4 = 3.14 \times 48.3^2/4 = 1831.31\mathrm{mm}^2$

$$\frac{N_l}{\varphi A} = \frac{6.493 \times 10^3}{0.949 \times 1831.31} = 3.74 < 0.85f = 0.85 \times 205 = 174.25\mathrm{N/mm}^2$$

连墙件稳定性满足要求。

（3）扣件抗滑承载力

$N_l = 6.493\mathrm{kN} < R_\mathrm{c} = 8.0\mathrm{kN}$，扣件抗滑承载力满足要求。

（11）立杆基础承载力计算

立杆基础底面的平均压力应满足下式的要求：

$$p_\mathrm{k} = \frac{N_\mathrm{k}}{A} \leqslant f_\mathrm{g} \tag{2-19}$$

式中：

p_k——立杆基础底面处的平均压力标准值（kPa）；

N_k——上部结构传至立杆基础顶面的轴向力标准值（kN）；

A——基础底面面积（m^2）；

【知识链接】 ①仅有立杆支座（支座直接放于地面上）时，A 取支座板的底面积；②在支座下设有厚度为 $50\sim60mm$ 的木垫板（或木脚手板），则 $A=a\times b$（a 和 b 为垫板的两个边长，且不小于 $200mm$），当 A 的计算值大于 $0.25m^2$ 时，则取 $0.25m^2$；③当一块垫板或垫木上支撑两根以上立杆时，$A=ab/n$（n 为立杆数），且木垫板应符合②的取值规定。

f_g——地基承载力特征值（kPa）。

【知识链接】 ①当为天然地基时，f_g 应按地质勘察报告选用；当为回填土地基时，应对地质勘察报告提供的回填土地基承载力特征值乘以折减系数 0.4；②f_g 由载荷试验或工程经验确定。

【例 2-7】 题意按照【例 2-1】，已知立杆垫板底面积为 $0.25m^2$，回填土地基承载力特征值为 $280kN/m^2$，试计算立杆地基承载力是否满足要求。

解： $p_k = \dfrac{N_k}{A} = \dfrac{14.188}{0.25} = 56.75kN/m^2 = 56.75kPa < f = 0.4 \times 280 = 112kPa$

地基承载力满足要求。

2. 型钢悬挑脚手架的计算

（1）悬挑脚手架型钢悬挑梁计算示意图（图 2-4）

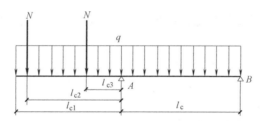

图 2-4　悬挑脚手架型钢悬挑梁计算示意图

N—悬挑脚手架立杆的轴向力设计值；l_c—型钢悬挑梁锚固点中心至建筑楼层板边支承点的距离；
l_{c1}—型钢悬挑梁悬挑端面至建筑结构楼层板边支承点的距离；l_{c2}—脚手架外立杆至建筑结构楼层板边支承点的距离；l_{c3}—脚手架内杆至建筑结构楼层板边支承点的距离；
q—型钢梁自重线荷载标准值

（2）型钢悬挑梁的计算内容

1）型钢悬挑梁的抗弯强度、整体稳定性和挠度；

2）型钢悬挑梁锚固件及其锚固连接的强度；

3）型钢悬挑梁下建筑结构的承载能力验算。

（3）立杆轴向力设计值

悬挑脚手架作用于型钢悬挑梁上的立杆的轴向力设计值，应根据悬挑脚手架分段搭设高度按公式（2-20）、公式（2-21）分别计算，并应取较大者。

$$N = 1.2(N_{G1k} + N_{G2k}) + 1.4\sum N_{Qk} \tag{2-20}$$

$$N=1.2(N_{G1k}+N_{G2k})+0.9\times1.4\sum N_{Qk} \tag{2-21}$$

（4）型钢悬挑梁支座反力

$$R_A=N(2+k_1+k_2)+\frac{ql_c}{2}(1+k)^2 \tag{2-22}$$

$$R_B=-N(k_1+k_2)+\frac{ql_c}{2}(1-k^2) \tag{2-23}$$

其中 $k=l_{c1}/l_c$ $k_1=l_{c3}/l_c$ $k_2=l_{c2}/l_c$

（5）型钢悬挑梁的抗弯强度计算

$$\sigma=\frac{M_{max}}{W_n}\leqslant f \tag{2-24}$$

$$M_{max}=N(l_{c2}+l_{c3})+ql_{c1}^2/2 \tag{2-25}$$

式中：

σ——型钢悬挑梁应力值（N/mm^2）；

M_{max}——型钢悬挑梁计算截面最大弯矩设计值（N·mm）；

W_n——型钢悬挑梁净截面模量（mm^3）；

f——钢材的抗压强度设计值（N/mm^2）。

（6）型钢悬挑梁的整体稳定计算

$$\frac{M_{max}}{\varphi_b W}\leqslant f \tag{2-26}$$

式中：

φ_b——型钢悬挑梁的整体稳定性系数，根据《钢结构设计标准》GB 50017—2017 附录 C 的计算取值；

如 $\varphi_b>0.6$，应用公式（2-27）计算的 φ_b' 取代 φ_b；

$$\varphi_b'=1.07-\frac{0.282}{\varphi_b}\leqslant1.0 \tag{2-27}$$

W——型钢悬挑梁毛截面模量。

（7）型钢悬挑梁的挠度计算

$$v\leqslant[v] \tag{2-28}$$

式中：

v——型钢悬挑梁最大挠度（mm），按公式（2-29）计算；

$[v]$——型钢悬挑梁挠度允许值，应按附录表 5 取用。

$$v=\frac{N_k l_{c2}^2 l_c}{3EI}(1+k_2)+\frac{N_k l_{c3}^2 l_c}{3EI}(1+k_1)+\frac{l_{c1}l_c}{3EI}\frac{ql_c^2}{8}(-1+4k^2+3k^3)$$

$$+\frac{N_k l_{c3}l_c}{6EI}(2+3k_1)(l_{c1}-l_{c3})+\frac{N_k l_{c2}l_c}{6EI}(2+3k_2)(l_{c1}-l_{c2}) \tag{2-29}$$

其中 $k=l_{c1}/l_c$ $k_1=l_{c3}/l_c$ $k_2=l_{c2}/l_c$

$$N_k=N_{Gk1}+N_{Gk2}+N_{Qk}$$

（8）U 形钢筋拉环或螺栓的强度计算

$$\sigma=\frac{N_{m}}{A_{l}}\leqslant f_{l} \tag{2-30}$$

$$N_{m}=R_{B} \tag{2-31}$$

式中：

σ——U 形钢筋拉环或螺栓应力值；

N_{m}——型钢悬挑梁锚固段压点 U 形钢筋拉环或螺栓拉力设计值（N）；

A_{l}——U 形钢筋拉环净截面面积或螺栓的有效截面面积（mm^2），一个钢筋拉环或一对螺栓按两个截面计算；

f_{l}——U 形钢筋拉环或螺栓抗拉强度设计值，应按《混凝土结构设计规范》GB 50010—2010（2015 年版）的规定取 $f_{l}=50\text{N/mm}^2$。

【例 2-8】　已知悬挑脚手架型钢悬挑梁双排脚手架集中荷载标准值恒荷载 $N_{Gk}=5.365\text{kN}$，活荷载 $N_{Qk}=3.2\text{kN}$，双排脚手架纵距 $l_{a}=1.5\text{m}$，横距 $l_{b}=1.05\text{m}$，$H=1.8\text{m}$，内排架距墙长度 200mm。悬挑钢梁采用双轴对称 16 号"工"字钢，悬挑长度 1.5m，建筑物内锚固长度 2.3m，采用直径 16mm 钢筋拉环进行锚固。每个悬挑水平梁外端均采用 14 号钢丝绳与建筑物拉结，拉结点吊环采用直径 20 的圆钢。试计算型钢悬挑脚手架（16 号"工"字钢截面几何特征：$A=26.131\text{cm}^2$，$I=1130\text{cm}^4$，$W=141\text{cm}^3$，$i=6.58\text{cm}$，$E=2.06\times10^5\text{N/mm}^2$，$q=0.2051\text{kN/m}$）。

解：

$N=1.2N_{Gk}+1.4N_{Qk}=1.2\times5.365+1.4\times3.2=10.918\text{kN}$

$M_{max}=N(l_{c2}+l_{c3})+ql_{c1}^2/2=10.918\times(0.3+1.35)+1.2\times0.2051\times1.5^2/2=18.292\text{kN}\cdot\text{m}$

（1）抗弯强度计算

$$\sigma=\frac{M_{max}}{W_{n}}=\frac{18.292\times10^6}{141\times10^3}=129.731\text{N/mm}^2<f=205\text{N/mm}^2$$

抗弯强度满足要求。

（2）稳定性计算

16 号双轴对称"工"字钢　$\varphi_{b}=2.0>0.6$，$\varphi'_{b}=1.07-0.282/2.0=0.929<1.0$

$$\frac{M_{max}}{\varphi_{b}W}=\frac{18.292\times10^6}{0.929\times141\times10^3}=139.65\text{N/mm}^2<f=205\text{N/mm}^2$$

稳定性满足要求。

（3）挠度计算

$N_{k}=5.365+3.2=8.565\text{kN}$

$k=l_{c1}/l_{c}=1500/2300=0.652$

$k_{1}=l_{c3}/l_{c}=300/2300=0.130$

$k_{2}=l_{c2}/l_{c}=1350/2300=0.587$

$$v=\frac{N_{k}l_{c2}^2l_{c}}{3EI}(1+k_{2})+\frac{N_{k}l_{c3}^2l_{c}}{3EI}(1+k_{1})+\frac{l_{c1}l_{c}ql_{c}^2}{3EI\cdot8}(-1+4k^2+3k^3)$$

$$+\frac{N_{k}l_{c3}l_{c}}{6EI}(2+3k_{1})(l_{c1}-l_{c3})+\frac{N_{k}l_{c2}l_{c}}{6EI}(2+3k_{2})(l_{c1}-l_{c2})$$

$$=\frac{8.565\times10^3\times1350^2\times2300}{3\times2.06\times10^5\times1130\times10^4}\times(1+0.587)+\frac{8.565\times10^3\times300^2\times2300}{3\times2.06\times10^5\times1130\times10^4}\times(1+0.130)$$

$$+\frac{1500\times2300}{3\times2.06\times10^5\times1130\times10^4}\times\frac{0.2051\times2300^2}{8}\times(-1+4\times0.652^2+3\times0.652^3)$$

$$+\frac{8.565\times10^3\times300\times2300}{6\times2.06\times10^5\times1130\times10^4}\times(2+3\times0.130)\times(1500-300)$$

$$+\frac{8.565\times10^3\times1350\times2300}{6\times2.06\times10^5\times1130\times10^4}\times(2+3\times0.587)\times(1500-1350)$$

$$=8.159+0.287+0.067\times1.976+0.00042\times2.39\times1200+0.0019\times3.761\times150$$

$$=8.159+0.287+0.132+1.205+1.072$$

$$=10.855\text{mm}$$

最大挠度 $v=10.855\text{mm}<300/250=12\text{mm}$

挠度满足要求。

（4）U 形钢筋拉环的强度计算

$$R_B=-N(k_1+k_2)+\frac{ql_c}{2}(1-k^2)$$

$$=-10.918\times(0.130+0.587)+\frac{1.2\times0.2051\times1.5}{2}\times(1-0.652^2)$$

$$=-10.918\times0.717+0.185\times0.575$$

$$=-7.669\text{kN}$$

$N_m=R_B=7.669\text{kN}$

$$A_l=2\times\frac{\pi d^2}{4}=\frac{3.14\times16^2}{2}=401.92\text{mm}^2$$

$$\sigma=\frac{N_m}{A_l}=\frac{7.669\times10^3}{401.92}=19.08\text{N/mm}^2<0.85f_l=0.85\times50=42.5\text{N/mm}^2$$

强度满足要求。

2.2　模板工程安全设计计算

2.2.1　概述

模板工程由模板面（或称面板）和支架系统（主次楞、支架柱及其基础）两大部分组成，是用来保证现浇混凝土结构的各部分形状、尺寸标高和其相互间位置正确性的工程。

（1）面板

直接接触新浇混凝土的承力板，包括拼装的板和加肋楞带板。面板的种类有钢、木、胶合板、塑料板等。

（2）支架

支撑面板用的楞梁、立柱、连接件、斜撑、剪刀撑和水平拉条等构件的总称。

（3）连接件

面板与楞梁的连接、面板自身的拼接、支架结构自身的连接和其中二者相互间连接所用的零配件。包括卡销、螺栓、扣件、卡具、拉杆等。

（4）模板体系

由面板、支架和连接件三部分系统组成的体系。

（5）小梁

直接支承面板的小型楞梁，又称次楞或次梁。

（6）主梁

直接支承小楞的结构构件，又称主楞。一般采用钢、木梁或钢桁架。

（7）支架立柱

直接支承主楞的受压结构构件，又称支撑柱、立柱。

2.2.2　模板工程设计内容

模板及其支架的设计应根据工程结构形式、荷载大小、地基土类别、施工准备和材料等条件进行。

主要包括以下内容：

（1）根据混凝土的施工工艺和季节性施工措施，确定其构造和所承受的荷载；

（2）绘制配板设计图、支撑设计布置图、细部构造和异形模板大样图；

（3）按模板承受荷载的最不利组合对模板进行验算；

（4）制定模板安装及拆除的程序和方法；

（5）编制模板及配件的规格、数量汇总表和周转使用计划；

（6）编制模板施工安全、防火技术措施及设计、施工说明书。

2.2.3　模板工程设计规定

（1）应具有足够的承载能力、刚度和稳定性，应能可靠地承受新浇混凝土的自重、侧压力和施工过程中所产生的荷载及风荷载。

（2）构造应简单，装拆方便，便于钢筋的绑扎、安装和混凝土的浇筑、养护。

（3）混凝土梁的施工应采用从跨中向两端对称进行分层浇筑，每层厚度不得大于400mm。

（4）当验算模板及其支架在自重和风荷载作用下的抗倾覆稳定性时，应符合相应材质结构设计规范的规定。

2.2.4　荷载标准值

（1）永久荷载标准值

1）模板及其支架自重标准值（G_{1k}）应根据模板设计图纸计算确定。肋形或无梁楼板模板自重标准值应按表 2-10 取用。

2）新浇筑混凝土自重标准值（G_{2k}），对普通混凝土可采用 24kN/m^3；其他混凝土可根据实际重力密度确定。

3）钢筋自重标准值（G_{3k}）应根据工程设计图确定。一般梁板结构每立方米钢筋混凝土的钢筋自重标准值：楼板可取 1.1kN；梁可取 1.5kN。

楼板模板自重标准值（kN/m²） 表 2-10

模板构件的名称	木模板	定型组合钢模板
平板的模板及小梁	0.30	0.50
楼板模板(其中包括梁的模板)	0.50	0.75
楼板模板及其支架(楼层高度为 4m 以下)	0.75	1.10

4）当采用内部振捣器时，新浇筑的混凝土作用于模板的最大侧压力标准值（G_{4k}），可按下列公式计算，并取其中的较小值：

$$F = 0.22\gamma_c t_0 \beta_1 \beta_2 V^{\frac{1}{2}} \tag{2-32}$$

$$F = \gamma_c H \tag{2-33}$$

式中：

F——新浇混凝土对模板的最大侧压力（kN/m²）；

γ_c——混凝土的重力密度（kN/m³）；

V——混凝土的浇筑速度（m/h）；

t_0——新浇混凝土的初凝时间（h），可按试验确定；当缺乏试验资料时，可采用 $t_0 = 200/(T+15)$（T 为混凝土的温度℃）；

β_1——外加剂影响修正系数。不掺外加剂时取 1.0，掺具有缓凝作用的外加剂时取 1.2；

β_2——混凝土坍落度影响修正系数，当坍落度小于 30mm 时，取 0.85；坍落度为 50～90mm 时，取 1.00；坍落度为 110～150mm 时，取 1.15；

H——混凝土侧压力计算位置处至新浇混凝土顶面的总高度（m）。

（2）可变荷载标准值

1）施工人员及设备荷载标准值（Q_{1k}），当计算模板和直接支承模板的小梁时，均布活荷载可取 2.5kN/m²，再用集中荷载 2.5kN 进行验算，比较两者所得的弯矩值取其大值；当计算直接支承小梁的主梁时，均布活荷载标准值可取 1.5kN/m²；当计算支架立柱及其他支承结构构件时，均布活荷载标准值可取 1.0kN/m²。

2）振捣混凝土时产生的荷载标准值（Q_{2k}），对水平面模板可采用 2kN/m²，对垂直面模板可采用 4kN/m²（作用范围在新浇筑混凝土侧压力的有效压头高度之内）。

3）倾倒混凝土时，对垂直面模板产生的水平荷载标准值（Q_{3k}）可按表 2-11 取用。

倾倒混凝土时产生的水平荷载标准值（kN/m²） 表 2-11

向模板内供料方法	水平荷载
溜槽、串筒或导管	2
容量小于 0.2m³ 的运输器具	2
容量为 0.2～0.8m³ 的运输器具	4
容量大于 0.8m³ 的运输器具	6

（3）风荷载标准值

应按国家标准《建筑结构荷载规范》GB 50009—2012 中的规定计算，其中基本风压值应按该规范附表 D.4 中 $n=10$ 年的规定采用，并取风振系数 $\beta_z=1$。

2.2.5　荷载设计值

（1）计算模板及支架结构或构件的强度、稳定性和连接强度时，应采用荷载设计值（荷载标准值乘以荷载分项系数）。

（2）计算正常使用极限状态的变形时，应采用荷载标准值。

（3）荷载分项系数见表 2-12。

（4）钢面板及支架作用荷载设计值可乘以系数 0.95 进行折减。当采用冷弯薄壁型钢时，其荷载设计值不应折减。

荷载分项系数　　　　　　　　　　　　　　　　表 2-12

荷载类别	分项系数 γ_i
模板及支架自重（G_{1k}）	永久荷载的分项系数：
新浇筑混凝土自重（G_{2k}）	（1）当其效应对结构不利时：对由可变荷载效应控制的组合，应取 1.2；对由永久荷载效应控制的组合，应取 1.35。
钢筋自重（G_{3k}）	（2）当其效应对结构有利时：一般情况应取 1。
新浇筑混凝土对模板侧面的压力（G_{4k}）	对结构的倾覆、滑移验算，应取 0.9
施工人员及施工设备荷载（Q_{1k}）	可变荷载的分项系数：
振捣混凝土时产生的荷载（Q_{2k}）	一般情况下应取 1.4；
倾倒混凝土时产生的荷载（Q_{3k}）	对标准值大于 $4kN/m^2$ 的活荷载应取 1.3
风荷载（w_k）	1.4

2.2.6　荷载组合

（1）参与计算模板及其支架荷载效应组合的各项荷载的标准值组合应符合表 2-13 的规定。

模板及其支架荷载效应组合的各项荷载的标准值结合　　　　　表 2-13

项目		参与组合的荷载类别	
		计算承载能力	验算挠度
1	平板和薄壳的模板及支架	$G_{1k}+G_{2k}+G_{3k}+Q_{1k}$	$G_{1k}+G_{2k}+G_{3k}$
2	梁和拱模板的底板及支架	$G_{1k}+G_{2k}+G_{3k}+Q_{2k}$	$G_{1k}+G_{2k}+G_{3k}$
3	梁、拱、柱（边长不大于 300mm）、墙（厚度不大于 100mm）的侧面模板	$G_{4k}+Q_{2k}$	G_{4k}
4	大体积结构、柱（边长大于 300mm）、墙（厚度大于 100mm）的侧面模板	$G_{4k}+Q_{3k}$	G_{4k}

注：验算挠度应采用荷载标准值；计算承载能力应采用荷载设计值。

（2）按极限状态设计时，其荷载组合必须符合下列规定：

1）对于承载能力极限状态，应按荷载效应的基本组合采用，并应采用下列设计表达式进行模板设计：

$$\gamma_0 S \leqslant R \qquad (2-34)$$

式中：

γ_0——结构重要性系数，其值按 0.9 采用；

S——荷载效应组合的设计值；

R——结构构件抗力的设计值，应按各有关建筑结构设计规范的规定确定。

对于基本组合，荷载效应组合的设计值 S 应从下列组合值中取最不利值确定：

① 由可变荷载效应控制的组合：

$$S=\gamma_G \sum_{i=1}^{n} G_{ik}+\gamma_{Q1}Q_{1k} \tag{2-35}$$

$$S=\gamma_G \sum_{i=1}^{n} G_{ik}+0.9 \sum_{i=1}^{n} \gamma_{Qi}Q_{ik} \tag{2-36}$$

式中：

γ_G——永久荷载分项系数，应按表 2-12 取用；

γ_{Qi}——第 i 个可变荷载的分项系数，其中 γ_{Q1} 为可变荷载 Q_1 的分项系数，应按
表 2-12 采用；

$\sum\limits_{i=1}^{n} G_{ik}$——按各永久荷载标准值 G_k 计算的荷载效应值；

Q_{ik}——按可变荷载标准值计算的荷载效应值，其中 Q_{1k} 为诸多可变荷载效应中起控
制作用者；

n——参与组合的可变荷载数。

② 由永久荷载效应控制的组合：

$$S=\gamma_G G_{ik}+ \sum_{i=1}^{n} \gamma_{Qi}\psi_{ci}Q_{ik} \tag{2-37}$$

式中：

ψ_{ci}——可变荷载系数的组合值系数，其值可取为 0.7。

2）对于正常使用极限状态应采用标准组合，并应按下列设计表达式进行设计：

$$S \leqslant C \tag{2-38}$$

式中：

C——结构或结构构件达到正常使用要求的规定限值，应符合变形值的相关规定。

对于标准组合，荷载效应组合设计值 S 应按下式采用：

$$S= \sum_{i=1}^{n} G_{ik} \tag{2-39}$$

2.2.7　刚度容许变形值

（1）当验算模板及其支架的刚度时，其最大变形值不得超过下列容许值：

1）对结构表面外露的模板，为模板构件计算跨度的 1/400。

2）对结构表面隐蔽的模板，为模板构件计算跨度的 1/250。

3）支架的压缩变形或弹性挠度，为相应的结构计算跨度的 1/1000。

（2）组合钢模板结构或其构配件的最大变形值不得超过表 2-14 的规定。

组合钢模板及构配件的容许变形值（mm）　　　　表 2-14

部件名称	容许变形值
钢模板的面板	≤1.5
单块钢模板	≤1.5
钢楞	$L/500$ 或≤3.0
柱箍	$B/500$ 或≤3.0
桁架、钢模板结构体系	$L/1000$
支撑系统累计	≤4.0

注：L 为计算跨度，B 为柱宽。

2.2.8　面板计算

面板可按简支跨计算，应验算跨中和悬臂端的最不利抗弯强度和挠度，并应符合下列规定：

（1）抗弯强度计算

1）钢面板抗弯强度计算

$$\sigma = \frac{M_{\max}}{W_n} \leqslant f \tag{2-40}$$

式中：

$M_{\max}$——最不利弯矩设计值，取均布荷载与集中荷载分别作用是计算结果的较大值；

W_n——净截面抵抗矩，按表 2-15 或表 2-16 查取；

f——钢材的抗弯强度设计值，按表 2-17 的规定取用。

组合钢模板 2.3mm 厚面板力学性能表　　　　表 2-15

模板宽度（mm）	截面积 A（mm²）	中性轴位置 Y_0（mm）	X 轴截面惯性矩 I_x（cm⁴）	截面最小抵抗矩 W_x（cm³）	截面简图
300	1080 (978)	11.1 (10.0)	27.91 (26.39)	6.36 (5.86)	
250	965 (863)	12.3 (11.1)	26.62 (25.38)	6.23 (5.78)	
200	702 (639)	10.6 (9.5)	17.63 (16.62)	3.97 (3.65)	
150	587 (524)	12.5 (11.3)	16.40 (15.64)	3.86 (3.58)	
100	472 (409)	15.3 (14.2)	14.54 (14.11)	3.66 (3.46)	

注：1. 括号内数据为净截面；

2. 表中各种宽度的模板，其长度规格有：1.5m、1.2m、0.9m、0.75m、0.6m 和 0.45m；高度全为 55mm。

组合钢模板 2.5mm 厚面板力学性能表

表 2-16

模板宽度(mm)	截面积 A (mm^2)	中性轴位置 Y_0 (mm)	X 轴截面惯性矩 I_x (cm^4)	截面最小抵抗矩 W_x (cm^3)	截面简图
300	114.4 (104.0)	10.7 (9.6)	28.59 (26.97)	6.45 (5.94)	
250	101.9 (91.5)	11.9 (10.7)	27.33 (25.98)	6.34 (5.86)	
200	76.3 (69.4)	10.7 (9.6)	19.06 (17.98)	4.3 (3.96)	
150	63.8 (56.9)	12.6 (11.4)	17.71 (16.91)	4.18 (3.88)	
100	51.3 (44.4)	15.3 (14.3)	15.72 (15.25)	3.96 (3.75)	

2）木面板抗弯强度计算

$$\sigma_m = \frac{M_{max}}{W_m} \leqslant f_m \tag{2-41}$$

式中：

W_m——木板毛截面抵抗矩；

f_m——木材的抗弯强度设计值，按表 2-18 的规定取用。

3）胶合板面板抗弯强度计算

$$\sigma_j = \frac{M_{max}}{W_j} \leqslant f_{jm} \tag{2-42}$$

式中：

W_j——胶合板毛截面抵抗矩；

f_{jm}——胶合板的抗弯强度设计值，按表 2-19 的规定取用。

（2）挠度计算

$$v = \frac{5q_g l^4}{384EI_x} \leqslant [v] \tag{2-43}$$

或

$$v = \frac{5q_g l^4}{384EI_x} + \frac{pl^3}{48EI_x} \leqslant [v] \tag{2-44}$$

式中：

q_g——恒荷载均布线荷载标准值；

p——集中荷载标准值；

E——弹性模量；

I_x——截面惯性矩；

l——面板计算跨度；

$[v]$——容许挠度。钢模板按表 2-14 取用；木模板和胶合板面板按本章 2.2.7 节第 1 条的规定取用。

钢材的强度设计值（N/mm²）　　　　　　　　　　　表 2-17

钢材		抗拉、抗压和抗弯 f	抗剪 f_v	端面承压（刨平顶紧）f_{ce}
牌号	厚度或直径(mm)			
Q235 钢	≤16	215	125	325
	>16~40	205	120	

木材的强度设计值和弹性模量（N/mm²）　　　　　　表 2-18

强度等级	组别	抗弯 f_m	顺纹抗压及承压 f_c	顺纹抗拉 f_t	顺纹抗剪 f_v	弹性模量 E
TC17	A	17	16	10	1.7	10000
	B		15	9.5	1.6	
TC15	A	15	13	9.0	1.6	10000
	B		12	9.0	1.5	
TC13	A	13	12	8.5	1.5	10000
	B		10	8.0	1.4	9000

覆面竹胶合板抗弯强度设计值（f_{jm}）和弹性模量（E）　　表 2-19

项目	板厚度(mm)	板的层数	
		三层	五层
抗弯强度设计值(N/mm²)	15	37	35
弹性模量(N/mm²)	15	10584	9898

【例 2-9】 组合钢模板块 P3012，宽 300mm，长 1200mm，钢板厚 2.5mm，自重 340N/m²，钢模板两端支承在钢楞上，用作浇筑 220mm 厚的钢筋混凝土楼板，试验算钢模板的强度和挠度。

解：

（1）强度计算

按简支梁考虑，计算跨度 $l=1.2$m。

1）活载按均布荷载 2.5kN/m² 计算

恒载：

钢模板自重标准值：340N/m²。

①$=340×1.2×0.3/1.2=340×0.3=102$N/m

新浇混凝土自重标准标准值：24kN/m³。

②$=24×10^3×1.2×0.3×0.22/1.2=24000×0.3×0.22=1584$N/m

钢筋自重标准值：1.1kN/m³。

③$=1.1×10^3×1.2×0.3×0.22/1.2=1100×0.3×0.22=72.6$N/m

活载：

④＝$2.5 \times 10^3 \times 1.2 \times 0.3 \times 0.3/1.2 = 2500 \times 0.3 = 750$N/m

均布荷载设计值：

$q_1 = 0.9 \times [1.2 \times (102 + 1584 + 72.6) + 1.4 \times 750] = 2844.29$N/m

$q_2 = 0.9 \times [1.35 \times (102 + 1584 + 72.6) + 1.4 \times 0.7 \times 750] = 2798.20$N/m

取较大值 $q_1 = 2844.29$N/m 作为设计依据。

$M_1 = q_1 l^2 / 8 = 2844.29 \times 1.2^2 / 8 = 511.97$N·m

2）活载按集中荷载 2.5kN 计算

模板自重设计值 $q_2 = 0.9 \times 1.2 \times (102 + 1584 + 72.6) = 1899.29$N/m

跨中集中荷载设计值 $P = 0.9 \times 1.4 \times 2500 = 3150$N

$M_2 = q_2 l^2 / 8 + Pl / 4 = 1899.29 \times 1.2^2 / 8 + 3150 \times 1.2 / 4 = 1286.87$N·m

3）强度验算

$M_2 > M_1$，采用 M_2 验算强度。查表 2-16，得净截面抵抗矩 $W_n = 5940$mm^2。

则 $\sigma = M_2 / W_n = 1286.87 \times 10^3 / 5940 = 216.65N/mm^2 > f = 215$N/mm^2

按照《建筑施工模板安全技术规范》JGJ 162—2008 的规定：钢面板及支架作用荷载设计值可乘以系数 0.95 进行折减。

$\sigma = 0.95 \times 216.65 = 205.8N/mm^2 < f = 215$N/mm^2，故强度满足要求。

（2）挠度验算

挠度计算时不考虑可变荷载值，仅考虑永久荷载标准值，故其作用效应的线荷载标准值为：

$q_g = 102 + 1584 + 72.6 = 1758.6$N/mm $= 1.7586$kN/mm

$v = 5 q_g l^4 / 384 E I_x = 5 \times 1.7586 \times 1200^4 / (384 \times 2.06 \times 10^5 \times 269700) = 0.85$mm < 1.5mm

挠度满足要求。

2.2-1 底模强度和挠度计算

【例 2-10】 一根钢筋混凝土现浇梁，截面 300mm×1400mm，梁长 $l = 12000$mm，梁底离地面高度 6.5m。梁底模及侧模均采用 12mm 后多层板（TC13），底部设 3 道 50mm×100mm 木方，木方下设 ϕ48 的钢管作小横楞，间距 600mm。侧模顺梁方向设 50mm×100mm 木方，间距 300mm，外侧设 ϕ48 钢管夹具，间距 600mm。梁中间设四道 ϕ14 的对拉螺栓。支撑立杆间距 600mm。试进行底模的强度和挠度验算。

解：

底模验算：以 1.0m 宽为验算单元，以底部木方作为支座的两跨简支梁。

1）荷载计算

恒载：

模板自重标准值 0.5kN/m^2，①＝$0.5 \times 10^3 \times 1.0 = 500$N/m。

新浇混凝土自重标准值 24kN/m^3，②＝$24 \times 10^3 \times 1.0 \times 1.4 = 33600$N/m。

钢筋自重标准值 1.5kN/m^3，③＝$1.5 \times 10^3 \times 1.0 \times 1.4 = 2100$N/m。

活载：2.0kN/m^2。

④＝2.0×10³×1.0＝2000N/m。

均布荷载设计值：

$q_1=0.9×[1.2×(500+33600+2100)+1.4×2000]=41616N/m$

$q_2=0.9×[1.35×(500+33600+2100)+1.4×0.7×2000]=45747N/m$

取较大值 $q=q_2=45747N/m$ 作为荷载设计值。

2）强度验算

$W_m=bh^2/6=1000×12^2/6=24000mm^3$

$M=0.125ql^2=0.125×45747×10^{-3}×150^2=128663.44N·mm$

$σ=M/W_m=128663.44/24000=5.36N/mm^2<f_m=13N/mm^2$

强度满足要求。

3）挠度验算

$q_g=500+33600+2100=36200N/m=36.20N/m$

$I_x=bh^3/12=1000×12^3/12=144000mm^4$

$v=0.521q_gl^4/100EI_x=0.521×36.20×150^4/(100×10000×144000)$
$=0.066mm<l/400=150/400=0.375mm$

挠度满足要求。

2.2.9 楞梁计算

支承楞梁计算时，次楞一般为两跨以上连续楞梁，可按附录查表计算，当跨度不等时，应按不等跨连续楞梁或悬臂楞梁设计；主楞可根据实际情况按连续梁、简支梁或悬臂梁设计；同时次、主楞梁均应进行最不利抗弯强度与挠度计算，并应符合下列规定：

（1）抗弯强度计算

1）次、主钢楞梁抗弯强度计算

$$σ=\frac{M_{max}}{W}≤f \tag{2-45}$$

式中：

M_{max}——最不利弯矩设计值。应从均布荷载产生的弯矩设计值 M_1、均布荷载与集中荷载产生的弯矩设计值 M_2 和悬臂端产生的弯矩设计值 M_3 三者中，选取结果较大者；

W——截面抵抗矩，按表 2-20 取用；

f——钢材抗弯强度设计值，按表 2-17 取用。

2）次、主木楞梁抗弯强度计算

$$σ=\frac{M_{max}}{W}≤f_m \tag{2-46}$$

式中：

W——截面抵抗矩，按表 2-20 取用；

f_m——木材抗弯强度设计值，按表 2-18 取用。

各种型钢钢楞和木楞力学性能表   表 2-20

	规格 (mm)	截面积 A (mm^2)	重量 (N/m)	截面惯性矩 I_x (cm^4)	截面最小 抵抗矩 W_x (cm^3)
钢管	$\phi 48 \times 3.0$	424	33.3	10.78	4.49
	$\phi 48 \times 3.5$	489	38.4	12.19	5.08
矩形	50×100	5000	30.0	416.67	83.33
木楞	100×100	10000	60.0	833.33	166.67

（2）挠度计算

1）简支楞梁应按公式（2-43）或公式（2-44）验算。

2）连续楞梁应按附录查表验算。

【例 2-11】 题意同【例 2-10】，试进行底模下木方的强度和挠度验算。

解： 支撑底模的为 50mm×100mm 的木方，按三跨连续梁计算。

（1）荷载计算

恒载：

模板自重标准值 0.5kN/m^2，① $=0.5 \times 10^3 \times 0.3 = 150$N/m。

新浇混凝土板自重标准值 24kN/m^3，② $=24 \times 10^3 \times 0.3 \times 1.4 = 10080$N/m。

钢筋自重标准值 1.5kN/m^3，③ $=1.5 \times 10^3 \times 0.3 \times 1.4 = 630$N/m。

活载：2.0kN/m^2。

④ $=2.0 \times 10^3 \times 0.3 = 600$N/m。

均布荷载设计值：

$q_1 = 0.9 \times [1.2 \times (500 + 10080 + 630) + 1.4 \times 600] = 12484.8$N/m

$q_2 = 0.9 \times [1.35 \times (500 + 10080 + 630) + 1.4 \times 0.7 \times 600] = 13724.1$N/m

取 $q = q_2 = 13724.1$N/m 作为荷载设计值。

（2）强度验算

$W_m = bh^2/6 = 50 \times 100^2/6 = 83333.33$mm^3

$M = 0.177ql^2 = 0.177 \times 13724.1 \times 10^{-3} \times 600^2 = 874499.65$N·mm

$\sigma = M/W_m = 874499.65/83333.33 = 10.49N/mm^2 < f_m = 13$N/mm^2

强度满足要求。

（3）挠度验算

$q_g = 150 + 10080 + 630 = 10860$N/m $= 10.86$kN/mm

$I_x = bh^3/12 = 50 \times 100^3/12 = 4166666.67$mm^3

$v = 0.677q_g l^4/100EI_x = 0.677 \times 10.86 \times 600^4/(100 \times 10000 \times 4166666.67)$

$\quad = 0.23$mm $< l/400 = 600/400 = 1.5$mm

挠度满足要求。

【例 2-12】 现有一钢筋混凝土独立梁，截面 350mm×1000mm，$l = 8000$mm，其模板布置如图 2-5 所示。梁侧面板、底板均采用厚 15mm 的 3 层竹胶合板制作，$f_{jm} = 35$ N/mm^2，梁侧模板背后用 400mm×600mm 的木方沿竖向按水平间距 300mm 设次楞，次楞背后用两根 50mm×80mm 木方作主楞，主楞背后用 $\phi 48 \times 3$mm，Q235 钢管作构造立杆进行辅助构造固定。梁底模下用 50mm×100mm 纵楞作支撑。梁按其高度分 300mm 一层，采用分层浇筑（$T=15°$，$\beta_1=1.2$，$\beta_2=1.15$，$V=2\text{m/h}$）。试进行梁的侧模、底模和底模下木方的强度和挠度验算。

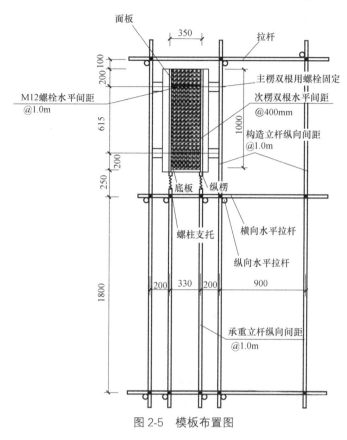

图 2-5　模板布置图

解:

（1）梁侧面板计算：由 40mm×60mm 木方@300 的次楞作为支撑点，按四跨连续板计算。跨度 $l=300\text{mm}$，则截面尺寸 $b=1000\text{mm}$，$h=15\text{mm}$。

1）荷载计算

$$F_1=0.22\gamma_c t_0 \beta_1 \beta_2 V^{1/2}=0.22=24\times\frac{200}{15+15}\times1.2\times1.15\times2^{1/2}=68.70\text{kN/m}^2$$

$$F_2=\gamma_c H=24\times1.0=24.0\text{kN/m}^2$$

因为 $F_1>F_2$，应以 $F_2=24.0\text{kN/m}^2$ 作为计算依据，但考虑经济与合理，并与可靠相结合，实际计算取梁顶下 2/3 高度处和梁底最大处两者的平均值作为实际的计算依据，则设计计算的采用值为：

$$\overline{F}=\frac{24.0+2/3\times1.0\times24}{2}=20.0\text{kN/m}^2$$

可变荷载标准值：振捣荷载 4kN/m^2。

荷载设计值最不利荷载组合为：

$$S_1=0.9\times(1.2\times20+1.4\times4)=0.9\times29.6=26.64\text{kN/m}^2$$

$S_2 = 0.9 \times (1.35 \times 20 + 1.4 \times 0.7 \times 4) = 0.9 \times 30.92 = 27.83 \text{kN/m}^2$

因为 $S_2 > S_1$，故应采用 $S_2 = 27.83 \text{kN/m}^2$ 作为设计依据。

则沿面板跨度方向线荷载为：

$q = 1.0 \times 27.83 = 27.83 \text{kN/m}$

$q_g = 1.0 \times 20.0 = 20.0 \text{kN/m}$

2）强度计算

$W = bh^2/6 = 1000 \times 15^2/6 = 37500 \text{mm}^3$

$M = 0.121ql^2 = 0.121 \times 27.83 \times 300^2 = 303068.7 \text{N} \cdot \text{mm}$

$\sigma = M/W = 303068.7/37500 = 8.08 \text{N/mm}^2 < f_{jm} = 35 \text{N/mm}^2$

强度满足要求。

3）挠度计算

$q_g = 1.0 \times 20 = 20.0 \text{kN/m}$

$I_x = bh^3/12 = 1000 \times 15^3/12 = 281250 \text{mm}^4$

$v = 0.632 q_g l^4/100EI_x = 0.632 \times 20.0 \times 300^4/(100 \times 10584 \times 281250)$
　$= 0.344 \text{mm} < l/400 = 300/400 = 0.75 \text{mm}$

挠度满足要求。

（2）梁底模板计算

取 1.0m 宽为计算单元，计算跨度取 $l = 330 \text{mm}$。

1）荷载计算

恒载：

模板自重标准值 0.5kN/m^2，①$= 0.5 \times 10^3 \times 1.0 = 500 \text{N/m}$。

新浇混凝土板自重标准值 24kN/m^3，②$= 24 \times 10^3 \times 1.0 \times 1.0 = 24000 \text{N/m}$。

钢筋自重标准值 1.5kN/m^3，③$= 1.5 \times 10^3 \times 1.0 \times 1.0 = 1500 \text{N/m}$。

活载：2.0kN/m^2。

④$= 2.0 \times 10^3 \times 1.0 = 2000 \text{N/m}$。

均布荷载设计值：

$q_1 = 0.9 \times [1.2 \times (500 + 24000 + 1500) + 1.4 \times 2000] = 30600 \text{N/m}$

$q_g = 0.9 \times [1.35 \times (500 + 24000 + 1500) + 1.4 \times 0.7 \times 2000] = 39672 \text{N/m}$

取较大值 $q_2 = q = 39672 \text{N/m} = 39.67 \text{N/mm}$ 作为荷载设计值。

2）强度验算

$W = bh^2/6 = 1000 \times 15^2/6 = 37500 \text{mm}^3$

$M = ql^2/8 = 39.67 \times 330^2/8 = 540007.88 \text{N} \cdot \text{mm}$

$\sigma = M/W = 540007.88/37500 = 14.40 \text{N/mm}^2 < f_{jm} = 35 \text{N/mm}^2$

强度满足要求。

3）挠度验算

$q_g = 500 + 24000 + 1500 = 26000 \text{N/m} = 26.0 \text{N/mm}$

$I_x = bh^3/12 = 1000 \times 15^3/12 = 281250 \text{mm}^4$

$v = 5q_g l^4/384EI_x = 5 \times 26.0 \times 330^4/(384 \times 10584 \times 281250)$

$=1.35\mathrm{mm} > l/400 = 330/400 = 0.825\mathrm{mm}$

挠度不满足要求。

【知识链接】 挠度不满足要求时，可以采取什么措施？

（3）梁底模板下纵楞计算

梁底模板下纵楞采用东北松 $50\mathrm{mm} \times 100\mathrm{mm}$ 木方（TC17，$f_\mathrm{m} = 17\mathrm{N/mm}^2$），承重立杆的纵向间距为 1.0m，计算简图见图 2-6。

解：

1）荷载计算

恒载：

模板自重标准值 $0.5\mathrm{kN/m}^2$，① $=$ $0.5\mathrm{kN/m}^2 = 500\mathrm{N/m}^2$。

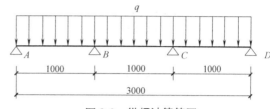

图 2-6　纵楞计算简图

新浇混凝土板自重标准值 $24\mathrm{kN/m}^3$，② $= 24 \times 10^3 \times 0.9 = 21600\mathrm{N/m}^2$。

钢筋自重标准值 $1.5\mathrm{kN/m}^3$，③ $= 1.5 \times 10^3 \times 0.9 = 1350\mathrm{N/m}^2$。

活载：$2.0\mathrm{kN/m}^2$。

④ $= 2.0\mathrm{kN/m}^2 = 2000\mathrm{N/m}^2$。

均布荷载设计值：

$q_1 = 0.9 \times [1.2 \times (500 + 24000 + 1500) + 1.4 \times 2000] = 30600\mathrm{N/m}^2$

$q_2 = 0.9 \times [1.35 \times (500 + 24000 + 1500) + 1.4 \times 0.7 \times 2000] = 39672\mathrm{N/m}^2$

取较大值 $q_2 = 39.67\mathrm{kN/m}^2$ 作为荷载设计值。

2）强度验算

$q = q_2 \times 0.33/2 = 39.67 \times 0.33/2 = 6.55\mathrm{kN/m} = 6.55\mathrm{N/mm}$

$W = bh^2/6 = 50 \times 100^2/6 = 83333.33\mathrm{mm}^3$

按三跨均布线荷载考虑，则：

$M = 0.1ql^2 = 0.1 \times 6.55 \times 1000^2 = 655000\mathrm{N \cdot mm}$

$\sigma = M/W = 655000/83333.33 = 7.86\mathrm{N/mm}^2 < f_\mathrm{m} = 17\mathrm{N/mm}^2$

强度符合要求。

3）挠度验算

$q_\mathrm{g} = (500 + 24000 + 1500) \times 0.33/2 = 4290\mathrm{N/m} = 4.29\mathrm{N/mm}$

$I_\mathrm{x} = bh^3/12 = 50 \times 100^3/12 = 4166666.67\mathrm{mm}^4$

$v = 0.677 q_\mathrm{g} l^4/100EI_\mathrm{x} = 0.677 \times 4.29 \times 1000^4/(100 \times 10000 \times 4166666.67)$

　　$= 0.70\mathrm{mm} < l/400 = 1000/400 = 2.5\mathrm{mm}$

挠度满足要求。

2.2.10　对拉螺栓计算

对拉螺栓应确保内、外侧模能满足设计要求的强度、刚度和整体性。

$$N = abF_\mathrm{s} \tag{2-47}$$

$$N_\mathrm{t}^\mathrm{b} = A_\mathrm{n} f_\mathrm{t}^\mathrm{b} \tag{2-48}$$

$$N_t^b > N \tag{2-49}$$

式中：

N——对拉螺栓最大轴力设计值；

N_t^b——对拉螺栓轴向拉力设计值，按表 2-21 取用；

a——对拉螺栓横向间距；

b——对拉螺栓竖向间距；

F_s——新浇混凝土作用于模板上的侧压力、振捣混凝土对垂直模板产生的水平荷载或倾倒混凝土时作用于模板上的侧压力作用值。$F_s = 0.95(\gamma_G F + \gamma_Q Q_{3k})$ 或 $F_s = 0.95(\gamma_G G_{4k} + \gamma_Q Q_{3k})$。其中 0.95 为荷载值折减系数；

A_n——对拉螺栓净截面面积，按表 2-21 取用；

f_t^b——螺栓的抗拉强度设计值，按表 2-22 取用。

对拉螺栓轴向拉力设计值 N_b^t （kN）   表 2-21

螺栓直径 (mm)	螺栓内径 (mm)	净截面面积 (mm²)	重量 (N/m)	轴向拉力设计值 N_b^t(kN)
M12	9.85	76	8.9	12.9
M14	11.55	105	12.1	17.8
M16	13.55	144	15.8	24.5
M18	14.93	174	20.0	29.6
M20	16.93	225	24.6	38.2
M22	18.93	282	29.6	47.9

螺栓连接的强度设计值 f_b^t （N/mm²）   表 2-22

螺栓性能等级		普通螺栓	
		C 级螺栓	A 级、B 级螺栓
普通螺栓	4.6 级	170	—
	4.8 级	170	—
	5.6 级	—	210
	8.8 级	—	400

【例 2-13】 已知混凝土对模板的侧压力设计值为 $F = 40\text{kN/m}^2$，对拉螺栓纵向和横向间距均为 0.8m，选用 C 级 M16 穿墙螺栓，试验算穿墙螺栓强度是否满足要求。

解： $N_t^b = 24.5\text{kN}$，$F_s = F = 40\text{kN/m}^2$

$N = 0.95abF_s = 0.95 \times 0.8 \times 0.8 \times 40 = 24.32\text{kN}$

$N_t^b > N$，穿墙螺栓强度满足要求。

2.2.11 柱箍计算

柱箍用于直接支承和夹紧柱模板，应用扁钢、角钢、槽钢和木楞制成，其受力状态为拉弯杆件。

（1）柱箍间距（l_1）应按下列各式的计算结果取其小值。

1）柱模为钢面板时的柱箍间距计算

$$l_1 \leqslant 3.276 \sqrt[4]{\frac{EI}{Fb}} \tag{2-50}$$

式中：

l_1——柱箍纵向间距（mm）；

E——钢材弹性模量（N/mm²）；

I——柱模板一块板的惯性矩（mm⁴）；

F——新浇混凝土作用于柱模板的侧压力设计值（N/mm²）；

b——柱模板一块板的宽度（mm）。

2）柱模为木面板时的柱箍间距

$$l_1 \leqslant 0.783 \sqrt[3]{\frac{EI}{Fb}} \tag{2-51}$$

式中：

E——柱木面板弹性模量（N/mm²）；

I——柱木面板的惯性矩（mm⁴）；

b——柱木面板一块的宽度（mm）。

3）柱箍间距还应按下式计算

$$l_1 \leqslant \sqrt{\frac{8Wf(\text{或} f_m)}{F_s b}} \tag{2-52}$$

式中：

W——钢或木面板的抵抗矩；

f——钢材抗弯强度设计值；

f_m——木材抗弯强度设计值。

（2）柱箍强度计算

当计算结果不满足要求时，应减小柱箍间距或加大柱箍截面尺寸。

$$\frac{N}{A_n} + \frac{M_x}{W_{nx}} \leqslant f \text{ 或 } f_m \tag{2-53}$$

$$N = \frac{ql_3}{2} \tag{2-54}$$

$$q = F_s l_1 \tag{2-55}$$

$$M_x = \frac{ql_2^2}{8} = \frac{F_s l_1 l_2^2}{8} \tag{2-56}$$

式中：

N——柱箍轴向拉力设计值；

q——沿柱箍跨向垂直荷载设计值；

A_n——柱箍净截面面积；

M_x——柱箍承受的弯矩设计值；

W_{nx}——柱箍截面的抵抗矩；

l_1——柱箍的间距；

l_2——长边柱箍的计算跨度；

l_3——短边柱箍的计算跨度。

（3）柱箍挠度计算

按公式（2-42）验算。

【例 2-14】 框架柱截面为 $a \times b = 600\text{mm} \times 800\text{mm}$，柱高 $H = 3.2\text{m}$，混凝土坍落度为 150mm，混凝土浇筑速度为 3m/h，倾倒混凝土时产生的水平荷载标准值为 2.0kN/m^2，采用组合钢模板，并选用 $80\text{mm} \times 43\text{mm} \times 5\text{mm}$ 槽钢作柱箍，试验算其强度和挠度。

解：

（1）求柱箍间距 l_1

采用的组合钢模板宽 $b = 300\text{mm}$；$E = 2.06 \times 10^5 \text{N/mm}^2$；2.5mm 厚的钢面板，$I_x = 269700\text{mm}^4$。

$$F = 0.22\gamma_c t_0 \beta_1 \beta_2 V^{1/2} = 0.22 \times 24 \times \frac{200}{15+15} \times 1 \times 1.15 \times 2^{1/2} = 57.24\text{kN/m}^2$$

$$F = \gamma_c H = 24 \times 3.2 = 76.8\text{kN/m}^2$$

取较小值 $F = 57.24\text{kN/m}^2$，则设计值为：

$$F_s = 0.9 \times (1.2 \times 57.24 + 1.4 \times 2) = 64.34\text{kN/m}^2$$

$$l_1 \leqslant 3.276\sqrt[4]{\frac{EI_x}{Fb}} = 3.276\sqrt[4]{\frac{2.06 \times 10^5 \times 269700}{57240 \times 300/1000000}} = 781.31\text{mm}$$

300mm 宽的组合钢模板 $W = 5940\text{mm}^3$；$f = 215\text{N/mm}^2$；$F_s = 64.34\text{kN/m}^2$，$b = 300\text{mm}$，故根据柱箍所选钢材规格求 l_1 值如下：

$$l_1 \leqslant \sqrt{\frac{8Wf}{F_s b}} = \sqrt{\frac{8 \times 5940 \times 215}{0.06434 \times 300}} = 727.54\text{mm}$$

比较两个计算结果，应为 $l_1 \leqslant 727.54\text{mm}$，故柱箍间距采用 $l_1 = 700\text{mm}$。

（2）强度验算

$l_2 = b + 100 = 800 + 100 = 900\text{mm}$；$l_3 = a = 600\text{mm}$；$l_1 = 700\text{mm}$；因采用型钢，其荷载设计值应乘以 0.95 的折减系数。

$$q = F_s l_1 = 64340 \times 0.7 = 45038\text{N/m} = 45.038\text{N/mm}$$

柱箍轴向拉力设计值为：

$$N = \frac{ql_3}{2} = \frac{45.038 \times 600}{2} = 13511.4\text{N}$$

$$M_x = \frac{ql_2^2}{8} = \frac{45.038 \times 900^2}{8} = 4560097.5\text{N·mm}$$

代入公式：

$$\frac{N}{A_n} + \frac{M_x}{W_{nx}} = \frac{13511.4}{1024} + \frac{4560097.5}{25300} = 193.44\text{N/mm}^2 < f = 215\text{N/mm}^2$$

强度满足要求。

（3）挠度验算

$$q_g = Fl_1 = 57.24 \times 0.6 = 34.34\text{kN/m} = 34.34\text{N/mm}$$

$$v = \frac{5q_g l_2^4}{384EI_x} = \frac{5 \times 34.34 \times 900^4}{384 \times 2.06 \times 10^5 \times 1013000} = 1.41\text{mm} < [v] = \frac{900}{400} = 1.8\text{mm}$$

挠度满足要求。

2.2.12　立柱计算

木、钢立柱应承受模板结构的垂直荷载。

（1）木立柱计算

1）强度计算

$$\sigma=\frac{N}{A_n}\leqslant f_c \tag{2-57}$$

2）稳定性计算

$$\frac{N}{\varphi A_0}\leqslant f_c \tag{2-58}$$

式中：

N——轴心压力设计值；

A_n——木立柱受压杆件的净截面面积（mm^2）；

f_c——木材顺纹抗压强度设计值（N/mm^2），按表 2-18 取用；

A_0——木立柱跨中毛截面面积（mm^2），当无缺口时，$A_0=A$；

φ——轴心受压杆件稳定系数，按下列各式计算：

当树种强度等级为 TC17、TC15 及 TB20 时：

$\lambda\leqslant75$
$$\varphi=\frac{1}{1+\left(\dfrac{\lambda}{80}\right)^2} \tag{2-59}$$

$\lambda>75$
$$\varphi=\frac{3000}{\lambda^2} \tag{2-60}$$

当树种强度等级为 TC13、TC11、TB17 及 TB15 时：

$\lambda\leqslant91$
$$\varphi=\frac{1}{1+\left(\dfrac{\lambda}{65}\right)^2} \tag{2-61}$$

$\lambda>91$
$$\varphi=\frac{2800}{\lambda^2} \tag{2-62}$$

$$\lambda=\frac{L_0}{i} \tag{2-63}$$

$$i=\sqrt{\frac{I}{A}} \tag{2-64}$$

式中：

λ——长细比；

L_0——木立柱受压杆件的计算长度，按两端铰接计算 $L_0=L$（mm），L 为单根木立柱的实际长度；

i——木立柱受压杆件的回转半径（mm）；

I——受压杆件毛截面惯性矩（mm^4）；

A——杆件毛截面面积（mm^2）。

（2）扣件式钢管立柱计算

1）用对接扣件连接的钢管立柱应按单杆轴心受压构件计算

$$\frac{N}{\varphi A} \leqslant f \qquad (2\text{-}65)$$

式中：

N——轴心压力设计值；

φ——轴心受压稳定系数；

A——轴心受压杆件毛截面面积；

f——钢材抗压强度设计值。

2）室外露天支模组合风荷载时的立柱计算

$$\frac{N_w}{\varphi A} + \frac{M_w}{W} \leqslant f \qquad (2\text{-}66)$$

$$N_w = 0.9 \times (1.2 \sum_{i=1}^{n} N_{Gik} + 0.9 \times 1.4 \sum_{i=1}^{n} N_{Qik}) \qquad (2\text{-}67)$$

$$M_w = \frac{0.9^2 \times 1.4 w_k l_a h^2}{10} \qquad (2\text{-}68)$$

式中：

$\sum_{i=1}^{n} N_{Gik}$——各恒载标准值对立杆产生的轴向力之和；

$\sum_{i=1}^{n} N_{Qik}$——各活荷载标准值对立杆产生的轴向力之和，另加 $\frac{M_w}{l_b}$ 的值；

w_k——风荷载标准值；

h——纵横水平拉杆的计算步距；

l_a——立柱迎风面的间距；

l_b——与迎风面垂直方向的立杆间距。

2.2.13 立柱底地基承载力计算

$$p = \frac{N}{A} \leqslant m_f f_{ak} \qquad (2\text{-}69)$$

式中：

p——立柱底垫木的底面平均压力；

N——上部立柱传至垫木顶面的轴向力设计值；

A——垫木底面面积；

f_{ak}——地基土承载力设计值，按现行国家标准《建筑地基基础设计规范》的规定或工程地质报告提供的数据采用；

m_f——立柱垫木地基土承载力折减系数，按表 2-23 采用。

地基土类别	折减系数	
	支承在原土上时	支承在回填土上时
碎石土、砂土、多年填积土	0.8	0.4
粉土、黏土	0.9	0.5
岩石、混凝土	1.0	—

地基土承载力折减系数（m_f）　　表 2-23

注：①立柱基础应有良好的排水措施，支安垫木前应适当洒水将原土表面夯实夯平；
②回填土应分层夯实，其各类回填土的干重度应达到所要求的密实度。

2.3 BIM 模板和脚手架工程安全设计软件应用

品茗 BIM 模板和脚手架工程安全设计软件是一款基于 BIM 技术研发，主要解决建筑工程模板、脚手架的安全专项施工方案设计、材料统计、施工放样等专项施工的设计软件。一般用于建筑工程施工安全技术的分析和管理，涵盖编制、审核、论证等技术管理环节。

2.3.1 工作流程

安全设计软件工作流程如图 2-7 所示。

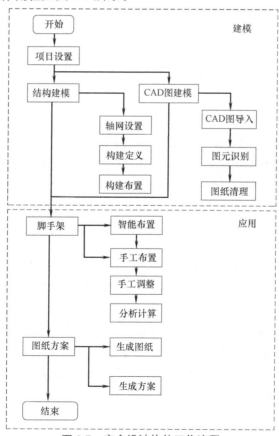

图 2-7　安全设计软件工作流程

2.3.2   BIM 模型建立

1. CAD 识别建模——转化轴网

将设计院提供的原图轴网通过智能分析程序转化成计算机"认识"的轴网,从而为后续的翻模工作建立控制轴线。若设计原图轴符层和轴线层整合成"块",需先执行"分解"命令。

2. CAD 识别建模——转化柱

通过识别"标注层"和"边线层",从而辨识"柱"的截面尺寸、位置等,"柱高"随"层高",这样"柱"在模型中就具有了齐全要素。"标注层"包括尺寸标注、柱编号,"边线层"包括柱编号、柱边线、柱填充块。

3. CAD 识别建模——转化梁

其原理和操作方法,同"转化柱"。利用"平法标注"的规则,从而实现对原图纸中梁的信息读取和转化,从而得到梁的位置、截面尺寸、标高等信息。先通过"带基点复制"将要复制的楼层梁复制到软件中,再执行"转化梁"功能。

4. CAD 识别建模——转化墙

其原理和操作方法同"转化柱",因"墙"一般非"闭合",需要预设墙厚度。

5. CAD 识别建模——转化板

其原理和操作方法同"转化板",但因"板"一般在 CAD 图纸里面不做特别标注,一般建模过程建议参考"手工建模——板布置",生成板。

6. CAD 识别建模——清除 CAD 图形

设计原图经上述步骤一一转化后,有用的信息已提取完成,为了删除多余信息,达到图纸清洁,设置了本功能。一般每转化一层即清理一层。

2.3.3   BIM 模板工程安全设计软件的应用

品茗 BIM 模板工程安全设计软件是采用 BIM 技术理念设计开发的针对建筑工程现浇结构的模板支架设计软件,主要包括模板支架设计、施工图设计、安全专项方案编制、材料统计功能。设计宗旨是通过 AutoCAD 结构图识别建模或用户结构建模,建立结构模型即能获得所求结果。整体流程如图 2-7 所示。

在模板支架布置完成之后,采用配模功能可以对模板模型进行下料分析,并生成配模三维图、模板配置图和模板配置表。

本软件中主要讲的是建筑工程中的木模板工程。木模板工程根据不同的支撑做法,分为扣件式钢管支架、承插型盘扣式钢管支架、碗扣式钢管支架等。

1. 运行环境

品茗模板工程设计软件是基于 AutoCAD 平台开发的 3D 可视化模板支架设计软件。因此,安装本软件前,务必确保计算机已经安装 AutoCAD。为达到最佳显示效果,建议安装 AutoCAD 2008 32bit、2012 32/64bit、2014 32/64bit。目前对 PC 机的硬件环境无特殊性能要求,建议 2G 以上内存,并配有独立显卡。

2. 模板设计

(1) 工程设置

1）工程信息——完善本页的信息相当于填写了工程基本概况，在输出的成果中，体现在专项方案的封面、工程概况、技术交底等文档中。

2）工程特征——因工程所在地不同，适用的标准、施工方法、周边环境等均有所差异，本页中的参数及选项即为了满足模板工程差异化的需要设置的。其中"构造要求"中的"设置值"在尚未全面熟悉本软件的情况下，建议不要做调整，保持默认状态。

3）材料参数——本页主要用于智能优化和统计模板支架钢管材料量之用。本页材料参数当前软件尚未放开。

4）楼层管理——依据结构施工图将工程楼体的楼层、标高、层高及梁板、柱墙混凝土强度信息汇总，软件会根据相应信息自动进行高度方向拼装。

具体做法为根据结构施工图里楼层信息，在楼层管理里输入相应数值，并对楼层性质和混凝土强度进行定义。这里的楼地面标高是指建筑的相对标高，除最低一层的楼地面标高要输入外，其余各层只需输入层高就可自动获得。

5）安全参数——按构件类型分为墙、梁、板、柱四类，柱按截面形状分为矩形、圆形和异形，各种构件对应于不同的模板及支架施工方法和要求，形成了一系列差异化参数，这些参数按搭设方法、搭设尺寸、材料规格、构造要求等进行分类归集。软件已设置了一组默认参数，具有一定的通用性和代表性，但因工程、地域等差异，不可一概而论，因此开放出来，可按工程实际进行调整、修改。建议在熟悉软件功能和操作之后再进行此处的修改。

6）高支模辨识规则——高大模板工程安全专项施工方案须组织专家进行论证，因此，在模型中通过高亮将高大模板工程显示出来，直观明了，但限于各地域对荷载组成、大小和组合的不同规定和要求，此处开放相关参数，以供适宜性调整。

（2）模板支架布置

1）施工区段划分——当现浇混凝土结构一次浇筑面积较大时，因工艺或施工部署要求，一般会划分为数个区域分段进行施工，如图2-8所示。软件提供了两种绘制施工区段

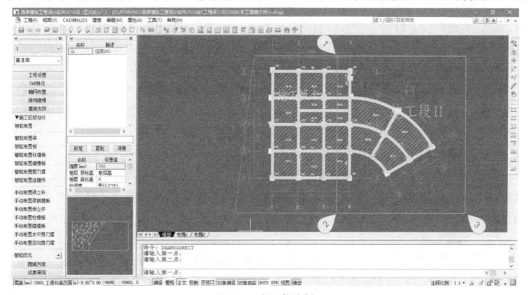

图2-8　分区段绘制

划分的方法：自由绘制和矩形绘制。

2）智能布置——通过获取模型中有关墙、梁、板、柱的几何信息，在给定的材料属性和荷载属性下，结合施工工艺和规范标准的相关要求，运用力学分析，智能地给出相对经济、安全、合适的做法，并以施工图纸的形式予以表现。智能布置一次可将除剪刀撑、连墙件之外的所有材料、杆件等布置完成，如图 2-9 所示。

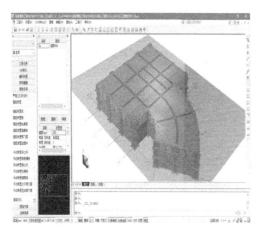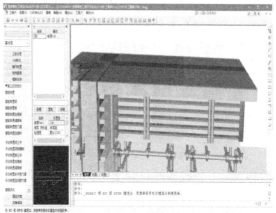

图 2-9　智能布置模板支架

3）智能布置剪刀撑——剪刀撑作为支架的重要构造措施，不可缺失，剪刀撑布置时需满足间距、跨度、角度、搭接等要求，但其结果并不唯一，软件布置时按给定的条件，输出一个相对合理的结果。

4）智能布置连墙件——当支架高宽比超过相关规范规定时，一般通过连墙件、缆风绳、扩大支架底部宽度等方式保障支架侧向稳定。

5）手工布置模板支架——相对于智能布置，手动布置更适合技术高深、经验丰富的技术人员使用。手动布置功能影响用户输入模板支架布置参数，进行模板支架的快速布置，能够实现符合个性设计需求，贴切现场的设计成果。在完成手工布置之后，还可以通过软件智能布置或手动优化布置位置，安全复核架体安全性。

6）智能优化——当手动布置立杆、梁侧支撑等时，可能存在着个别构件孤立设置的情况，未能和其他构件形成稳固的整体，本功能在兼顾手动布置结果的前提下，参照相关规范要求，优化立杆或侧面支撑的布置，做到安全可靠并符合构造要求，如立杆纵横向拉通等。

7）安全复核——复核手动布置支架结果的安全性。

8）水平杆加密——当局部架体需要加密时，一般通过立杆或者水平杆加密，水平杆加密相当于步距加密，如支架立杆选用工具式钢管支架时，往往通过水平杆加密进行局部加强设计。

（3）图纸方案

以下所列内容均为软件成果生成和输出功能，包括了施工方案、计算书、施工图纸等安全管理的相关文档、视频和图片等。

1）生成平面图——按对象提供了"模板搭设参数图""立杆平面图""墙柱模板平面

图"三种成果。其中"模板搭设参数图",运用类似"平法标注"的方式,简要列具了各构件搭设的关键参数;"立杆平面图"按实际绘图习惯生成立杆平面位置的关系图;"墙柱模板平面图"采用二维图纸可方便地将模型中的墙柱模板的做法予以说明,三者皆利用了信息模型的"可出图性",以与当前施工管理的做法相结合。

2)绘制剖切线——作为一个实体模型,按理任意位置剖切均可生成剖切图,但考虑到位置和尺寸的对应性,建议按常规位置和方法选择剖切,如剖切线平行或垂直某构件,或剖切出位置比较规则等。

3)生成剖面图——按剖切的位置、深度、高度、方向等要素,生成合适的剖面图。当有多条剖切线时,按需选择单条剖切线,重复操作。

4)模板大样图——包括标注尺寸、材料材质和规格、搭设尺寸等要素的节点大样图,用以指导生产。因梁的跨数可能会比较多,为避免生成多张重复的图纸,可将梁在某跨打断,再选择本跨梁作为需出图的对象。

5)生成计算书——计算书是施工方案的重要组成部分,包括荷载、材料、搭设尺寸、计算规则、验算内容(内力、强度、挠度等)、判断等内容。本软件基于现行规范标准、运用电算化程序智能生成相应的计算书。为便于阅读和避免冗长,计算书采用了简洁的表格形式。

6)生成方案书——按相关文件和规范关于内容和格式的要求,软件依据模版智能生成相适应的方案书,当计算书未作选择时,默认使用最大截面尺寸的梁、最厚的板等原则出对应的计算书。

7)高支模辨识——运用高支模辨识规则,通过模型检索,搜罗符合条件的构件,并采用亮色予以高显,以突出高支模所在的区域和构件所在的位置。当汇总表为空时,即表示本楼或本层无高支模,但列表中有构件时,可通过双击所在表中的行进行追溯定位。注意事项:追溯定位须在平面状态下方可进行,三维状态下是不可以的。

8)导出高支模辨识计算书——当需要导出具有计算规则和判断的计算书时,可运用本功能。

9)材料统计反查报表——通过生成一份材料报表用以跟踪实际生产过程中的材料管控,可从某片区或是某段梁处入手,以比较设计和施工在材料量上的关系。

10)模板支架搭设汇总表——将各个区块的墙、梁、板、柱等的做法通过表格进行汇总。

(4)成果审阅

以下的各项功能适用于成果审查单位、部门人员使用。编制人通过本软件文件格式作为附件时,审查人员可直接用软件打开该成果,在模型中直接校验相关成果的准确性、完整性、合理性等,如一般做法是编制人提交 word 或纸质文档给审查人,其中提及的典型梁对应的位置、计算书和构件的对应性等是难以说明和表述的,但在模型中是直观的,且不能够篡改的,在实际工作中具有一定的作用和价值。

1)高支模区域汇总表——当编制人在操作软件时进行过高支模的辨识,那么软件的文件中将包含本段信息,审核人通过调取即可重现本工程中有关高支模的相关信息,相较于常规的做法(电子图纸等),具有直观、方便、全面等优势。

2）危险性分析计算书——调取编制者导出的危险性分析计算书，值得注意的是该计算书需是导出过的，如果没有，那么该文件中将不夹带这部分的信息。

3）其他——图纸、计算书、方案等内容。注意事项：编制阶段的成果必须导出，否则审阅时将无内容可审。

2.3.4　BIM 脚手架工程安全设计软件的应用

脚手架工程是施工现场常见的危险源和事故多发部位，是日常安全管理的重要内容，是施工现场文明标准化落实和呈现的重要载体，横跨基础、主体和装饰装修三个施工阶段，所占措施费比重约 10%～15%，因此加强脚手架管理是很有必要的，应用 BIM 技术对其进行精细化管理，是一个可以产生效益的作用点。

BIM 脚手架工程安全设计软件是一款可以通过 BIM 技术应用解决建筑外脚手架工程设计的软件。该软件通过对拟建工程信息、特征、材料、楼层、标高、参数的手动输入，或通过已有工程结构 CAD 图导入，自动识别建筑物外轮廓线，对整栋建筑进行分析，软件内置智能计算核心、智能布置核心、对工程进行智能分段、智能计算、智能排布完成结构转化，分析布置出符合现行规范要求的最优脚手架设计，生成既满足安全计算又满足施工现场所需的脚手架安全专项施工方案、施工图等技术文件以及现场所需各类材料的统计报表。

BIM 脚手架工程软件创新研发"三线"布置脚手架技术，实现一键生成落地式脚手架、悬挑脚手架、悬挑架"工"字钢，并且可生成脚手架成本估算、脚手架方案论证、方案编制等，是岗位级落地的脚手架工程安全设计软件。

1. 运行环境

品茗脚手架工程设计软件是基于 AutoCAD 平台开发的 3D 可视化脚手架设计软件。安装本软件之前，务必确保计算机已经安装 AutoCAD。为达到最佳显示效果建议安装 AutoCAD 2008 32bit、AutoCAD 2012 32/64bit、AutoCAD 2014 32/64bit，目前对 PC 机的硬件环境无特殊性能要求，建议 2G 以上内存，并配有独立显卡。

2. 脚手架设计

（1）智能布置脚手架

1）识别建筑外轮廓线——当有若干层建筑外轮廓线变化时，如凸出或缩进，相对于下一层，势必影响脚手架的位置部署，以避免出现脚手架穿楼板、阳台板或脚手架离建筑物过远等情况的发生。因此将建筑物外轮廓线识别出来，是基础性的前提工作，此处的建筑外轮廓线相当于一个立体的最大建筑物包围线，从而保证脚手架与建筑物不发生空间上的"贯穿"现象。

绘制建筑外轮廓线。如果建筑物的轮廓线比较简单，上下平面轮廓线一致，那么可应用本功能，不然则在"识别建筑物外轮廓线"的基础上，运用"增加夹点"或"删除夹点"调整外轮廓线较为方便。

2）粗略设置脚手架分段高度——此功能是告知计算机，脚手架沿建筑物高度方向分成的段数，以及每个分段高度。可利用增加分段和删除分段来设置分段数量和相应分段高度。

3）编辑脚手架轮廓线——当脚手架轮廓线需要局部调整时使用本功能，通过增加或删除夹点来实现。注意事项：增加夹点后，单击右键，再左键选中脚手架轮廓线，拖拽新增的夹点到合适位置；当删除脚手架轮廓线或重新"粗略设置脚手架分段高度"时，原脚手架轮廓线发生改变，若需调整，要重新设置。

4) 编辑脚手架分段线——脚手架分段线是指水平方向上的分割区域，此区域内脚手架的搭设和布置方式是一致的，当按智能布置时，可能会出现局部区域不合适的现象，尤其是建筑物转角处，如转角处出现了楼梯。脚手架分段线编辑方式有"合并"和"分割"两种。"类型设置"里有"多排脚手架""多排脚手架搁置布置""多排脚手架阳角布置""多排悬挑主梁""搁置主梁""型钢悬挑主梁（阳角 B)"等，前三种为落地式脚手架，后三种为悬挑式脚手架，当某段（平面）脚手架，如落地和悬挑混合布置时，可应用本功能进行调整。

5) 智能布置脚手架——在确定脚手架竖向分段和脚手架平面轮廓位置之后，运用本功能进行智能布置。根据布置的区域可分为"区域布置""本分段布置"和"整栋布置"，"区域布置"和"本分段布置"均指在本分段高度范围内的脚手架布置，"整栋布置"顾名思义是对建筑全高度范围内的脚手架布置。

6) 智能布置剪刀撑——剪刀撑是脚手架的必要构造措施，剪刀撑的布置有连续式和间隔式，根据设计的需要调整剪刀撑的宽度和最小值。

7) 智能布置连墙件——连墙件是脚手架的必要构造措施，"连墙件向外延伸（跨）"指的是连墙件拉结架体的排数，0 表示仅连接内立杆，1 表示从内立杆开始向外立杆计数的第一排立杆，如脚手架是双排脚手架，即指外立杆。

8) 智能布置围护杆件——此处的围护杆件指包括脚手板、安全网和防护栏杆在内的脚手架附属构件，是安全文明标准化和安全防护措施中的必要构造措施。

9) 手动布置脚手架——当智能布置的结果不符合设计意图时，可通过手动布置功能来进行局部调整，此功能在调整阳角布置时较方便，在布置时，软件自动验算出不超过手动布置的参数值的较合理值（一般按最大值）。

10) 安全复核——选择安全复核的区域，在既定条件的前提下，软件自动复核各分段线下的脚手架布置结果的安全性。

11) 标注查询——选择需要查询的分段线即完成标注查询。

(2) 图纸方案输出

1) 生成平面图——在专项方案设计、安全技术交底和安全检查、验收等环节中，均需要脚手架各类构件的图纸，其中平面图，软件包含了"架体平面图""连墙件平面图""悬挑主梁平面图"，可按需生成需要的平面图。

2) 生成剖面图——平、立、剖面的图形表达依然是当前书面资料的主要表达方式，剖面图宜选择在相对规矩、具有代表性的部位。

3) 大样图——大样图中包含了平面、剖面中立杆、水平杆等构件的表达要素，涉及材质、规格、间距等参数。

4) 立面图——一般建筑物包括四个方向的立面，脚手架对应生成，用以表达在各个立面中架体的布置和变化等。

5) 生成计算书——选择一个或多个分段线可生成对应的计算书，计算书格式和内容，符合国内相关规范、标准的验算要求。和图纸生成一样，宜选择具有代表性的部位。

6）生成方案书——选择方案书的相应样式和脚手架的区域，可智能生成相应的方案书。方案书的格式和内容符合现行相关规范、标准和文件的技术要求。

7）危险源辨识——现阶段的功能主要就脚手架搭设的分段高度，进行判定是否属于超出一定规模的分部分项工程，是否需要进行专家论证。

8）材料统计——不同于粗略的材料匡算，本软件中的材料均为矢量构件，应用计算机统计功能可方便地统计出各类规格杆件的数量。在专项方案编制、技术交底和验收中，脚手架搭设汇总表汇集了各分段线对应脚手架的做法，可方便地进行表格化的管理。

单 元 总 结

本单元主要讲了三个方面的内容：脚手架工程安全设计计算、模板工程安全设计计算、BIM模板和脚手架工程安全设计软件应用，其中涉及建筑力学方面的基础知识。

通过本单元的学习，要求学生掌握常见的落地式双排脚手架和型钢悬挑脚手架的安全设计计算，熟悉模板工程的计算内容、计算过程，掌握安全设计计算软件的使用，并为以后编制专项安全施工方案做好知识储备。

习　题

教学单元2
习题答案

一、单选题

1. 计算纵向水平杆的强度时，不应考虑的荷载是（　　）。
A. 杆件自重
B. 施工荷载
C. 风荷载
D. 脚手板自重

2. 进行杆件强度计算时，恒荷载分项系数为（　　）。
A. 1.2　　　　　B. 1.0　　　　　C. 1.5　　　　　D. 1.4

3. 进行杆件稳定性计算时，活荷载分项系数为（　　）。
A. 1.2　　　　　B. 1.0　　　　　C. 1.5　　　　　D. 1.4

4. 进行纵向水平杆和横向水平杆的挠度计算时，应采用荷载（　　）。
A. 标准值　　　B. 设计值　　　C. 容许值　　　D. 最大值

5. 采用木脚手板时，脚手架荷载传递方式是（　　）。
A. 木脚手板—大横杆—小横杆—立杆—基础
B. 木脚手板—小横杆—大横杆—立杆—基础
C. 小横杆—大横杆—木脚手板—立杆—基础
D. 大横杆—小横杆—木脚手板—立杆—基础

6. 型钢悬挑梁外端设置的与建筑物拉结的钢丝绳，其直径不宜小于（　　）。
A. 25mm　　　B. 20mm　　　C. 18mm　　　D. 28mm

7. 进行模板安全设计计算时,计算新浇普通混凝土的自重,可采用(   ) kN/m^3。

A. 18   B. 24   C. 15   D. 21

8. 进行模板安全设计计算时,楼板钢筋混凝土的钢筋自重标准值和梁的自重标准值可分别采用(   ) kN/m^3。

A. 1.35,0.9   B. 1.2,1.4   C. 1.1,1.5   D. 1.1,1.3

9. 振捣混凝土时产生的荷载标准值,对水平面模板可采用(   ) kN/m^2,对垂直面模板可采用(   ) kN/m^2。

A. 2;4   B. 3;4   C. 2;3   D. 1;2

10. 模板的强度验算应采用(   )。

A. 恒载标准值   B. 荷载标准值

C. 荷载设计值   D. 恒载设计值

11. 模板的挠度验算应采用(   )。

A. 恒载标准值   B. 荷载标准值

C. 荷载设计值   D. 恒载设计值

12. 对平板底模进行强度验算时,需要组合的恒载不包括(   )。

A. G_{1k} B. G_{2k} C. G_{3k} D. G_{4k}

二、多选题

1. 作用在脚手架的恒荷载包括(   )。

A. 纵向水平杆自重

B. 剪刀撑自重

C. 挡脚板自重

D. 作业层上的人员自重

E. 横向水平杆自重

2. 作用在脚手架上的可变荷载包括(   )。

A. 扣件自重

B. 作业层上施工器具自重

C. 脚手板自重

D. 风荷载

E. 安全网自重

3. 立杆稳定性计算时,需要考虑的荷载包括(   )。

A. 立杆自重

B. 构配件自重

C. 安全网自重

D. 作业层上的人员自重

E. 地基承载力

4. 连墙件进行强度和稳定性计算时,轴向力包括(   )。

A. 立杆产生的轴向力

B. 风荷载产生的轴向力

C. 纵向水平杆产生的轴向力

D. 连墙件约束产生的轴向力

E. 横向水平杆产生的轴向力

5. 型钢悬挑梁的计算内容包括(   )。

A. 抗弯强度

    B. 整体稳定性

    C. 拉结钢丝绳的强度

    D. 钢筋拉环或锚固螺栓的连接强度

    E. 挠度

  6. 对梁侧模进行强度验算时，需要组合的荷载包括（　　）。

    A. G_{1K} B. Q_{2k} C. G_{3k} D. G_{4k} E. Q_{1k}

  7. 对厚度大于100mm的墙的侧面模板进行强度验算时，需要组合的荷载包括（　　）。

    A. Q_{3K} B. Q_{2k} C. G_{3k} D. G_{4k} E. Q_{1k}

  8. 验算模板的刚度时，下列关于允许变形值的说法正确的有（　　）。

    A. 对结构表面外露的模板，为模板构件计算跨度的 1/200

    B. 对结构表面隐蔽的模板，为模板构件计算跨度的 1/250

    C. 支架的压缩变形或弹性挠度，为相应的结构计算跨度的 1/1000

    D. 对结构表面外露的模板，为模板构件计算跨度的 1/400

    E. 钢模板的面板，不能大于 3.0mm

  9. 模板工程设计应保证其具有足够的（　　）。

    A. 强度   B. 变形   C. 刚度   D. G_{4k} E. 稳定性

三、计算题

  1. 如图 2-10 为一简支梁的计算简图，计算跨度为 $l_0=5100\text{mm}$，已知梁上均布永久荷载标准值为 $q=13.332\text{kN/m}$，试绘制简支梁的内力图。

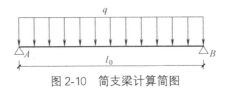

图 2-10　简支梁计算简图

  2. 某工程脚手架采用双排脚手架，木脚手板，共铺设 7 层，同时施工 2 层，小横杆在上，且每跨大横杆上搭设 1 根小横杆，用于装修施工。脚手架搭设高度为 24m，立杆采用单立杆，立杆的横距 $l_b=1.3\text{m}$，纵距为 $l_a=1.5\text{m}$，步距 $H=1.5\text{m}$。

    试计算：（1）小横杆和大横杆的强度计算。

    （2）小横杆和大横杆的挠度计算。

  3. 已知脚手架立杆传到基础底面的轴向力设计值 $N=22\text{kN}$。

    （1）仅有立杆支座直接放在地上，且该支座板的底面积为 0.2m^2；

    （2）支座下设有厚度 55mm 的木垫板，该垫板长宽分别为 $a=1000\text{mm}$，$b=300\text{mm}$；

    （3）若一块垫板上同时支承 3 根立杆，且该垫板长宽均为 $a=b=500\text{mm}$。

  地基为黏土，地基承载力特征值为 190kN/m^2，试计算上述三种情况下立杆地基承载力是否满足要求（$f_g=190\text{kN/m}^2$，折减系数 $K=0.5$）。

  4. 试根据下列条件对某楼面外露单梁（截面尺寸 300mm×800mm）的底模按两跨连续梁承受均布荷载进行安全验算。

    （1）如均布荷载设计值 $q=90.50\text{kN/m}$，计算跨度 $l=200\text{mm}$，则底模抗弯强度是否满足要求？

    （2）如均布恒载标准值 $q_g=70.19\text{kN/m}$，计算跨度 $l=200\text{mm}$，则底模挠度是否满足要求？

    底模计算参数：$W_m=4000\text{mm}^3$，$f_m=13\text{N/mm}^2$，$E=10000\text{N/mm}^2$，$I=144000\text{mm}^2$。

  5. 现有一钢筋混凝土现浇独立梁，截面 500×1200，$l=12000\text{mm}$，层高 15m，其模板布置如图 2-11 所示。梁底模和侧面板采用五层厚 15mm 竹胶合板制作，底模下设 4 道 50mm×70mm 方木，侧面板背后用 40mm×60mm 的木方沿竖向按水平间距 300mm 设次楞，次楞背后用两根 50mm×80mm 方木作主楞，采用对拉螺栓固定。试进行底模的强度和挠度验算（$f_{jm}=35\text{N/mm}^2$，$E=9898\text{N/mm}^2$）。

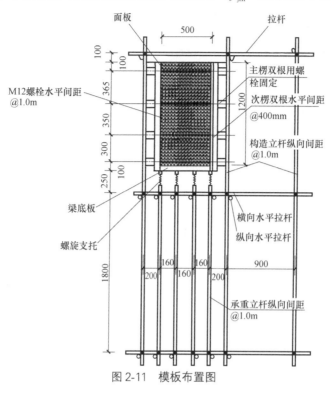

图 2-11　模板布置图

▶ 建筑施工安全生产管理

【教学目标】

1. 知识目标：了解安全生产管理的含义和原则，熟悉施工企业和工程项目部在安全生产管理中需要做的工作，熟悉施工安全事故的等级划分、应急救援预案和事故调查处理的有关规定，文明施工和施工现场环境保护的要求和内容，掌握安全专项施工方案编制内容和有关规定、安全技术措施和安全技术交底的编制和实施。

2. 能力目标：根据提供的工程资料，具备编制安全专项施工方案、安全技术措施、安全技术交底的能力。

【思维导图】

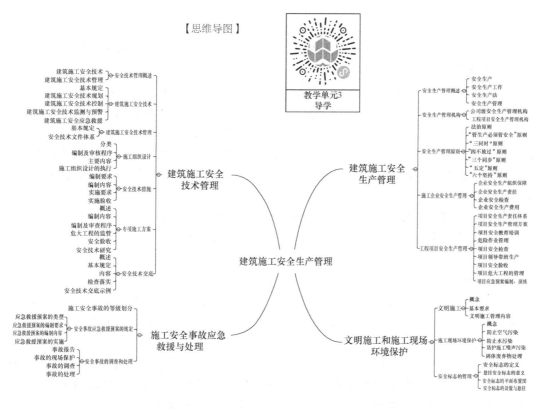

【引文】当前我国安全生产形势虽有很大改善，但突发性、复杂性仍然突出，把握性、可控性仍然不强，特别是重特大事故多发势头仍未得到有效遏制。根据住建部办公厅发布的历年事故情况来看，安全生产形势依然严峻，事故起数和死亡人数仍然偏多，重特大事故没有完全杜绝，施工安全基础薄弱状况没有得到根本改变，因此，必须进一步加强建筑施工安全管理，构建全员参与、各岗位覆盖和全过程衔接的责任体系，明确安全管理措施，改革完善安全监管制度、提升安全综合治理能力，才能做到有效遏制安全事故的发生，确保安全生产形势稳定向好发展。

3.1 建筑施工安全生产管理

3.1.1 安全生产管理概述

1. 安全生产

安全生产，是指在生产经营活动中，为避免发生造成人员伤害和财产损失的事故，有效消除或控制危险和有害因素而采取一系列措施，使生产过程在符合规定的条件下进行，以保证从业人员的人身安全与健康，设备和设施免受损坏，环境免遭破坏，保证生产经营活动得以顺利进行的相关活动。

【知识链接】"安全生产"一词中所讲的"生产"，是广义的概念，不仅包括各种产品的生产活动，也包括各类工程建设和商业、娱乐业以及其他服务业的经营活动。

2. 安全生产工作

安全生产工作，是指为了达到安全生产的目标，所进行的系统管理的活动，由源头管理、过程控制、应急救援和事故查处四个部分构成。安全生产工作的内容主要包括生产经营单位自身的安全防范、政府及其有关部门实施市场准入（行政许可）、监管监察、应急救援和事故查处，社会中介组织和其他组织的安全服务、科研教育和宣传培训等。从事安全生产工作的社会主体包括企业责任主体、中介服务主体、政府监管主体和从事安全生产的从业人员。

【知识链接】 十九大报告中提出，树立安全发展理念，弘扬生命至上，安全第一的思想，健全公共安全体系，完善安全生产责任制，坚决遏制重特大安全事故的发生，提升防灾减灾救灾能力。

3. 安全生产法

安全生产关系人民群众的生命财产安全，关系改革发展和社会稳定大局。国家始终高度重视安全生产工作。2002 年 6 月 29 日，第九届全国人大常委会第二十八次会议通过了《中华人民共和国安全生产法》（以下简称《安全生产法》）。

由于我国正处于工业化快速发展进程中，安全生产基础仍然比较薄弱，安全生产责任不落实、安全防范和监督管理不到位、违法生产经营建设屡禁不止等问题较为突出，生产安全事故还处于易发多发的高峰期，特别是重特大事故尚未得到有效遏制，安全生产的各方面工作亟须进一步加强。为了适应新形势下安全生产工作的新情况，在总结经验教训的基础上，对现行安全生产法提供更有力的法律保障，全国人大常委会对安全生产法进行了修改，并于 2014 年 8 月第十二届全国人大常委会第十次会议通过了关于修改安全生产法的决定。

【知识链接】 2019 年 12 月 20 日，全国人大常委会法工委在第三次记者会上宣布《安全生产法》列入 2020 年立法修改计划。

《安全生产法》中规定，安全生产工作应当以人为本，坚持安全发展，坚持安全第一、预防为主、综合治理的方针，强化和落实生产经营单位的主体责任，建立生产经营单位负责、职工参与、政府监管、行业自律和社会监督的机制。

4. 安全生产管理

安全生产管理，就是针对人们在生产过程中的安全问题，运用有效的资源，发挥人们的智慧，通过人们的努力，进行有关决策、计划、组织和控制等活动，实现生产过程中人与机器设备、物料、环境的和谐，达到安全生产的目标。

安全生产管理是企业管理的重要内容。完善安全生产管理体制，建立健全安全管理制度、安全管理机构和安全生产责任制是安全管理的重要内容，也是实现安全生产目标管理的组织保证。

3.1.2 安全生产管理机构

安全生产管理机构是建筑施工企业设置的负责安全生产管理工作的独立职能部门，是建筑施工企业安全生产的重要组织保障。建筑施工企业所属的分公司、区域公司等较大的分支机构应当各自独立设置安全生产管理机构，负责本企业（分支机构）的安全生产管理工作。

1. 公司级安全生产管理机构

建筑施工企业应当依法设置公司级安全生产管理机构，在企业主要负责人的领导下开展本企业的安全生产管理工作。成立各部门、各分公司组成的安全生产领导小组，实行领导小组成员轮流值班的安全生产值班制度，随时解决和处理生产中的安全问题。同时，根据施工企业的承包资质、经营规模、设备管理和生产需要设置专职安全生产管理人员。

公司级安全生产管理机构主要职责：

（1）宣传和贯彻国家有关安全生产法律法规和标准；
（2）编制并适时更新安全生产管理制度并监督实施；
（3）组织或参与企业生产安全事故应急救援预案的编制及演练；
（4）组织开展安全教育培训与交流；
（5）协调配备项目专职安全生产管理人员；
（6）制订企业安全生产检查计划并组织实施；
（7）监督在建项目安全生产费用的使用；
（8）参与危险性较大工程安全专项施工方案专家论证会；
（9）通报在建项目违规违章查处情况；
（10）组织开展安全生产评优评先表彰工作；
（11）建立企业在建项目安全生产管理档案；

（12）考核评价分包企业安全生产业绩及项目安全生产管理情况；

（13）参加生产安全事故的调查和处理工作；

（14）企业明确的其他安全生产管理职责。

【知识链接】 生产经营单位的主要负责人未履行《安全生产法》规定的安全生产管理职责的，责令限期改正。逾期未改正的，处两万元以上五万元以下罚款，责令生产经营单位停产停业整顿。

2. 工程项目部安全生产管理机构

建筑施工企业及其所属分公司、区域公司等较大的分支机构必须在建设工程项目中设立安全生产管理机构，组建安全生产领导小组。实行施工总承包的，安全生产领导小组由总承包企业、专业承包企业和劳务分包企业项目经理、技术负责人和专职安全生产管理人员组成。

项目经理对本项目安全生产管理全面负责，应当建立项目安全生产管理体系，明确项目管理人员安全职责，落实安全生产管理制度，确保项目安全生产费用有效使用。

工程项目的专职安全生产管理人员应当定期将项目安全生产管理情况报告施工企业安全生产管理机构。

项目专职安全生产管理人员具有以下主要职责：

（1）负责施工现场安全生产日常检查并做好检查记录；

（2）现场监督危险性较大工程安全专项施工方案实施情况；

（3）对作业人员违规违章行为有权予以纠正或查处；

（4）对施工现场存在的安全隐患有权责令立即整改；

（5）对于发现的重大安全隐患，有权向企业安全生产管理机构报告；

（6）依法报告生产安全事故情况。

【知识链接】 专职安全生产管理人员是指经建设主管部门或者其他有关部门安全生产考核合格取得安全生产考核合格证书，并在建筑施工企业及其项目从事安全生产管理工作的专职人员。

3.1.3 安全生产管理原则

1. 法治原则

建筑工程施工企业必须遵守《安全生产法》和相关的法律法规，加强安全生产管理，建立、健全安全生产责任制和安全生产规章制度，改善安全生产条件，推进安全生产标准化建设，提高安全生产水平，确保安全生产。

遵守《安全生产法》和其他相关的法律法规，是所有施工企业必须履行的义务。

2. "管生产必须管安全"原则

安全生产人人有责、各负其责，是保证生产经营单位的生产经营活动安全进行的重要基础。

"管生产必须管安全"原则是施工项目必须坚持的基本原则，体现了安全和生产的统一，应将安全寓于生产之中，生产组织者在生产技术实施过程中，应当承担安全生产的责任，把"管生产必须管安全"原则落实到每个员工的岗位责任制上去，从组织上、制度上固定下来，以保证这一原则的实施。

3. "三同时"原则

"三同时"原则是指凡是我国境内新建、改建、扩建的基本建设工程项目、技术改造项目和引进的建设项目,其劳动安全卫生设施必须符合国家规定的标准,必须与主体工程同时设计、同时施工、同时投入生产和使用,以确保项目投产后符合劳动安全卫生要求,保障劳动者在生产过程中的安全与健康。

4. "五同时"原则

"五同时"原则是指企业的生产组织及领导者在策划、布置、检查、总结、评价生产经营时,应同时策划、布置、检查、总结、评价安全工作。把安全工作落实到每一个生产组织管理环节中去,促使企业在生产工作中把对生产的管理和对安全的管理结合起来,使得企业在管理生产的同时贯彻执行我国的安全生产方针及法律法规,建立健全企业的各种安全生产规章制度,根据企业自身特点和工作需要设置安全管理专门机构,配备专职人员。

5. "四不放过"原则

"四不放过"原则是指在调查处理生产安全事故时,必须坚持事故原因未查清不放过、当事人和群众没有受到教育不放过、事故责任人未受到处理不放过、没有制订切实可行的预防措施不放过。

6. "三个同步"原则

"三个同步"原则是指安全生产与经济建设、深化改革、技术改造同步规划、同步发展、同步实施。"三个同步"要求把安全生产内容融入生产经营活动的各个方面,以保证安全与生产的一体化,克服安全与生产"两张皮"的弊病。

7. "五定"原则

"五定"原则即定整改责任人、定整改措施、定整改完成时间、定整改完成人、定整改验收人。

8. "六个坚持"原则

"六个坚持"原则即坚持管生产同时管安全、坚持目标管理、坚持预防为主、坚持全员管理、坚持过程控制、坚持持续改进。

3.1.4 施工企业安全管理

1. 企业安全生产组织保障

施工企业应当依法设置安全生产管理机构,在企业主要负责人的领导下开展本企业的安全生产管理工作,配备相应的专职安全生产管理人员,建立健全从管理机构到基层班组的管理体系。

（1）企业安全生产委员会

成立以企业主要负责人为主任的安全生产委员会（以下简称"安委会"）,统一领导企业的安全生产工作。由安委会主任组织定期召开安委会会议,听取安全生产工作汇报,研究部署企业安全生产工作,研究决策安全生产重大事项。

设立安全生产委员会办公室（以下简称"安委办"）,作为安委会的办事机构。安委办应设在企业安全生产监督管理部门,安委办主任由企业安全生产监督管理部门主要负责人兼任。由安委办落实安委会决议,督促、检查安委会会议决定事项的贯彻落实情况,承办安委会交办的其他事项。

（2）安全生产管理部门

施工企业应设置负责安全生产管理工作的独立职能部门，人员配备应按照《建筑施工企业安全生产管理机构设置及专职安全生产管理人员配备办法》（建质〔2008〕91号）的规定，满足表 3-1 要求，并应根据企业经营规模、设备管理和生产需要予以增加。

专职安全生产管理人员配备标准   表 3-1

单　　位		配备标准
施工总承包	特级资质企业	不少于 6 人
	一级资质企业	不少于 4 人
	二级及以下资质企业	不少于 3 人
施工专业承包	一级资质企业	不少于 3 人
	二级及以下资质企业	不少于 2 人
劳务分包	—	不少于 2 人
企业分公司、分支机构	—	不少于 2 人

（3）安全生产管理人员

各生产经营单位主要负责人、有关负责人和专职安全生产管理人员应取得政府相关部门安全生产考核合格证书。并应加强安全队伍建设，注重提高专业素质，拓展发展通道，从业人员在 300 人以上生产经营单位应当按照不少于安全生产管理人员 15% 的比例配备注册安全工程师；安全生产管理人员在 7 人以下的，至少配备 1 名。

施工企业应当实行建设工程项目专职安全生产管理人员委派制度，建设工程项目的专职安全生产管理人员，应当定期将项目安全生产管理情况报告企业安全生产管理机构。

2. 企业安全生产责任

（1）施工企业应建立健全安全生产责任体系，按照"横向到边、纵向到底"的原则，建立覆盖所有职能部门和员工、全部生产经营和管理过程的安全生产责任制，并根据法规要求和岗位调整及时补充和修订。

（2）企业关键岗位安全职责

1）企业主要负责人是本企业安全生产的第一责任人，对本企业安全生产工作负总责；

2）企业分管安全生产的负责人，负责统筹制定安全生产制度，落实安全生产措施，完善安全生产条件，对本企业安全生产工作负重要领导责任；

3）企业技术负责人、负责组织制定企业安全生产技术管理制度，建立完善生产安全技术保障体系，对本企业安全生产工作负技术领导责任；

4）企业其他负责人按照分工抓好主管范围内安全生产工作，对主管范围内的安全生产工作负领导责任；

5）企业安全总监（安全生产管理机构负责人），组织落实安全生产监督管理工作，对企业安全生产工作负监督管理责任。

（3）施工企业每年年初应逐级签订安全生产目标责任书，落实安全生产责任，并对完成情况进行监督、检查、考核。考核指标包括结果性和过程性指标，考核结果应纳入对下级单位的年度业绩考核。

（4）施工企业应当为全员参与安全生产工作创造必要的条件，建立激励约束机制，鼓励从业人员积极建言献策，营造安全生产良好氛围。

3. 企业安全检查

（1）检查与监督

1）施工企业应当建立健全安全生产检查制度，组织开展安全检查，消除安全隐患。施工企业安全生产管理机构专职安全生产管理人员，在施工现场检查过程中具有以下职责：

① 查阅在建项目安全生产有关资料，核实有关情况；

② 检查危险性较大工程安全专项施工方案落实情况；

③ 监督项目专职安全生产管理人员履责情况；

④ 监督作业人员安全防护用品的配备及使用情况；

⑤ 对发现的安全生产违章违规行为或安全隐患，有权当场予以纠正或作出处理决定；

⑥ 对不符合安全生产条件的设施、设备、器材，有权当场作出查封的处理决定；

⑦ 对施工现场存在的重大安全隐患有权越级报告或直接向建设主管部门报告；

⑧ 企业明确的其他安全生产管理职责。

2）各企业应定期和不定期对大型机械设备、附着式脚手架、模板支撑体系等设备设施以及深基坑、地下暗挖、高大模板、大型吊装、拆除、爆破、高大脚手架等危险性较大的分部分项工程进行专项、重点检查，并应对大型起重机械安装拆卸工程进行动态监管。

3）应根据生产实际及气候变化情况，定期和不定期开展季节性安全检查与隐患排查。

4）各企业负责人应按照规定对生产场所进行带班检查和带班生产，保存带班记录。

5）安全检查与隐患排查的依据：法律法规、规范标准、管理制度等。安全检查与隐患排查方式：以访谈、查阅记录、现场查看等为主要手段，并编制企业自身的安全检查表格作为辅助。

6）安全检查与隐患排查应留存相应的检查记录。

（2）整改与追踪

1）针对查出的安全隐患和问题，应签发安全隐患整改通知单，检查单位应对隐患或问题的整改情况进行复查或委托下级企业进行复查，跟踪督促落实，形成闭环管理。

2）各企业应建立挂牌督办制度，对需要一定时间整改的重大隐患和事故单位，进行挂牌督办。

3）受检单位应对安全检查和督查发现的问题进行分析，查找管理原因，制定提升计划或改进措施。

4）对被安全生产投诉的生产场所，当事企业应迅速组织安全检查、整改隐患，并将整改情况向相关部门及时进行反馈。

5）对存在未及时整改或发生重复性问题的责任单位和责任人，应进行问责和处罚。

4. 企业安全生产费用

（1）制定制度

应按《中华人民共和国安全生产法》和《企业安全生产费用提取和使用管理办法》（应急厅函〔2019〕428号）的规定，制定安全生产费用

3.1-2 《企业安全生产费用提取和使用管理办法（征求意见稿）》应急厅函〔2019〕428号

提取和使用管理制度，明确安全费用计取、使用及管理的程序、职责及权限等。

（2）投入计划

各企业年初应编制安全生产费用年度预算，纳入企业财务预算管理。专款专用，专户核算，并定期统计分析。

（3）费用使用

安全生产费用应按规定使用，不得挤占、挪用。优先用于满足安全事故隐患整改支出或达到安全生产标准所需支出。企业应根据安全生产费用投入计划进行物资采购和调拨，并根据实际投入情况建立安全用品采购和实物调拨台账。

（4）费用监督检查

各企业进行安全生产检查、评审和考核时，应把安全生产费用的投入和管理作为一项必查内容，检查安全生产费用投入计划、安全生产费用投入额度、安全用品实物台账和施工现场安全设施投入情况，不符合规定的应立即纠正。各企业应定期对下级单位安全生产投入的执行情况进行监督检查，及时纠正由于安全投入不足，致使生产场所存在安全隐患的问题。

（5）分包单位安全生产费用管理

企业与分包单位签订合同时，应明确双方安全生产费用投入范围和管理要求。分包单位提出专项安全防护措施及施工方案，项目部应对其进行审核，经企业批准后分包单位须在支付的工程款中优先保证安全生产所需资金。

3.1.5 工程项目安全管理

1. 项目安全生产责任体系

（1）组织机构建立

项目部应成立包括总承包单位项目经理、班子成员、各部门负责人、专职安全生产管理人员，以及分包单位现场负责人组成的安全生产领导小组，定期召开安全生产领导小组会议，研究解决项目安全问题。

设置独立的安全生产监督管理部门，按照《建筑施工企业安全生产管理机构设置及专职安全生产管理人员配备办法》，总包单位与分包单位配备充足专职安全生产管理人员，见表 3-2、表 3-3。

总包单位项目专职安全生产管理人员配备标准   表 3-2

工程类别	配备范围	配备标准
建筑工程、装修工程 按建筑面积配备	1 万 m² 以下	不少于 1 人
	1 万~5 万 m² 以下	不少于 2 人
	5 万 m² 以上	不少于 3 人，且按专业配备专职安全生产管理人员
土木工程、线路工程、设备安装工程 按合同价配备	5000 万元（人民币，下同）以下	不少于 1 人
	5000 万~1 亿元	不少于 2 人
	1 亿元以上	不少于 3 人，且按专业配备专职安全生产管理人员

分包单位项目专职安全生产管理人员配备标准　　　　表 3-3

分包类别	配备范围	配备标准
专业承包单位	—	至少 1 人，并根据所承担的分部分项工程的工程量和施工危险程度增加
劳务分包单位	施工人员在 50 人以下	1 人
	施工人员在 50～200 人	2 人
	施工人员在 200 人以上	应当配备 3 名及以上专职安全生产管理人员，并根据所承担的分部分项工程的工程量和施工危险程度增加，不得少于工程施工人员的 5‰

（2）岗位安全责任分工

项目经理对本项目安全生产全面负责，各岗位人员具体负责分管业务的安全生产工作。项目部应按照施工现场实际管理状况，将安全生产保障要素进行分配，落实到部门或个人。

（3）安全生产责任制考核

项目开工后一个月，项目经理与项目管理人员签订岗位安全生产责任书。由项目经理、安全负责人共同组织，对项目管理人员安全履职情况进行月度考核，并与岗位绩效挂钩。

2. 项目安全生产管理方案

施工项目部作业前，由项目经理组织相关人员编制安全生产管理方案，单独编制成册，由企业安全生产管理部门组织相关部门评审，安全总监（安全负责人）审核，主管生产领导批准后实施。

（1）安全生产目标、指标

安全生产目标、指标包括（但不局限于）：事故控制目标（杜绝因工死亡事故，轻、重伤应有控制指标）；安全文明施工达标、创优目标；社会、业主、员工、相关方的重大投诉控制目标，辨识与施工内容相关的法律法规、技术规范。

（2）安全生产组织体系

包括安全生产领导小组的组成人员、安全生产管理部门设置情况、专职安全生产管理人员的配备计划以及分包单位安全生产管理人员的配备计划等。分包单位安全生产管理人员应纳入总承包单位统一管理。

（3）危险源辨识与风险评估

由项目技术部门负责组织，对项目施工现场、办公、生活等场所的危险源进行辨识、风险评价。危险源应先进行识别，通过评价分级后形成重大危险源清单，汇总后编制重大危险源识别汇总表。针对重大危险源制定重大危险源控制措施。

（4）安全生产技术保证措施计划

根据危险源评估、作业条件、施工环境以及计划等，制定安全生产技术措施方案的编制计划。

（5）安全生产教育培训计划

针对管理人员、入场作业人员编制安全生产教育培训计划。包括培训内容、培训方式、培训时间以及培训讲师等。

（6）安全生产费用投入计划

编制生产单位按月投入的安全生产费用计划表。

（7）安全生产活动计划

编制生产单位安全检查工作计划、开展安全生产月活动计划、开展"行为安全之星"计划、开展"安康杯"活动计划等。

（8）安全生产应急管理计划

制定安全生产应急预案编制计划、应急演练计划等。

3. 项目安全教育培训

（1）一般规定

1）项目部应建立健全安全教育培训制度，每年年初制定项目年度安全教育培训计划，明确教育培训的类型、对象、时间和内容。安全教育实施流程如图 3-1 所示。

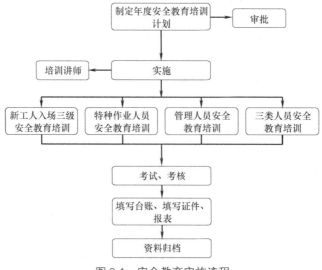

图 3-1　安全教育实施流程

2）项目负责人（B 证）、专职安全生产管理人员（C1、C2、C3 证），按规定参加企业注册地所在政府相关部门组织的安全教育培训，取得相应的安全生产资格证书，并在三年有效期内完成相应学时的继续教育培训。

3）项目部应确保用于开展安全培训和安全活动的有关费用支出，并建立相关台账。做好安全教育培训记录，建立安全教育培训档案，对培训效果进行评估和改进。

4）项目部对作业人员的培训除采用传统的授课式培训方式外，鼓励采用仿真模拟培训、体验式培训、多媒体培训等方式。

（2）入场三级安全教育

1）新进场的工人，必须接受公司、项目、班组的三级安全教育培训，经考核合格后，方可上岗。

2）公司安全教育培训的主要内容：从业人员安全生产权利和义务；本单位安全生产情况及规章制度；安全生产基本知识；有关事故案例等。

3）项目安全教育培训的主要内容：作业环境及危险因素；可能遭受的职业伤害和伤

亡事故；岗位安全职责、操作技能及强制性标准；安全设备设施的使用、劳动纪律及安全注意事项；自救互救、急救方法、疏散和现场紧急情况的处理等。

4）班组安全教育培训的主要内容；本班组生产工作概况，工作性质及范围；本工种的安全操作规程；容易发生事故的部位及劳动防护用品的使用要求；班组安全生产基本要求；岗位之间工作衔接配合的安全注意事项。

5）对工人转岗、变化工种应进行相应的安全教育培训。

6）项目部宜在现场或办公生活区空旷位置设置安全讲评台，用于作业人员安全教育。按照教育培训要求，落实日常安全教育培训活动，并监督作业人员开展班前安全活动。

（3）日常安全教育

1）项目应结合季节性特点、施工要求进行日常安全教育，每月不少于一次。

2）项目应督促各作业班组每天上岗作业前开展班前安全教育。

（4）特种作业人员安全培训

1）特种作业人员必须接受专门的安全作业培训，取得相应操作资格证书后，方可上岗，除接受岗前安全教育培训，每年还须进行针对性安全培训，时间不得少于20学时。

2）采用新工艺、新技术、新材料或者使用新设备必须对相关生产、作业人员进行专项安全教育培训。

（5）管理人员的培训

1）管理人员应每年接受至少一次专门的安全培训。每年接受安全培训时间见表3-4。

项目管理人员每年安全培训时间　　　　　　　　　　表 3-4

序号	人员类别	初次培训时间	再培训时间
1	主要负责人	≥32学时	每年≥12学时
2	专职安全生产管理人员	≥32学时	每年≥12学时

2）发生造成人员死亡的生产安全事故的，其主要负责人和安全生产管理人员应当重新参加培训。

4. 项目安全活动

（1）项目经理应每周组织一次项目周安全例会，沟通处理项目隐患整改工作。

（2）项目每年按施工企业部署开展安全活动，重点进行安全宣传、教育培训、监督检查、专项治理、应急演练等活动。利用会议、网络、简报等多种形式开展安全宣传。

（3）在项目安全活动中对个人防护用品的配备及使用进行讲解。所有管理人员及施工作业人员进入施工现场前，均须配备符合现行国家或行业标准要求的个人劳动防护用品，并提倡按如下要求正确佩戴使用：

1）安全帽根据岗位、专业不同选配，帽壳保持清洁，帽衬、帽箍、系带等配件齐全完好。

2）进入临边、洞口及高处区域，应将安全带挂靠在牢靠的部位并遵从"高挂低用"的原则。

3）进入施工现场穿戴反光背心。普通管理人员穿戴绿色反光背心，安全管理人员穿戴红色反光背心，普通作业人员穿戴橘红色反光背心，特种作业人员穿戴黄绿色反光背心。

4）工作服保持整洁，袖口及裤腿应扎紧，劳保鞋同时具备绝缘、防滑、防砸功能。

5）个人劳动防护用品应保存在干燥、通风的位置，远离热源。

6）每日班前应对个人劳动防护用品进行检查，确保完整后方可使用。

7）个人劳动防护用品达到报废标准时，应及时报废、予以重新发放并做好登记。

5. 危险作业管理

（1）项目对动火作业、吊装作业、土方开挖作业、管沟作业、有限空间等危险性较大作业活动进行识别，编制危险作业控制计划。

（2）项目应实行危险作业许可制度，由责任工程师申请，生产经理和安全总监（安全负责人）批准后方可实施，项目安全部应对危险作业活动进行监控。

（3）项目进行危险作业施工时，应严格按照施工企业危险作业相关规定实施、验收及监督工作。

6. 项目安全检查

（1）周安全检查

周安全检查由项目经理牵头、安全部组织、相关部门及分包单位负责人和项目专职安全管理人员参加，依据《建筑施工安全检查标准》JGJ 59—2011 及本企业施工现场安全检查标准进行，检查范围覆盖施工、办公及生活区。应留存书面安全检查记录，对隐患下达安全隐患整改通知书，重大安全生产隐患下达局部停工整改令。

（2）日常安全巡查

项目专职安全管理人员每日对施工现场进行安全监督检查，施工作业班组专、兼职安全管理人员负责每日对本班组作业场所进行安全监督检查，填写安全员工作日志。

（3）其他安全检查

项目根据上级单位要求及项目实际情况，开展各类安全专项检查、季节性安全检查及节假日安全检查。

（4）安全隐患整改

1）项目部应建立隐患排查治理、报告和整改销项实施办法，完善有效控制和消除隐患的长效机制。

2）隐患主管部门和人员应按"五定"原则落实隐患整改。暂时不能整改的隐患或问题，除采取有效防范措施外，应纳入计划，落实整改。

3）安全部门派专人对整改情况进行复查，并签字确认，或通过安全检查信息系统移动端进行确认。

4）被上级单位挂牌的重大安全隐患，项目部应制定切实可行的整改方案，并将整改完成情况报督办单位安全部。

（5）针对重大安全隐患或重复隐患，项目应对整改不力的责任人进行教育并处罚。

（6）项目组织周检查、日常检查后，应通过安全检查信息系统下发隐患整改，检查带队领导签发，并分派到具体责任人，按要求进行整改。

3.1-3 《建筑施工企业负责人及项目负责人施工现场带班暂行办法》

7. 项目领导带班生产

根据施工计划，识别重点部位、关键环节进行检查巡视，及时发现和组织消除事故隐患和险情，如发生突发事件或事故，立即启动应急预案，展开应急抢险及救援工作，并及时向上级有关部门报告。

项目负责人是工程项目安全生产的第一责任人，应对工程项目落实带班制度负责，组织协调工程项目的安全生产活动。

（1）项目负责人带班生产的内容、职责

1）项目负责人在施工现场组织协调工程项目的安全生产活动，掌握项目安全生产状况，检查项目各级岗位安全职责的落实情况，特别是关键岗位安全生产责任的落实。

2）对正在施工的重点部位和关键环节进行检查。工程项目进行超过一定规模的危险性较大的分部分项工程施工时，项目负责人应在施工现场组织带班生产。

3）对项目出现的安全问题，及时组织人员解决，制止现场任何不安全因素和不安全行为的发生。

4）工程项目发现的重大隐患或出现的险情，项目负责人应在施工现场组织施救，及时消除险情和隐患。

5）项目带班负责人应做好交接班记录，把当天的安全工作遗留问题，负责向下一班的带班负责人交代清楚。

（2）带班工作要求

1）项目部应制定项目负责人带班生产计划，明确带班人员、时间、内容。

2）项目负责人每月带班生产时间不得少于本月施工时间的80％。因其他事物须离开施工现场时，应向工程项目的建设单位请教，经批准后方可离开。离开期间应委托项目相关负责人代为执行。

3）工程项目施工现场，在一处或多处醒目位置设置标牌，标牌中注明当日带班负责人姓名、电话、办公室位置以及上一级的举报电话。

4）项目负责人应认真做好带班生产记录并签字存档备查。

5）项目负责人在同一时期只能承担一个工程项目的管理工作。

【知识链接】　为了有效管理到岗履职，2020 年 1 月 10 日，南京印发了《施工现场管理人员到岗履职监管办法（暂行）》，要求建筑施工企业将施工现场管理人员信息录入"e 路筑福"实名制管理系统，并通过该系统进行每日考勤。不按时完成的建筑施工企业，取消建筑业一切评优资格，并将所属项目作为重点监管对象。如现场管理人员每月到岗率不低于80％，未达标者以及一个季度内 3 次抽查不在岗或者经查实长期未到岗履职的，将依法查处并计入企业信用评价和个人诚信档案，同时按规定予以红黄牌警示。

8. 项目安全验收

（1）项目部应建立安全验收制度，明确验收种类、验收人员。各类安全防护用具、架体、设施和设备进入施工现场或投入使用前必须经过验收，合格后方可投入使用。验收合格后应当在施工现场明显位置设置验收标识牌，公示验收时间及责任人员。

（2）经专家论证的超过一定规模危险性较大的分部分项工程，先由项目组织验收，报请公司复核验收。

（3）验收的范围包括但不限于危险性较大的分部分项工程、个人安全防护用品、安全检验检测设备、安全防护设施、机械设备、脚手架及模板支架等。验收时应明确验收内容、参与验收人员、验收标准、验收方式等。

（4）安全验收程序（表 3-5）

安全验收程序流程 表 3-5

安全验收种类	项　目	公　司
一般防护设施、各类临边、孔洞、安全通道、安全网等	责任工程师组织验收,安全部门和分包单位参加验收	—
临时用电工程、中小型机械设备	机电负责人或专业责任工程师组织验收,技术部门、安全部门、分包单位参加验收	—
危险性较大的分部分项工程	技术负责人或方案编制人组织相关部门参与,项目生产负责人、安全总监(安全负责人)及分包单位参加验收	技术部门、工程部门、安全部门派人参加(或委托授权)
大型机械设备、起重设备、施工电梯、架桥机、盾构机等	生产负责人组织验收,责任工程师、技术部门、安全部门、安拆单位参加验收	设备部门、安全部门派人参加(或委托授权)
劳动防护用品、消防器材	项目责任工程师组织,项目安全、消防人员参加验收	安全部门抽检

9. 危险性较大的分部分项工程的管控（图 3-2）

（1）安全技术交底

专项施工方案（将 3.2.6 专项施工方案中详细讲解）实施前，编制人员或者项目技术负责人应当向施工现场管理人员进行方案交底。施工现场管理人员应向作业人员进行安全技术交底，专职安全生产管理人员负责对交底活动进行监督。

1）安全技术交底应分级进行，并按工种分部分项交底，逐级交到施工作业班组的全体作业人员，并填写安全技术交底表。施工条件（包括外部环境、作业流程、工艺等）发生变化时，应重新进行交底。

2）安全技术交底必须在工序施工前进行。危险性较大的分部分项工程应由项目技术负责人向管理人员、作业人员直接交底。

3）安全技术交底应及时组织，内容应具有针对性、指导性和可操作性，交底双方应书面签字确认，并各持安全技术交底记录。

（2）现场安全管理

1）根据《建筑施工安全检查标准》JGJ 59—2011 相关要求，在施工现场的进出口处设置工程概况牌、管理人员名单及监督电话牌、消防保卫牌、安全生产牌、文明施工牌及施工现场总平面图等。

2）项目应按照《关于印发起重机械、基坑工程等五项危险性较大的分部分项工程施工安全要点的通知》（建安办函〔2017〕12 号）要求，制作标牌悬挂在施工现场显著位置，并严格贯彻执行。

3）警示标志：项目部应当在施工现场显著位置公告危险性较大的分部分项工程名称、施工时间和具体责任人员，并在危险区域设置安全警示标志。

① 项目进场时，依据项目危险源辨识及风险评价结果，在施工现场主通道部位设置施工现场危险源公示牌。

② 项目施工阶段，项目安全总监（安全负责人）应定期对现场危险

3.1-4　建安办函〔2017〕12号

源进行再识别，并及时更新施工现场设置的危险源公示牌。

③ 施工现场危险性较大的分部分项工程实施时，在对应施工区域通道口或醒目位置张挂危险性较大工程安全责任公示牌。

4）现场监督：项目部应当对危险性较大的分部分项工程施工作业人员进行登记，项目负责人应当在施工现场履职。

项目专职安全生产管理人员应当对专项施工方案实施情况进行现场监督，对未按照专项施工方案施工的，应当要求立即整改，并及时报告项目负责人，项目负责人应当及时组织限期整改。

按照规定对危险性较大的分部分项工程进行施工监测和安全巡视，发现危及人身安全的紧急情况，应当立即组织作业人员撤离危险区域。

5）组织验收：对于按照规定需要验收的危险性较大的分部分项工程、施工部位，监理单位应当组织相关人员进行验收。验收合格的，经施工单位项目技术负责人及总监理工程师签字确认后，方可进入下一道工序。

危险性较大的分部分项工程验收合格后，施工单位应当在施工现场明显位置设置验收标识牌，公示验收时间及责任人员。

6）险情处置：危险性较大的分部分项工程发生险情或者事故时，施工单位应当立即采取应急处置措施，并报告工程所在地建设主管部门。

7）档案管理：施工单位应当将专项施工方案及审核、专家论证、交底、现场检查、验收及整改等相关资料纳入档案管理。

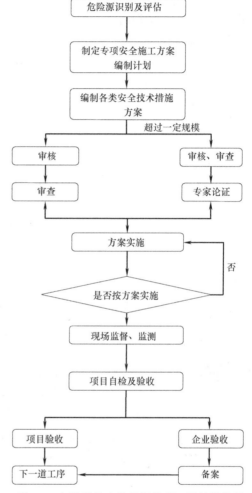

图 3-2　危险性较大的分部分项工程管控流程

10. 项目应急预案编制、演练

（1）应急预案编制

项目部成立编制工作小组，编制生产安全事故应急预案，经项目经理审批后实施。应分别编制综合应急预案、专项应急预案和现场处置方案，应急预案的编制应符合《生产安全事故应急预案管理办法》要求。

应急预案应明确以下内容：

1）明确应急响应级别，明确各级应急预案启动的条件。

2）明确不同层级、不同岗位人员的应急处置职责、应急处置方案和注意事项。

3.1-5 《生产安全事故应急预案管理办法》

3）现场处置方案应编制岗位应急处置卡，明确紧急状态下岗位人员"做什么""怎么做"和"谁来做"。

（2）应急准备

项目应组建应急救援小组，配备专职或兼职应急管理人员，设立应急救援物资储备库，备齐必需的应急救援物资、器材。

项目应编制应急救援信息台账，包含应急管理人员姓名、救援医院和派出所名称及联系方式，在施工现场设置公示牌。

（3）应急演练

1）项目安全部编制应急演练计划，组织项目所有部门及分包负责人、作业班组长及安全员参与演练活动。

2）应急演练结束后，应对演练情况进行分析、评估，找出存在的问题，提出相应的改进建议，修改完善应急预案。

3）应建立预案演练档案，档案至少包含演练内容、存在问题和整改完成情况。

（4）应急响应

1）事故发生后，现场人员要第一时间报告项目负责人。

2）项目负责人接到报告后，立即启动应急预案，组织现场自救，排除险情，设置警戒，保护事故现场。因抢救人员、防止事故扩大以及疏通交通等原因需要移动事故现场物件的，要做出标志、绘制现场简图并做出书面记录。

3.1-6　应急管理部公布2019年全国应急救援十大典型案例

3）项目负责人应立即报告到上级单位负责人、安全部门以及政府主管部门。

项目应急预案实施流程如图 3-3 所示。

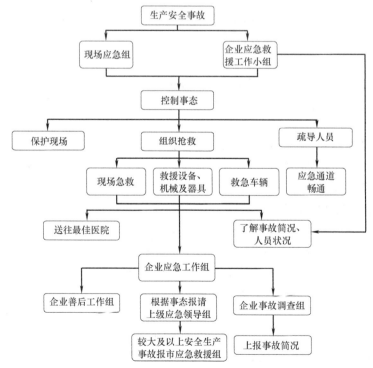

图 3-3　项目应急预案实施流程

3.2　建筑施工安全技术管理

3.2.1　安全技术管理概述

1. 建筑施工安全技术

安全技术是指在生产过程中为防止各种伤害以及火灾、爆炸等事故，并为职工提供安全、良好的劳动条件而研究与应用的各种技术措施。

建筑施工安全技术是指消除或控制建筑施工过程中已知或潜在危险因素及其危害的工艺和方法。

2. 建筑施工安全技术管理

建筑施工安全技术管理是指为保证安全技术措施和专项安全技术施工方案有效实施所采取的组织、协调等活动。

【知识链接】　建筑施工安全生产的指导方针是"安全第一、预防为主、综合治理"，就是要在施工生产过程中，积极采取各种预防措施，把伤亡事故消灭在发生之前和萌芽状态。

3.2-1　《建筑施工安全技术统一规范》GB 50870—2013

3.2.2　建筑施工安全技术

1. 基本规定

（1）建筑施工安全技术包括安全技术规划、分析、控制、监测与预警、应急救援及其他安全技术等。

（2）危险等级划分

根据发生生产安全事故可能产生的后果，应将建筑施工危险等级划分为Ⅰ、Ⅱ、Ⅲ级；建筑施工安全技术量化分析中，建筑施工危险等级系数的取值应符合表 3-6 的规定。

在建筑施工过程中，应结合工程施工特点和所处环境，根据建筑施工危险等级实施分级管理，并应综合采用相应的安全技术。

建筑施工危险等级系数　　　　　　　　　　表 3-6

危险等级	事故后果	危险等级系数
Ⅰ	很严重	1.10
Ⅱ	严重	1.05
Ⅲ	不严重	1.00

【知识链接】　根据《危险性较大的分部分项工程安全管理规定》（住建部令第 37 号）以及《住建部办公厅关于实施〈危险性较大的分部分项工程安全管理规定〉有关问题的通知》（建办质〔2018〕31 号），超过一定规模的危险性较大的分部分项工程可对应于Ⅰ级危险等级的要求，危险性较大的分部分项工程可对应于Ⅱ级危险等级的要求。

2. 建筑施工安全技术规划

建筑施工安全技术规划是指为实现建筑施工安全总体目标制订的消除、控制或降低建筑施工过程中潜在危险因素和生产安全风险的专项技术计划。

（1）建筑施工企业应建立健全建筑施工安全技术保证体系。

【知识链接】　建筑施工安全技术保证体系是指为了保证施工安全，消除或控制建筑施工过程中已知或潜在危险因素及其危害，由企业建立的安全技术管理组织机构及相应的管理制度。

（2）工程项目开工前应结合工程特点编制建筑施工安全技术规划，确定施工安全目标；规划内容应覆盖施工生产的全过程。

（3）建筑施工安全技术规划编制应依据与工程建设有关的法律法规、国家现行有关标准、工程设计文件、工程施工合同或招标投标文件、工程场地条件和周边环境、与工程有关的资源供应情况、施工技术、施工工艺、材料、设备等。

（4）建筑施工安全技术规划编制应包含工程概况、编制依据、安全目标、组织结构和人力资源、安全技术分析、安全技术控制、安全技术监测与预警、应急救援以及安全技术管理、措施与实施方案等。

3. 建筑施工安全技术分析

建筑施工安全技术分析应包括建筑施工危险源辨识、建筑施工安全风险评估和建筑施工安全技术方案分析。并应符合下列规定：

（1）危险源辨识应覆盖与建筑施工相关的所有场所、环境、材料、设备、设施、方法、施工过程中的危险源。

（2）建筑施工安全风险评估应确定危险源可能产生的生产安全事故的严重性及其影响，确定危险等级。

（3）建筑施工安全技术方案应根据危险等级分析安全技术的可靠性，给出安全技术方案实施过程中的控制指标和控制要求。

4. 建筑施工安全技术控制

建筑施工安全技术控制措施的实施应符合下列规定：

（1）根据危险等级、安全规划制订安全技术控制措施。

（2）安全技术控制措施符合安全技术分析的要求。

（3）安全技术控制措施按施工工艺、工序实施，提高其有效性。

（4）安全技术控制措施实施程序的更改应处于控制之中。

（5）安全技术措施实施的过程控制应以数据分析、信息分析以及过程监测反馈为基础。

（6）建筑施工过程中，各分部分项工程、各工序应按相应专业技术标准进行安全技术控制；对关键环节、特殊环节、采用新技术或新工艺的环节，应提高一个危险等级进行安全技术控制。

5. 建筑施工安全技术监测与预警

建筑施工安全技术监测预警是指在建筑施工中，通过仪器监测分析、数据计算等技术手段，针对可能引发生产安全事故的征兆所采取的预先报警和事前控制的技术措施。

（1）建筑施工安全技术监测与预警应根据危险等级分级进行，并满足下列要求：

1）Ⅰ级：采用监测预警技术进行全过程监测控制；

2）Ⅱ级：采用监测预警技术进行局部或分段过程监测控制。

（2）建筑施工安全技术监测方案应依据工程设计要求、地质条件、周边环境、施工方案等因素编制。内容应包括工程概况、监测依据和项目、监测人员配备、监测方法、主要仪器设备及精度、测点布置与保护、监测频率及监测报警值、数据处理和信息反馈、异常情况下的处理措施。

（3）建筑施工安全技术监测可采用仪器监测与巡视检查相结合的方法。

（4）建筑施工安全技术监测所使用的各类仪器设备应满足观测精度和量程的要求，并应符合国家现行有关标准的规定。

（5）建筑施工安全技术监测预警应依据事前设置的限值确定；监测报警值宜以监测项目的累计变化量和变化速率值进行控制。

（6）建筑施工中涉及安全生产的材料应进行适应性和状态变化监测；对现场抽检有疑问的材料和设备，应由法定专业检测机构进行检测。

建筑施工生产安全事故应急预案应根据施工现场安全管理、工程特点、环境特征和危险等级制订。

6. 建筑施工安全应急救援

（1）建筑施工安全应急救援预案应对安全事故的风险特征进行安全技术分析，对可能引发次生灾害的风险，应有预防技术措施。

【知识链接】　此为《建筑施工安全技术统一规范》GB 50870—2013 强制性条文，必须严格执行。施工企业在审核应急救援预案时，应检查是否有结合本工程特点的事故风险类型和特征的安全技术分析，有可能发生次生灾害的，是否有预防次生灾害的安全技术措施。

（2）建筑施工生产安全事故应急预案应包括下列内容：

1）建筑施工中潜在的风险及其类别、危险程度；

2）发生紧急情况时应急救援组织机构与人员职责分工、权限；

3）应急救援设备、器材、物资的配置、选择、使用方法和调用程序；为保持其持续的适用性，对应急救援设备、器材、物资进行维护和定期检测的要求；

4）应急救援技术措施的选择和采用；

5）与企业内部相关职能部门以及外部（政府、消防、救险、医疗等）相关单位或部门的信息报告、联系方法；

6）组织抢险急救、现场保护、人员撤离或疏散等活动的具体安排等。

【知识链接】　建筑施工应急救援预案是指在建筑施工过程中，根据预测危险源、危险目标可能发生事故的类别、危害程度，结合现有物质、人员及危险源的具体条件，事先制订对生产安全事故发生时进行紧急救援的组织、程序、措施、责任以及协调等方面的方案和计划。

（3）根据建筑施工生产安全事故应急救援预案，应对全体从业人员进行针对性的培训和交底，并组织专项应急救援演练；根据演练的结果对建筑施工生产安全事故应急救援预案的适宜性和可操作性进行评价、修改和完善。

3.2.3　建筑施工安全技术管理

1. 基本规定

（1）施工企业应建立健全安全技术保障体系，制定完善安全生产技术管理制度，识别并及时更新适用的安全生产法律法规、安全技术标准及规范。编制生产组织、技术方案等技术文件时，应有安全技术保障措施，未经审批，不得进行生产。

（2）建筑施工安全技术管理制度的制订应依据有关法律、法规和国家现行标准要求，明确安全技术管理的权限、程序和时限。

（3）建筑工程施工组织设计必须含有安全技术措施。爆破、吊装、水下、深基坑、支模、拆除等危险性较大的分部分项工程，必须编制专项安全施工方案，否则不得开工。

（4）危险性较大的分部分项工程专项施工方案由项目部技术部门组织编制，企业技术、安全、工程部门审核，企业总工程师（或总工程师授权人员）审核签字。企业安全生产管理部门应对安全技术措施与专项施工方案的编制、审核过程进行监督。

（5）建筑施工各有关单位应组织开展分级、分层次的安全技术交底和安全技术实施验收活动，并明确参与交底和验收的技术人员和管理人员。

2. 安全技术措施及方案的编制审核

安全技术措施及方案编制审核表见表 3-7。

安全技术措施及方案编制审核表　　　　　　　　　　　　表 3-7

安全技术措施及方案	编制	审核	审核签字
一般工程的安全技术措施及方案	项目技术人员	项目技术部门	项目经理
危险性较大工程的安全技术措施及方案	项目技术负责人（企业技术管理部门）	企业技术、安全、质量等管理部门	企业总工程师（或其授权）
超过一定规模的危险性较大工程的安全技术措施及方案	项目技术负责人（企业技术管理部门）	企业技术、安全、质量等管理部门审核并聘请有关专家进行讨论	企业总工程师（或其授权）

3. 安全技术文件体系

安全技术文件是指存档备查的建筑施工安全技术文件实施依据，以及记录建筑施工安全技术活动的资料，包括施工组织设计、安全技术措施、专项安全施工方案、安全技术交底等。安全技术文件体系如图 3-4 所示。

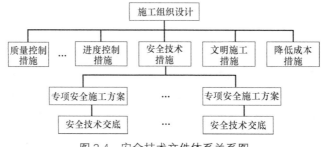

图 3-4　安全技术文件体系关系图

施工组织设计是施工技术与施工项目管理有机结合的产物，它能保证工程开工后施工活动有序、高效、科学合理地进行。

安全技术措施是指针对建筑生产过程中已知的或可能出现的危险因素，采取的消除或控制的技术性措施；是指针对生产劳动过程中产生的不安全因素，从生产技术上采取控制措施，以预防工伤事故的发生。

《中华人民共和国建筑法》第三十八条规定，建筑施工企业在编制施工组织设计时，应当根据建筑工程的特点制定相应的安全技术措施；对专业性较强的工程项目，应当编制专项安全施工组织设计，并采取安全技术措施。本条规定了建筑施工企业在编制施工组织设计时应当制定安全技术措施，体现了"安全第一、预防为主、综合治理"的方针。

专项安全施工方案是以单位工程中的一个分部工程或分项工程或一个专业工程为编制对象。《建设工程安全生产管理条例》第二十六条规定，施工单位应当在施工组织设计中编制安全技术措施和施工现场临时用电方案，对达到一定规模的危险性较大的分部分项工程编制专项施工方案，并附具安全验算结果，经施工单位技术负责人、总监理工程师签字后实施，由专职安全生产管理人员进行现场监督。

《建设工程安全生产管理条例》第二十七条规定，建设工程施工前，施工单位负责项目管理的技术人员应当对有关安全施工的技术要求向施工作业班组、作业人员作出详细说明，并由双方签字确认。即建设项目中，分部（分项）工程在施工前，项目部应按批准的施工组织设计或专项安全施工方案，向有关人员进行安全技术措施、方案的详细交底。使施工人员知道什么时候、什么部位、什么作业应当采取哪些安全技术措施，保证施工安全顺利进行。

3.2.4　施工组织设计

施工组织设计是指根据拟建工程的特点，对人力、材料、机械、资金、施工方法等方面的因素做全面的、科学的、合理的安排，并形成指导拟建工程施工全过程中各项活动的技术、经济和组织的综合性文件。

【知识链接】　根据《建设工程项目管理规范》GB/T 50326—2017 的规定，工程开工之前，由项目经理主持编制项目管理实施规划，作为指导施工项目实施阶段管理的文件。施工组织设计是施工规划，而非施工项目管理规划，故要代替后者时必须根据项目管理的需要，增加相关内容，使之成为项目管理的指导文件。

1. 分类

施工组织设计按编制对象，可分为施工组织总设计、单位工程施工组织设计和施工方案。

根据编制对象范围的不同，施工组织设计分为三类：

（1）施工组织总设计：以一个建筑群或一个施工项目为编制对象，用以指导整个建筑群或施工项目施工全过程各项施工活动的技术经济和组织的综合性文件。

（2）单位工程施工组织设计：以一个单位工程（一个建筑物或构筑物、一个交工系统）为对象，用以指导其施工全过程的各项施工活动的技术经济和组织的综合性文件。

（3）施工方案：是以分部（分项）工程或专项工程为对象编制的施工技术与组织方案，是施工组织设计的进一步细化和补充，用于指导其具体施工过程。

【知识链接】　思考：什么是单位工程？什么是分部分项工程？建设项目施工时可以如何进行分解？

2. 编制及审批程序

施工组织设计应由项目负责人主持编制，根据需要分阶段编制和审批。实行总包的工程，由总包单位负责编制施工组织设计。分包单位负责分包工程的施工组织设计。

施工组织总设计应由总承包单位技术负责人审批；单位工程施工组织设计应由施工单位技术负责人或技术负责人授权的技术人员审批，施工方案应由项目技术负责人审批；重点、难点分部（分项）工程和专项工程施工方案应由施工单位技术部门组织相关专家评审，施工单位技术负责人批准。

由专业承包单位施工的分部（分项）工程或专项工程的施工方案，应由专业承包单位技术负责人或技术负责人授权的技术人员审批；有总承包单位时，应由总承包单位项目技术负责人核准备案。

规模较大的分部（分项）工程和专项工程的施工方案应按单位工程施工组织设计进行编制和审批。

【知识链接】 思考：总包和分包的关系。

3. 单位工程施工组织设计主要内容

单位工程施工组织设计根据工程的性质、规模、结构特点、技术复杂难易程度和施工条件的不同，其编制内容的深度和广度也不尽相同。但一般应包括以下几点：

（1）工程概况

主要包括工程建设概况、设计概况、施工特点分析和施工条件等内容。

（2）施工方案

主要包括确定各分部分项工程的施工顺序、施工方法和选择适用的施工机械，制定主要技术组织措施。

（3）施工进度计划

主要包括确定各分部分项工程名称、计算工程量、计算工资持续时间、确定施工班组人数及安排施工进度等内容。

（4）施工准备与资源配备计划

主要包括技术资料准备、现场准备、资源准备、季节准备及各种资源的需用量计划。

（5）施工现场平面布置

主要包括确定起重垂直运输机械；搅拌站；临时设施、材料及预制构件堆场布置；运输道路布置；临时供水、供电管线的布置等内容。

（6）主要技术经济指标

主要包括工期指标、工程质量指标、安全指标、降低成本指标等内容。

对于建筑结构比较简单、工程规模比较小、技术要求比较低，且采用传统施工方法组织施工的一般工业与民用建筑，其施工组织设计可以编制得简单一些，其内容一般只包括施工方案、施工进度表、施工平面图，辅以扼要的文字说明，简称为"一案一表一图"。

【知识链接】 为规范建筑施工组织设计的编制与管理，提高建筑工程施工管理水平，住建部 2009 年 5 月 13 日发布并于 2009 年 10 月 1 日实施了《建筑施工组织设计规范》GB/T 50502—2009。

4. 施工组织设计的执行

工程项目部应承担施工组织设计的贯彻执行职责。经过审批的施工组织设计，在开工前要召开项目部会议，详细地讲解其内容、要求、安全施工的关键和保证措施，主要内容是施工工艺、操作方法、操作要求等；组织班组人员广泛讨论，使施工组织设计贯彻到每个施工生产人员，并在施工中贯彻落实。

施工过程中，对施工现场易发生重大事故的部位、环节进行重点监控，项目技术负责人和项目质量员、安全员要随时进行检查，发现问题及时整改。施工作业完成后项目技术负责人和项目质量员、安全员应当进行检查验收。发现存在不符合要求的，由检查人员下达相应的整改指令，并签字负责。

3.2.5　安全技术措施

安全技术措施，系指为防止工伤事故和职业病的危害，从技术上采取的措施。

施工安全技术措施是针对每项工程在施工过程中可能发生的事故隐患和可能发生安全问题的环节进行预测，从而在技术上和管理上采取措施，消除或控制施工过程中的不安全因素，防止发生事故。

【知识链接】　《建设工程安全生产管理条例》第十四条：工程监理单位应当审查施工组织设计中安全技术措施或者专项施工方案是否符合工程建设强制性标准。

一般工程项目，安全技术措施可以在施工组织设计中作为一部分内容进行编写。对于施工工艺复杂、工程规模大、作业队伍多的重点项目，可以在施工组织设计的基础上，单独编制施工安全技术措施。

1. 编制要求

（1）要在工程开工前编制，并经过审批。要求在开工前编审好安全技术措施，在工程图纸会审时，就必须考虑到施工安全。因为开工前已编审了安全技术措施，用于该工程的各种安全设施能有较充分的时间作准备，从而保证了各种安全设施的落实。

对于在施工过程中，由于工程更改等情况变化，安全技术措施也必须及时作相应补充完善，并经过重新审批后实施。

（2）要有针对性。施工安全技术措施是针对每项工程特点而单独编制的，这要求编制人员必须充分掌握工程概况、施工方法、施工环境、施工条件等第一手资料，并熟悉有关施工安全的基本规范、标准，才能编制出有针对性的安全技术措施。

（3）要考虑全面，内容详尽具体。安全技术措施均应贯彻于全部施工工序之中，力求细致、全面、具体。如施工平面布置不当，暂设工程多次迁移，建筑材料多次转运，不仅影响施工进度，造成成本上升，有的还留下隐患；再如易爆、易燃临时仓库及明火作业区、工地宿舍、厨房等定位及间距不当，可能酿成事故。只有把多种因素和各种不利条件考虑周全、有对策措施，才能真正做到预防事故的发生。

（4）可操作性。对大中型项目工程，结构复杂的重点工程除必须在施工组织总体设计中编制施工安全技术措施外，还应编制单位工程或分部分项工程安全技术措施，详细制定出有关安全方面的防护要求和措施，并易于操作、实现，有效预防单位工程或分部分项工程安全事故的发生。

（5）对一定规模的危险性较大的分部分项工程应编制安全专项施工方案（内含相应的安全技术措施），应该由专家论证审查的项目，必须经过专家论证。此外，还应编制季节性施工安全技术措施。

（6）在使用新技术、新工艺、新设备、新材料的同时，必须研究应用相应的安全技术措施。

（7）施工作业中因任务变更或原安全技术措施不当，对继续施工有影响的，应重新进行安全技术措施交底或补充编制安全技术措施，经批准后向施工人员交底后方可继续施工。

2. 编制内容

（1）一般工程项目可参照以下内容进行编制：

1）土方工程。根据基坑、基槽、地下室等土方深度和土的种类，选择开挖方法，确定边坡的坡度或采取不同的支护方式，以防土方塌方。

2）脚手架、吊篮、工具式脚手架等选用及设计搭设方案和安全防护措施。

3）高处作业的上下安全通道。

4）安全网（平网、立网）的架设要求，范围（保护区域）、架设层次、段落。

5）对施工用的电梯、井架（龙门架）等垂直运输设备的位置和搭设要求，以及对其稳定性、安全装置等要求和措施。

6）施工洞口及临边的防护方法和立体交叉施工作业区的隔离措施。

7）场内运输道路及人行通道的布置。

8）编制施工临时用电的组织设计和绘制临时用电图纸。建筑工程（包括脚手架具）的外侧边缘与外电架空线路的间距段有达到最小安全距离采取的防护措施。

9）防火、防毒、防爆、防雷等安全措施。

10）在建工程与周围人行通道及民房的防护隔离设置。

（2）季节性施工安全技术措施

季节性施工安全技术措施是指针对由于不同季节会对建筑施工生产带来不安全的影响因素，可能会造成一些突发性事故，而从技术和管理上采取的防护措施。一般建筑工程可在施工组织设计或施工方案的安全技术措施中编制季节性施工安全措施；危险性大、高温期长的建筑工程，应单独编制季节性的施工安全措施。季节性主要是指夏季、雨季和冬季。

3. 实施要求

（1）安全技术措施实施前应审核作业过程的指导文件，实施过程中应进行检查、分析和评价，并应使人员、机械、材料、方法、环境等因素均处于受控状态。

（2）建筑施工安全技术措施应按危险等级分级控制。

（3）建筑施工安全技术措施应在实施前进行预控，实施中进行过程控制。安全技术措施预控范围包括材料质量及检验复验、设备和设施检验、作业人员应具备的资格及技术能力、作业人员的安全教育、安全技术交底。安全技术措施过程控制范围包括施工工艺和工序、安全操作规程、设备和设施、施工荷载、阶段验收、监测预警。

（4）项目技术负责人、安全技术管理人员应经常深入施工现场，检查安全技术措施的实施情况，及时纠正违反安全技术措施的行为，各级安全管理部门应以施工安全技术措施为依据，以安全法规和各项安全规章制度为准则，经常性地对工地实施情况进行检查并监督各项安全措施的落实。

4. 实施验收

（1）建筑施工安全技术措施实施应按规定组织验收。

（2）安全技术措施实施的组织验收应符合下列规定：

1）应由施工单位组织安全技术措施的实施验收。

2）实施验收应根据危险等级由相应人员参加，并应符合下列规定：

① 危险等级为 Ⅰ 级的安全技术措施实施验收，参加的人员应包括施工单位技术和安全负责人、项目经理和项目技术负责人及项目安全负责人、项目总监理工程师和专业监理工程师、建设单位项目负责人和技术负责人、勘察设计单位项目技术负责人、涉及的相关参建单位技术负责人。

② 危险等级为 Ⅱ 级的安全技术措施实施验收，参加的人员应包括施工单位技术和安全负责人、项目经理和项目技术负责人及项目安全负责人、项目总监理工程师和专业监理工程师、建设单位项目技术负责人、勘察设计单位项目设计代表、涉及的相关参建单位技术负责人。

③ 危险等级为 Ⅲ 级的安全技术措施实施验收，参加的人员应包括施工单位项目经理和项目技术负责人、项目安全负责人、项目总监理工程师和专业监理工程师、涉及的相关参建单位的专业技术人员。

3）实行施工总承包的单位工程，应由总承包单位组织安全技术措施实施验收，相关专业工程的承包单位技术负责人和安全负责人应参加相关专业工程的安全技术措施实施验收。

【知识链接】 验收是检验建筑施工安全技术措施实施过程与结果的重要手段，是建筑施工安全技术封闭管理必不可少的最后一个环节。如果建筑安全技术措施实施与否及实施的好坏无人监管，安全技术措施就变成一句空话，是导致生产安全事故发生的重要原因。

（3）施工现场安全技术措施实施验收应在实施责任主体单位自行检查评定合格的基础上进行，验收应有明确的验收结果意见；当验收不合格时，实施责任主体单位应进行整改，并应重新组织验收。

（4）建筑施工安全技术措施实施验收应明确保证项目和一般项目，并应符合相关专业技术标准的规定。

（5）建筑施工安全技术措施实施验收应符合工程勘察设计文件、专项施工方案、安全技术措施实施的要求。

（6）对施工现场涉及建筑施工安全的材料、构配件、设备、设施、机具、吊索具、安全防护用品，应按国家现行有关标准的规定进行安全技术措施实施验收。

（7）机械设备和施工机具使用前应进行交接验收。

（8）施工起重、升降机械和整体提升脚手架、爬模等自升式架设设施安装完毕后，安装单位应自检，出具自检合格证明，并应向施工单位提供安全使用说明，办理交接验收手续。

3.2.6　专项施工方案

为加强对房屋建筑和市政基础设施工程中危险性较大的分部分项工程安全管理，有效防范生产安全事故，依据《中华人民共和国建筑法》《中华人民共和国安全生产法》《建设工程安全生产管理条例》等法律法规，结合住建部《危险性较大的分部分项工程安全管理规定》（住房和城乡建设部令第 37 号）的要求，对危险性较大的分部分项工程在施工前必须编制安全专项施工方案，对加强建设工程安全生产管理、指导施工现场的安全文明施工、预防重大安全事故的发生具有重要的指导作用。

3.2-3 《危险性较大的分部分项工程安全管理规定》

3.2-4 关于实施《危险性较大的分部分项工程安全管理规定》有关问题的通知

【知识链接】　为进一步规范和加强对危险性较大的分部分项工程安全管理，积极防范和遏制建筑施工生产安全事故的发生，住房和城乡建设部于 2018 年 3 月 8 日发布和 2018 年 6 月 1 日开始施行《危险性较大的分部分项工程安全管理规定》（住房和城乡建设部令第 37 号）。

1. 概述

危险性较大的分部分项工程是指房屋建筑和市政基础设施工程在施工过程中，容易导致人员群死群伤或者造成重大经济损失的分部分项工程。

危险性较大的分部分项工程安全专项施工方案（以下简称"专项方案"），是指施工单位在编制施工组织（总）设计的基础上，针对危险性较大的分部分项工程单独编制的安全技术措施文件。

【知识链接】　建设单位在申请领取施工许可证或办理安全监督手续时，应当提供危险性较大的分部分项工程清单和安全管理措施。施工单位、监理单位应当建立危险性较大的分部分项工程安全管理制度。

2. 编制内容

（1）工程概况：包括危险性较大的分部分项工程概况和特点、施工平面布置、施工要求和技术保证条件。

（2）编制依据：包括相关法律法规、规范性文件、标准规范及施工图设计文件、施工组织设计等。

（3）施工计划：包括施工进度计划、材料与设备计划。

（4）施工工艺技术：包括技术参数、工艺流程、施工方法、操作要求、检查要求等。

（5）施工安全保证措施：包括组织保障措施、技术措施、监测监控措施等。

（6）施工管理及作业人员配备和分工：包括施工管理人员、专职安全生产管理人员、特种作业人员、其他作业人员等。

（7）验收要求：包括验收标准、验收程序、验收内容、验收人员等。

（8）应急处置措施。

（9）计算书及相关施工图纸。

3. 编制及审查程序

（1）不需要进行专家论证的专项方案

施工单位应当在危险性较大的分部分项工程施工前组织工程技术人员编制专项施工方案。

危险性较大的分部分项工程实行施工总承包的，专项施工方案应当由施工总承包单位组织编制；实行分包的，专项施工方案可以由相关专业分包单位组织编制。

专项施工方案应当由施工单位技术负责人审核签字、加盖单位公章，并由总监理工程师审查签字、加盖执业印章后方可实施，程序流程图如图 3-5 所示。

危险性较大的分部分项工程实行分包并由分包单位编制专项施工方案的，专项施工方案应当由总承包单位技术负责人及分包单位技术负责人共同审核签字并加盖单位公章。

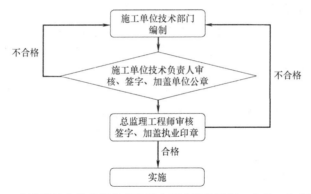

图 3-5　危险性较大的分部分项工程专项方案的编制、审核、审查程序

危险性较大的分部分项工程范围如下：

1）基坑工程

① 开挖深度超过 3m（含 3m）的基坑（槽）的土方开挖、支护、降水工程。

② 开挖深度虽未超过 3m，但地质条件、周围环境和地下管线复杂，或影响毗邻建（构）筑物安全的基坑（槽）的土方开挖、支护、降水工程。

2）模板工程及支撑体系

① 各类工具式模板工程：包括滑模、爬模、飞模、隧道模等工程。

② 混凝土模板支撑工程：搭设高度 5m 及以上，或搭设跨度 10m 及以上，或施工总荷载（荷载效应基本组合的设计值，以下简称设计值）$10kN/m^2$ 及以上，或集中线荷载（设计值）15kN/m 及以上，或高度大于支撑水平投影宽度且相对独立无联系构件的混凝土模板支撑工程。

承重支撑体系：用于钢结构安装等满堂支撑体系。

3）起重吊装及起重机械安装拆卸工程

采用非常规起重设备、方法，且单件起吊重量在 10kN 及以上的起重吊装工程；采用起重机械进行安装的工程；起重机械安装和拆卸工程。

4）脚手架工程

搭设高度 24m 及以上的落地式钢管脚手架工程（包括采光井、电梯井脚手架）；附着式升降脚手架工程；悬挑式脚手架工程；高处作业吊篮；卸料平台、操作平台工程；异型脚手架工程。

5）拆除工程

可能影响行人、交通、电力设施、通信设施或其他建、构筑物安全的拆除工程。

6）暗挖工程

采用矿山法、盾构法、顶管法施工的隧道、洞室工程。

7）其他

包括建筑幕墙安装工程；钢结构、网架和索膜结构安装工程；人工挖孔桩工程；水下作业工程；装配式建筑混凝土预制构件安装工程；采用新技术、新工艺、新材料、新设备可能影响工程施工安全，尚无国家、行业及地方技术标准的分部分项工程。

（2）需要进行专家论证的专项方案

对于超过一定规模的危大工程，施工单位应当组织召开专家论证会对专项施工方案进行论证。实行施工总承包的，由施工总承包单位组织召开专家论证会。

专家论证前专项施工方案应当通过施工单位审核和总监理工程师审查。

【知识链接】　超过一定规模的危大工程专项施工方案专家论证会的参会人员应当包括：①专家；②建设单位项目负责人；③有关勘察、设计单位项目技术负责人及相关人员；④总承包单位和分包单位技术负责人或授权委派的专业技术人员、项目负责人、项目技术负责人、专项施工方案编制人员、项目专职安全生产管理人员及相关人员；⑤监理单位项目总监理工程师及专业监理工程师。

专家组成员应当由 5 名及以上符合相关专业要求的专家组成，本项目参建各方的人员不得以专家身份参加专家论证会。

【知识链接】　论证审查的专家应当具备以下基本条件：诚实守信、作风正派、学术严谨；从事专业工作 15 年以上或具有丰富的专业经验；具有高级专业技术职称。

专家论证会后，应当形成论证报告，对专项施工方案提出通过、修改后通过或者不通过的一致意见。专家对论证报告负责并签字确认。该报告作为专项方案修改完善的指导意见。

施工单位应当根据论证报告修改完善专项方案，并经施工单位技术负责人、项目总监理工程师、建设单位项目负责人签字后，方可组织实施。实行施工总承包的，应当由施工总承包单位、相关专业承包单位技术负责人签字。

专项方案经论证后需做重大修改的，施工单位应按照论证报告进行修改，并重新组织专家进行论证。

施工单位应严格按照专项施工方案组织施工，不得擅自修改专项施工方案。

因规划调整、设计变更等原因确需调整的，修改后的专项施工方案应按照本规定重新审核和论证，超过一定规模的危险性较大的分部分项工程专项方案的编制、审查、论证流程如图 3-6 所示。

超过一定规模的危险性较大的分部分项工程范围如下：

1）深基坑工程

开挖深度超过 5m（含 5m）的基坑（槽）的土方开挖、支护、降水工程。

2）模板工程及支撑体系

① 工具式模板工程：包括滑模、爬模、飞模工程；

② 混凝土模板支撑工程：搭设高度 8m 及以上；搭设跨度 18m 及以上；施工总荷载 $15kN/m^2$ 及以上；集中线荷载 20kN/m 及以上；

③ 承重支撑体系：用于钢结构安装等满堂支撑体系，承受单点集中荷载 7kN 以上。

3）起重吊装及安装拆卸工程

采用非常规起重设备、方法，且单件起吊重量在 100kN 及以上的起重吊装工程；起重量 300kN 及以上，或搭设总高度 200m 及以上，或搭设基础标高在 200m 及以上的起重机械安装和拆卸工程。

4）脚手架工程

搭设高度 50m 及以上的落地式钢管脚手架工程；提升高度 150m 及以上的附着式脚手架工程或附着式升降操作平台工程；分段架体搭设高度 20m 及以上的悬挑式脚手架

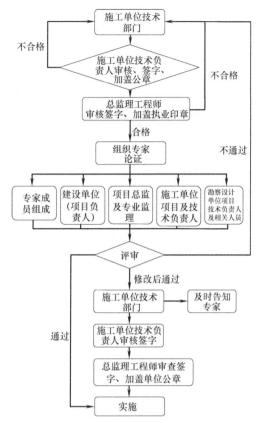

图 3-6　超过一定规模的危大工程专项方案的编制、审查、论证流程

工程。

5）拆除工程

码头、桥梁、高架、烟囱、水塔或拆除中容易引起有毒有害气（液）体或粉尘扩散、易燃易爆事故发生的特殊建、构筑物的拆除工程；文物保护建筑、优秀历史建筑或历史文化风貌区影响范围内的拆除工程。

6）暗挖工程

采用矿山法、盾构法、顶管法施工的隧道、洞室工程。

7）其他

施工高度 50m 及以上的建筑幕墙安装工程；跨度 36m 及以上的钢结构安装工程，或跨度 60m 及以上的网架和索膜结构安装工程；开挖深度 16m 及以上的人工挖孔桩工程；水下作业工程；重量 1000kN 及以上的大型结构整体顶升、平移、转体等施工工艺；采用新技术、新工艺、新材料、新设备可能影响工程施工安全，尚无国家、行业及地方技术标准的分部分项工程。

【知识链接】　监理单位应当将危险性较大的分部分项工程列入监理规划和监理实施细则，应当针对工程特点、周边环境和施工工艺等，制定安全监理工作流程、方法和措施。

4. 危险性较大的分部分项工程的监管

施工企业应建立在建项目危险性较大的分部分项工程安全监管台账，进行动态监管。

各级技术部门、工程部门、安全部门，应当按照各自职责，分别把危险性较大的分部分项工程的方案、实施、监督作为本部门工作检查的重点，按照国家法律法规、行业及企业标准，定期、不定期对项目进行检查。

5. 安全验收

（1）超过一定规模的危险性较大的分部分项工程，经项目验收合格后，由公司或分支机构组织技术、质量、安全、设备等相关部门核验。

（2）危险性较大的分部分项工程验收人员应当包括总承包单位技术负责人或授权委派的专业技术人员。经项目验收合格后，由公司或分支机构设备部门组织工程、安全、技术等相关部门核验。

6. 安全技术研究

企业对"新技术、新工艺、新材料、新设备"及新兴业务领域的安全技术开展研究，制定安全技术标准、安全检查标准和安全操作规程。

3.2.7　安全技术交底

1. 概述

安全技术交底是指交底方向被交底方对预防和控制生产安全事故发生及减少其危害的技术措施、施工方法进行说明的技术活动，用于指导建筑施工行为。

安全技术交底是指导工人安全施工操作的技术文件，是工程项目安全技术方案的具体落实，根据分部分项工程的施工要求、施工特点和危险因素由项目部技术管理人员编写，是操作者的指令性文件。

3.2-5　安全技术
交底和技术交底
的区别

根据《中华人民共和国安全生产法》《建设工程安全生产管理条例》等有关规定，在进行工程技术交底的同时要进行安全技术交底。

《建筑施工安全检查标准》JGJ 59—2011 对安全技术交底提出了如下要求：

（1）安全技术交底要有书面安全技术交底；

（2）安全技术交底要针对性强和全面交底。

《建设工程安全生产管理条例》第二十七条规定，建设工程施工前，施工单位负责项目管理的技术人员应当对有关安全施工的技术要求向施工作业班组、作业人员作出详细说明，并由双方签字确认。

《危险性较大的分部分项工程安全管理规定》第十五条规定，施工现场管理人员应当向作业人员进行安全技术交底，并由双方和项目专职安全生产管理人员共同签字确认。

【知识链接】　对于施工现场没有认真落实安全技术交底内容的，《建设工程安全生产管理条例》第六十四条第一款制订了处罚的相关规定：施工前未对有关安全施工的技术要求作出详细说明的，责令限期改正；逾期未改正的，责令停业整顿，并处 5 万元以上 10 万元以下的罚款；造成重大安全事故，构成犯罪的，对直接责任人员，依照刑法有关规定追究刑事责任。

安全技术交底应依据国家有关法律法规和有关标准规范、工程设计文件、施工组织设计和安全技术规划、专项施工方案和安全技术措施、安全技术管理文件等要求进行。

2. 安全技术交底的基本规定

（1）施工单位应建立分级、分层次的安全技术交底制度。项目部技术负责人向施工员、安全员进行交底，施工员向施工班组长进行交底，施工班组长向作业人员交底，分别逐级进行。工程实行总包、分包的，由总包单位项目技术负责人向分包单位现场技术负责人、分包单位现场技术负责人向施工班组长、施工班组长向作业人员分别逐级进行交底。

安全技术交底应有书面记录，交底双方应履行签字手续，书面记录应在交底者、被交底者和安全管理者三方留存备查。

（2）安全技术交底必须在施工作业前进行，任何项目在没有交底前不得进行施工作业。安全技术交底在施工作业实施过程中发挥其效力，随着工程施工作业的结束而终止其约束力。

（3）安全技术交底的内容应具体、明确、针对性强。交底的内容必须针对施工过程中潜在危险因素，明确安全技术措施内容和作业程序要求。

（4）危险等级为Ⅰ级、Ⅱ级的分部分项工程、机械设备及设施安装拆卸的施工作业，应单独进行安全技术交底。

（5）安全技术交底应优先采用新的安全技术措施。

3. 安全技术交底的内容

施工企业要确保施工生产安全，所制定的安全技术措施不但要有针对性，而且还要具体全面真正落到实处。为此，必须认真做好安全技术措施交底工作，使之贯彻到施工全过程中。

安全技术交底主要包括两个方面的内容：一是在施工方案的基础上按照施工的要求，对施工方案进行细化和补充；二是要将操作者的安全注意事项讲清楚，保证作业人员的人身安全。

主要内容包括：

（1）工程项目和分部分项工程的概况。

（2）施工过程的危险部位和环节及可能导致生产安全事故的因素。

（3）针对危险因素采取的具体预防措施。

（4）作业中应遵守的安全操作规程以及应注意的安全事项。

（5）作业人员发现事故隐患应采取的措施。

（6）发生事故后应及时采取的避险和救援措施。

建筑工程需要编制安全技术交底的分部分项工程安全技术交底清单见表 3-8。

分部分项工程安全技术交底清单　　　　　　　　　　　　　表 3-8

序　　号	安全技术交底名称
1	土方开挖分部工程安全技术交底
2	基坑支护分部工程安全技术交底
3	桩基施工分部工程安全技术交底
4	降水工程分部工程安全技术交底
5	模板工程分部工程安全技术交底
6	脚手架工程分部工程安全技术交底
7	钢筋工程分部工程安全技术交底

序　号	安全技术交底名称
8	混凝土工程分部工程安全技术交底
9	临时用电分部工程安全技术交底
10	建筑装饰装修工程分部工程安全技术交底
11	建筑屋面工程分部工程安全技术交底
12	建筑幕墙分部工程安全技术交底
13	临建设施分部工程安全技术交底
14	预应力工程分部工程安全技术交底
15	拆除工程分部工程安全技术交底
16	爆破工程分部工程安全技术交底
17	建筑起重机械分部工程安全技术交底
18	机械设备分部工程安全技术交底
19	吊装分部工程安全技术交底
20	洞口与临边防护分部工程安全技术交底
21	其他分部工程安全技术交底

4. 安全技术交底的检查落实

安全技术交底工作完毕后，所有参加交底的人员必须履行签字手续，交底的项目管理人员、被交底的生产班组、现场专职安全管理人员三方各留执一份，进行记录存档。

施工现场安全员必须认真履行检查、监督职责，并在安全技术交底上注明执行情况，切实保证安全技术交底工作不流于形式，提高全体作业人员安全生产的自我保护意识。

【知识链接】　在《基于"2-4"模型的建筑施工高处坠落事故原因分类与统计分析》一文中，作者整理分析了 2000—2016 年间的 56 起建筑施工高处坠落事故，并对各类原因进行了分类和统计分析。其中，无安全技术交底或技术交底不合格、安全组织机构不合格、无施工组织设计方案或方案不合格出现频次位于前三位。其中，安全技术交底情况和发生高处坠落事故之间的关系统计结果见表 3-9。

统计结果　　　　　　　　　　　　　　　　　　　　　表 3-9

序号	安全技术交底情况分析	频次	发生率(%)
1	安全技术交底不充分	7	13
2	没有进行安全技术交底	22	27

5. 安全技术交底示例

安全技术交底样表见表 3-10。

安全技术交底样表　　　　　　　　　　　　　　　　　　　表 3-10

工程名称		施工单位名称	
分部分项工程		生产班组	
交底内容:			
交底人		接受人		交底日期	
作业人员			

【知识链接】 "请你说说35kV带电设备的安全施工距离是多少?""你说一下进入运行变电站进行设备基础制作应注意什么问题?"这是2013年8月15日上午,河南省开封市供电公司在新建35kV土山岗变电站在进行"互动式"安全技术交底的一个场景。

在新建35kV土山岗变电站基建工程现场,该公司基建、安全管理部门组织现场监理、施工单位在安全交底区开展"互动式"安全技术交底,安全管理人员把需要施工人员掌握的安全措施、文明施工、小型机械、低压用电等方面的安全点、技术点分解成一个个具体生动的问题,通过一问一答的形式,让参加施工人员在思考作答的过程中复习安全知识、掌握现场安全点和风险控制措施,特别是通过对施工人员的误解点、记忆不牢点、混淆点等进行有针对性的解读和培训。

安全技术交底的常规做法是把大家集中在一起,逐条宣读,或者配以图板示意、施工人员复读等措施,这种做法存在机械、被动的弊端,不能达到让大家熟知的目的。该公司开展现场"互动式"安全技术交底,既创新了技术交底的工作形式,更增强了实际效果,在互动中提高了施工人员自身安全意识、巩固了安全知识,促进了"要我安全"到"我要安全"的转变。

3.3 施工安全事故应急救援与处理

3.3.1 施工安全事故的等级划分

国务院《生产安全事故报告和调查处理条例》规定,根据生产安全事故(以下简称事故)造成的人员伤亡或者直接经济损失,事故一般分为以下等级:

3.3-1 应急管理部公布2019年全国十大生产安全事故

(1)特别重大事故

特别重大事故是指造成30人以上死亡,或者100人以上重伤,或者1亿元以上直接经济损失的事故。

(2)重大事故

重大事故是指造成10人以上30人以下死亡,或者50人以上100人以下重伤,或者5000万元以上1亿元以下直接经济损失的事故。

(3)较大事故

较大事故是指造成3人以上10人以下死亡,或者10人以上50人以下重伤,或者1000万元以上5000万元以下直接经济损失的事故。

(4)一般事故

一般事故是指造成3人以下死亡,或者10人以下重伤,或者1000万元以下直接经济损失的事故。

【知识链接】 上述条款中所称的"以上"包括本数,所称的"以下"不包括本数。

《生产安全事故报告和调查处理条例》还规定,没有造成人员伤亡,但是社会影响恶劣的事故，国务院或者地方人民政府认为需要调查处理的，依照本条例的有关规定执行。

3.3.2 施工安全事故应急救援预案的规定

《建设工程安全生产管理条例》规定，县级以上地方人民政府建设行政主管部门应当根据本级人民政府的要求，制定本行政区域内建设工程特大生产安全事故应急救援预案。施工单位应制定本单位生产安全事故应急救援预案，建立应急救援组织或者配备应急救援人员，配备必要的应急救援器材、设备，并定期组织演练。

同时，施工单位应当根据建设工程的特点、范围，对施工现场易发生重大事故的部位、环节进行监控，制定施工现场生产安全事故应急救援预案。

实行施工总承包的，由总承包单位统一组织编制建设工程生产安全事故应急救援预案，工程总承包单位和分包单位按照应急救援预案，各自建立应急救援组织或者配备应急救援人员，配备救援器材、设备，并定期组织演练。

《中华人民共和国安全生产法》规定，生产经营单位的主要负责人具有组织制定并实施本单位的生产安全事故应急救援预案的职责。

1. 施工安全事故应急救援预案的类型

施工安全事故应急救援预案分为施工单位的安全事故应急救援预案和施工现场安全事故应急救援预案两大类。

2. 施工安全事故应急救援预案的编制要求

（1）有关法律、法规、规章和标准的规定；

（2）本地区、本部门、本单位的安全生产实际情况；

（3）本地区、本部门、本单位的危险性分析情况；

（4）应急组织和人员的职责分工明确，并有具体的落实措施；

（5）有明确、具体的应急程序和处置措施，并与其应急能力相适应；

（6）有明确的应急保障措施，满足本地区、本部门、本单位的应急工作需要；

（7）应急预案基本要素齐全、完整，应急预案附件提供的信息准确；

（8）应急预案内容与相关应急预案相互衔接。

3. 施工安全事故应急救援预案的编制内容

（1）应急防范重点区域和单位；

（2）应急救援准备和快速反应详细方案；

（3）应急救援现场处置和善后工作安排计划；

（4）应急救援物资保障计划；

（5）应急救援请示报告制度。

4. 施工安全事故应急救援预案的实施

（1）建筑施工单位应当组织开展本单位的应急预案、应急知识、自救互救和避险逃生技能的培训活动，使有关人员了解应急预案内容，熟悉应急职责、应急处置程序和措施。应急培训的时间、地点、内容、师资、参加人员和考核结果等情况应当如实记入本单位的安全生产教育和培训档案。

（2）建筑施工单位应当至少每半年组织一次生产安全事故应急预案演练，并将演练情况报送所在地县级以上地方人民政府负有安全生产监督管理职责的部门。

（3）应急预案演练结束后，应急预案演练组织单位应当对应急预案演练效果进行评估，撰写应急预案演练评估报告，分析存在的问题，并对应急预案提出修订意见。

（4）建筑施工企业应当每三年进行一次应急预案评估。应急预案评估可以邀请相关专业机构或者有关专家、有实际应急救援工作经验的人员参加，必要时可以委托安全生产技术服务机构实施。

【知识链接】 2016 年 6 月 3 日，《生产安全事故应急预案管理办法》（国家安全生产监督管理总局令第 88 号）公布，2019 年 7 月 11 日，《应急管理部关于修改〈生产安全事故应急预案管理办法〉的决定》（应急管理部令第 2 号）进行了修正。

3.3-3 《生产安全事故应急预案管理办法》

3.3.3 安全事故的调查和处理

1. 事故报告

《建设工程安全生产管理条例》第五十条规定，施工单位发生生产安全事故，应当按照国家有关伤亡事故报告和调查处理的规定，及时、如实地向负责安全生产监督管理的部门、建设行政主管部门或者其他有关部门报告；特种设备发生事故的，还应当同时向特种设备安全监督管理部门报告。接到报告的部门应当按照国家有关规定，如实上报。实行施工总承包的建设工程，由总承包单位负责上报事故。

《生产安全事故报告和调查处理条例》第四条规定，事故报告应当及时、准确、完整，任何单位和个人对事故不得迟报、漏报、谎报或者瞒报。

（1）报告程序

事故发生后，事故现场有关人员应当立即向本单位负责人报告。

单位负责人接到报告后，应当于 1 小时内向事故发生地县级以上人民政府安全生产监督管理部门和负有安全生产监督管理职责的有关部门报告。情况紧急时，事故现场有关人员可以越过单位负责人直接上报。

安全生产监督管理部门和负有安全生产监督管理职责的有关部门逐级上报事故情况，每级上报的时间不得超过 2 小时。

1）特别重大事故、重大事故逐级上报至国务院安全生产监督管理部门和负有安全生产监督管理职责的有关部门。

2）较大事故逐级上报至省、自治区、直辖市人民政府安全生产监督管理部门和负有安全生产监督管理职责的有关部门。

3）一般事故上报至设区的市级人民政府安全生产监督管理部门和负有安全生产监督管理职责的有关部门。

安全生产监督管理部门和负有安全生产监督管理职责的有关部门依照规定上报事故情况时，应当同时报告本级人民政府。

国务院安全生产监督管理部门和负有安全生产监督管理职责的有关部门以及省级人民政府接到发生特别重大事故、重大事故的报告后，应当立即报告国务院。必要时，安全生产监督管理部门和负有安全生产监督管理职责的有关部门可以越级上报事故情况。

（2）报告内容

1）事故发生单位概况；

2）事故发生的时间、地点以及事故现场情况；

3）事故的简要经过；

4）事故已经造成或者可能造成的伤亡人数（包括下落不明的人数）和初步估计的直接经济损失；

5）已经采取的措施；

6）其他应当报告的情况。

2. 事故的现场保护

事故发生后，有关单位和人员应当妥善保护事故现场以及相关证据，任何单位和个人不得破坏事故现场、毁灭相关证据。因抢救人员、防止事故扩大以及疏通交通等原因，需要移动事故现场物件的，应当做出标志，绘制现场简图并做出书面记录，妥善保存现场重要痕迹、物证。

事故发生地公安机关根据事故的情况，对涉嫌犯罪的，应当依法立案侦查，采取强制措施和侦查措施。犯罪嫌疑人逃匿的，公安机关应当迅速追捕归案。

安全生产监督管理部门和负有安全生产监督管理职责的有关部门应当建立值班制度，并向社会公布值班电话，受理事故报告和举报。

3. 事故的调查

事故调查处理应当坚持实事求是、尊重科学的原则，及时、准确地查清事故经过、事故原因和事故损失，查明事故性质，认定事故责任，总结事故教训，提出整改措施，并对事故责任者依法追究责任。

（1）事故调查的管辖

特别重大事故由国务院或者国务院授权有关部门组织事故调查组进行调查。重大事故、较大事故、一般事故分别由事故发生地省级人民政府、设区的市级人民政府、县级人民政府负责调查。省级人民政府、设区的市级人民政府、县级人民政府可以直接组织事故调查组进行调查，也可以授权或者委托有关部门组织事故调查组进行调查。

未造成人员伤亡的一般事故，县级人民政府也可以委托事故发生单位组织事故调查组进行调查。

（2）事故调查组的组成与职责

事故调查组的组成应当遵循精简、效能的原则。根据事故的具体情况，事故调查组由有关人民政府、安全生产监督管理部门、负有安全生产监督管理职责的有关部门、监察机关、公安机关以及工会派人组成，并应当邀请人民检察院派人参加。事故调查组可以聘请有关专家参与调查。

事故调查组组长由负责事故调查的人民政府指定。事故调查组组长主持事故调查组的工作。事故调查组成员应当具有事故调查所需要的知识和专长，并与所调查的事故没有直接利害关系。

事故调查组履行下列职责：查明事故发生的经过、原因、人员伤亡情况及直接经济损失；认定事故的性质和事故责任；提出对事故责任者的处理建议；总结事故教训，提出防范和整改措施；提交事故调查报告。

（3）事故调查报告的期限与内容

事故调查组应当自事故发生之日起 60 日内提交事故调查报告；特殊情况下，经负责事故调查的人民政府批准，提交事故调查报告的期限可以适当延长，但延长的期限最长不超过 60 日。

事故调查报告应当包括下列内容：

1）事故发生单位概况；

2）事故发生经过和事故救援情况；

3）事故造成的人员伤亡和直接经济损失；

4）事故发生的原因和事故性质；

5）事故责任的认定以及对事故责任者的处理建议；

6）事故防范和整改措施。

事故调查报告应当附具有关证据材料。事故调查组成员应当在事故调查报告上签名。

事故调查报告报送负责事故调查的人民政府后，事故调查工作即告结束。事故调查的有关资料应当归档保存。

4. 事故的处理

对责任不落实，发生重特大事故的，要严格按照事故原因未查清不放过、责任人员未处理不放过、整改措施未落实不放过、有关人员未受到教育不放过的"四不放过"原则。

3.3-4 《关于加强建筑施工安全事故责任企业人员处罚的意见》

重大事故、较大事故、一般事故，负责事故调查的人民政府应当自收到事故调查报告之日起 15 日内做出批复；特别重大事故，30 日内做出批复，特殊情况下，批复时间可以适当延长，但延长的时间最长不超过 30 日。

有关机关应当按照人民政府的批复，依照法律、行政法规规定的权限和程序，对事故发生单位和有关人员进行行政处罚，对负有事故责任的国家工作人员进行处分。事故发生单位应当按照负责事故调查的人民政府的批复，对本单位负有事故责任的人员进行处理。负有事故责任的人员涉嫌犯罪的，依法追究刑事责任。

3.4 文明施工和施工现场环境保护

3.4.1 文明施工

1. 概念

3.4-1 《关于进一步加强施工工地和道路扬尘管控工作的通知》

文明施工是指保持施工场地整洁、卫生，施工组织科学、施工程序合理的一种施工活动。实现文明施工不仅要着重做好现场的场容管理工作，而且还要相应做好现场材料、设备、安全、技术、保卫、消防和生活卫生等方面的管理工作。一个工地的文明施工水平是该工地乃至所在企业各项管理工作水平的综合体现。

2. 基本要求

（1）施工现场必须设置明显的标牌，标明工程项目名称、建设单位、设计单位、施工单位、项目经理和施工现场总代表人的姓名，开、竣工日期，施工许可证批准文号等。施工单位负责施工现场标牌的保护工作。

（2）施工现场的管理人员在施工现场应当佩戴证明其身份的证卡。

（3）应当按照施工总平面布置图设置各项临时设施。现场堆放的大宗材料、成品、半成品和机具设备不得侵占场内道路及安全防护等设施。

（4）施工现场的用电线路、用电设施的安装和使用必须符合安装规范和安全操作规程，并按照施工组织设计进行架设，严禁任意拉线接电。施工现场必须设有保证施工安全要求的夜间照明。危险潮湿场所的照明及手持照明灯具必须采用符合安全要求的电压。

（5）施工机械应当按照施工总平面布置图规定的位置和线路设置，不得任意侵占场内道路。施工机械进场须经过安全检查，经检查合格的方能使用。施工机械操作人员必须建立机组责任制，并依照有关规定持证上岗，禁止无证人员操作。

（6）应保证施工现场道路畅通，排水系统处于良好的使用状态。保持场容场貌的整洁，随时清理建筑垃圾。在车辆、行人通行的地方施工，应当设置施工标志，并对沟、井、坎、穴进行覆盖。

（7）施工现场的各种安全设施和劳动保护器具，必须定期进行检查和维护，及时消除隐患，保证其安全有效。

（8）施工现场应当设置各类必要的职工生活设施，并符合卫生、通风、照明等要求。职工的膳食、饮水供应等应当符合卫生要求。

（9）应当做好施工现场安全保卫工作，采取必要的防盗措施，在现场周边设立围护设施。

（10）应当严格依照《中华人民共和国消防条例》的规定，在施工现场建立和执行防火管理制度，设置符合消防要求的消防设施，并保持完好的备用状态。在容易发生火灾的地区施工，或者储存、使用易燃易爆器材时，应当采取特殊的消防安全措施。

（11）施工现场生产安全事故的处理，依照《生产安全事故报告和调查处理条例》执行。

3. 文明施工管理的内容

文明施工的内容主要有现场围挡、封闭管理、施工场地、材料堆放、现场住宿、现场防火、治安综合治理、施工现场标牌、生活设施、保健急救和社区服务等。

（1）现场围挡

1）围挡的高度：市区主要路段的工地周围设置的围挡高度不低于 2.5m；一般路段的工地周围设置的围挡高度不低于 1.8m。

2）围挡材料应选用砌体、金属板材等硬质材料，禁止使用彩钉布、竹笆、安全网等易变形材料，做到坚固、平稳、整洁、美观。

3）围挡的设置必须沿工地四周连续进行，不能留有缺口。

（2）封闭管理

1）加强现场管理，施工工地应有固定的出入口，并设置大门以便于管理。

2）出入口处应设有专职门卫人员，并制定完善的门卫管理制度。

3）加强对出入现场人员的管理，规定进入施工现场的人员都应佩戴胸卡以示证明；胸卡应佩戴整齐。

4）各企业应按自己的特点设置大门的形式，大门上应标有企业名称或企业标识。

（3）施工场地

1）工地的地面应采用混凝土地面或其他硬化地面，使现场地面平整坚实。

2）施工场地应有循环道路，且保持畅通，无大面积积水；有良好的排水设施，保证排水畅通。

3）施工中产生的废水、泥浆应经流水槽或管道排入工地集水池统一沉淀处理，不得随意排放和污染施工区域以外的河道、路面。

4）施工现场应该禁止吸烟，防止发生危险，或设置固定的吸烟室或吸烟处，吸烟室或吸烟处应远离危险区并设置必要的灭火器材。

5）工地应尽量布置绿化，有花草树木。

（4）材料堆放

1）施工现场工具、构件、各种材料必须按照总平面图规定的位置，按品种、分规格堆放，并设置明显标牌。

2）施工作业区及建筑物楼层内，应随完工随清理，建筑垃圾不得长期堆放在楼层内，应及时运走。施工现场的垃圾也应分门别类集中堆放。

3）易燃易爆物品不能混放，除现场有集中存放处外，班组使用的零散的各种易燃易爆物品必须按有关规定存放。

（5）现场住宿

1）施工现场必须将施工作业区与生活区严格分开，不能混用。在建工程不得兼作宿舍，因为在施工区内住宿会带来各种危险，如落物伤人、触电或洞口临边防护不严而造成事故，两班作业时，施工噪声会影响工人的休息。

【知识链接】　施工单位违反《建设工程安全生产管理条例》的规定，在施工前未对有关安全施工的技术要求作出详细说明或在尚未竣工的建筑物内设置员工集体宿舍的，责令限期改正。逾期未改正的，责令停业整顿，并处 5 万元以上 10 万元以下的罚款。

2）施工作业区与办公区及生活区应有明显划分，要有隔离和安全防护措施，防止发生事故。

3）寒冷地区冬期住宿应有保暖措施和防煤气中毒的措施；炎热季节，宿舍应有消暑和防蚊虫叮咬措施，保证施工人员有充足睡眠。

4）保持宿舍外周围环境卫生干净。宿舍内床铺及各种生活用品放置整齐，室内应限定人数，有安全通道，宿舍门向外开，被褥叠放整齐、干净，室内无异味。

（6）现场防火

1）施工现场应根据施工作业条件制定消防制度或消防措施。

2）按照不同作业条件，合理配备灭火器材。如电气设备附近应设置干粉类不导电的灭火器材；对于设置的泡沫灭火器应有换药日期和防晒措施。灭火器材设置的位置和数量等均应符合有关的消防规定。

3）当建筑施工高度超过 30m 时，为解决单纯依靠消防器材灭火的问题，要求配备有足够的消防水源和自救的水量。

4）应建立明火审批制度。凡有明火作业的必须经主管部门审批（审批时应写明要求和注意事项）；作业时，应按规定配备监护人员；作业后，必须确认无火源危险后方可离开。

（7）治安综合治理

1）在生活区内设置工人业余学习和娱乐场所，使工人劳动后也能有合理的休息方式。

2）施工现场应建立治安保卫制度和明确责任分工，并有专人负责检查落实情况。

（8）施工现场标牌

1）施工现场的大门口应设置整齐明显的"五牌一图"。

2）标牌是施工现场重要标志的一项内容，所以不但内容要有针对性，同时标牌的制作应规范整齐，字体工整。

（9）生活设施

1）施工现场应设置符合卫生要求的厕所，有条件的应设冲水式厕所，所应有专人负责管理。

2）施工现场应保持卫生，不准随地大小便。高层建筑施工时，可每隔几层在建筑内设置移动式简易厕所。

3）食堂卫生必须符合有关的卫生要求。如炊事员必须有卫生防疫部门颁发的体检合格证，生熟食应分开存放，食堂炊事人员应穿白色工作服，应定期检查食堂卫生。食堂应在显著位置张挂卫生责任制标牌并落实到人。

4）施工作业人员应能喝到符合卫生要求的白开水，不固定的盛水容器须有专人管理。

5）施工现场应按作业人员的数量设置足够使用的淋浴设施，淋浴室在寒冷季节应有暖气、热水，淋浴室应有专人管理

6）生活垃圾应及时清理，集中运送装入容器，不能与施工垃圾混放，并设专人管理。

（10）保健急救

1）工地应有保健药箱并备有常用药品，有医生巡回医疗。

2）临时发生的意外伤害，现场应备有急救器材（如担架等），以便及时抢救。

3）施工现场应有经培训合格的急救人员，懂得一般的急救处理知识。

4）为保障作业人员健康，应在流行病易发季节及平时定期开展卫生防病的宣传教育工作。

（11）社区服务

1）工地施工应不扰民，应针对施工工艺设置防尘和防噪音设施（施工现场噪声规定不超过 85dB）。

2）夜间施工应有主管部门的批准手续，并做好周围居民和单位的工作。

3）有毒、有害物质应该按照有关规定进行处理，现场不得焚烧有毒、有害物质。

4）现场应建立不扰民措施，由责任人管理和检查。

（12）现场文明施工的检查评定

为推动建筑工地的文明施工，应对现场的文明施工管理情况进行检查、评比。优秀的工地授予文明工地的称号；不合格的工地，令其限期整改，甚至予以适当的经济处罚。文明施工的检查、评比一般是由工程管理部门根据文明施工的要求，按其内容的性质分解为施工现场、材料堆放、住宿、综合治理、防火消防、生活卫生和社区服务等管理分项，逐项检查、评分，最后汇总得出总分。

【知识链接】 根据《建筑施工安全检查标准》JGJ 59—2011 规定，文明施工检查评定保证项目应包括现场围挡、封闭管理、施工场地、材料管理、现场办公与住宿、现场防

火。一般项目应包括综合治理、公示标牌、生活设施、社区服务。

3.4.2 施工现场环境保护

1. 概念

施工现场环境保护是按照法律法规、各级主管部门和企业的要求，保护和改善作业现场的环境，控制现场的各种粉尘、废水、废气、固体废弃物、噪声、振动等对环境的污染和危害。环境保护也是文明施工的重要内容之一。

施工现场环境保护的内容主要有防止空气污染、水污染、施工噪声污染和固体废弃物处理等。

2. 防止空气污染

施工现场产生的主要大气污染物有装卸运输过程中产生的扬尘；烧含有毒、有害化学成分的废料；锅炉、熔化炉、厨房烧煤产生的烟尘；建材破碎、加工过程中产生的飘尘；施工动力机械排放的尾气等。

施工现场空气污染的防治措施如下：

（1）严格控制施工现场和施工运输过程中的扬尘和飘尘对周围大气的污染，可采用清扫、洒水、遮盖、密封等措施降低污染。

（2）严格控制有毒、有害气体的产生和排放，如禁止随意烧油毡、橡胶、塑料、皮革、树叶、枯草、各种包装物等废弃物品，尽量不使用有毒、有害的涂料等化学物质。

（3）所有机动车的尾气排放应符合国家现行标准。

3. 防止水污染

施工现场对水产品产生的污染有废水和固体废物随水流流入水体，包括泥浆、有机溶剂、重金属、酸碱盐、食堂和生活污水等。

施工现场水污染的防治措施如下：

（1）施工现场应设置排水沟及沉淀池，泥浆不得直接排入市政管网。

（2）食堂和生活污水的下水管道应设置隔离网，并与市政污水管线连接。

（3）现场存放的油料、化学溶剂等应设有专门的库房，地面应进行防渗漏处理。

4. 防止施工噪声污染

施工现场噪声污染有运输噪声（卡车、搅拌车、翻斗车等）、施工机械噪声（打桩机、推土机、电锯、搅拌机等）、生活噪声（广播声、喧哗声等）。噪声是影响与危害非常广泛的环境污染问题。噪声环境会干扰人的睡眠与工作，影响人的心理状态与情绪，造成人的听力下降甚至引起许多疾病。

（1）施工现场提倡文明施工，应建立健全控制人为噪声的管理制度。尽量减少施工中人为的大声喧哗，增强全体施工人员防噪声扰民的自觉意识。

（2）凡在居民稠密区进行强噪声作业的，要严格控制作业时间，晚间作业不超过22时，早晨作业不早于6时，特殊情况需连续作业（或夜间作业）的，应尽量采取降噪措施，事先做好周围群众的工作，并报经工地所在区、县有关部门同意后方可施工。

（3）尽量选用低噪声或备有消声降噪声设备的施工机械。施工现场的强噪声机械（搅拌机、电锯、电创、砂轮机等）要设置封闭的机械棚，以减少强噪声的扩散。

5. 固体废弃物处理

施工现场常见的固体废弃物有建筑渣土（砖瓦、碎石、渣土、混凝土块等）、废弃的散装建筑材料（废水泥、废石灰）、生活垃圾（包括炊厨废物，丢弃的食品、废纸、生活用具等）、设备材料的包装物等。

施工现场固体废弃物处理措施如下：

（1）物理处理，包括压实浓缩、破碎、分选、脱水干燥等。

（2）化学处理，包括氧气还原、中和、化学浸出等。

（3）回收利用，包括回收利用和集中处理等资源化、减量化的方法。

（4）填埋处置，包括覆盖填埋、指定地点抛卸等。

3.4.3 安全标志的管理

施工现场应当根据工程特点及施工的不同阶段，有针对性地设置、悬挂安全标志。

1. 安全标志的定义

安全警示标志是指提醒人们注意的各种标牌、文字、符号以及灯光等。一般来说，安全警示标志包括安全色和安全标志。安全警示标志应当明显，便于作业人员识别。如果是灯光标志，要求明亮显眼；如果是文字图形标志，则要求明确易懂；如果是符号，则应当易于理解。

根据《安全色》GB 2893—2008 规定，安全色是表达安全信息含义的颜色，安全色分为红、黄、蓝、绿四种颜色，分别表示禁止、警告、指令和提示。

根据《安全标志及其使用导则》GB 2894—2008 规定，安全标志是用于表达特定信息的标志，由图形符号、安全色、几何图形（边框）或文字组成。安全警示标志的图形、尺寸、颜色、文字说明和制作材料等，均应符合国家标准规定。

2. 悬挂安全标志的意义

施工现场施工机械与机具种类多、高空作业与交叉作业多、临时设施多、不安全因素多、作业环境复杂，都属于危险因素较大的作业场所，在容易发生人身伤亡事故在施工现场的危险部位和有关设备、设施上设置安全警示标志，是为了提醒、警示进入施工现场的管理人员、作业人员和有关人员，要时刻认识到所处环境的危险性，随时保持清醒和警惕，避免事故发生。

3. 安全标志的平面布置图

施工单位应当根据工程项目的规模、施工现场的环境、工程结构形式以及设备、机具的位置等情况，确定危险部位，有针对性地设置安全标志。

施工现场应绘制安全标志布置总平面图，根据施工不同阶段的施工特点，组织人员有针对性地进行设置、悬挂或增减。

安全标志的平面布置图，是重要的安全工作资料之一，当一张图不能标明时可以分层表明或分层绘制。安全标志的平面布置图应由绘制人员签名、项目负责人审批。

4. 安全标志的设置与悬挂

《建设工程安全生产管理条例》规定，施工单位应当在施工现场入口处、施工起重机械、临时用电设施、脚手架、出入通道口、楼梯口、电梯井口、孔洞口、桥梁口、隧道口、基坑边沿、爆破物及有害危险气体和液体存放处等属于危险部位，应当设置明显的安全警示标志。安全警示标志不能随意设置，必须符合国家标准。

根据危险部位的性质不同，应当设置不同类型、数量的安全警示标志。如在爆破物及有害危险气体和液体存放处设置禁止烟火、禁止吸烟等禁止标志；在施工机具旁设置当心触电、当心伤手等警告标志；在施工现场入口处设置必须佩戴安全帽等指令标志；在通道口处设置安全通道等指示标志；在施工现场的沟、坎、深基坑等处，夜间要设置红灯示警。

安全标志设置后应当进行统计记录，并填写施工现场安全标志登记表。

单 元 总 结

本单元——建筑施工安全生产管理，主要分两方面讲解了施工企业和工程项目部两个层级，如何通过制度保障来做好安全生产管理；建筑施工安全技术管理，主要介绍了为保证安全技术措施和专项安全技术施工方案有效实施，确保施工安全，施工单位需要采取的措施和手段；施工安全事故应急救援与处理，主要讲解了施工安全事故的等级划分、事故应急救援的编制和实施、事故的调查和处理等内容。文明施工和施工现场环境保护，主要介绍了文明施工的要求和管理内容、施工现场环境保护的内容、安全标志的设置等。

通过本单元的学习，使学生了解安全生产管理的含义和原则；熟悉施工企业和工程项目部在安全生产管理中需要做的工作；熟悉施工安全事故的等级划分、应急救援预案和事故调查处理的有关规定；文明施工和施工现场环境保护的要求和内容，掌握安全专项施工方案编制内容和有关规定、安全技术措施和安全技术交底的编制和实施。

习　　题

一、单选题

1. "三同时"原则是指建设项目的劳动安全卫生设施必须与主体工程（　　）。

A. 同时设计、同时施工、同时验收

B. 同时立项、同时审查、同时验收

C. 同时立项、同时设计、同时验收

D. 同时设计、同时施工、同时投入生产和使用

教学单元3
习题答案

2. 生产经营单位的（　　）对本单位的安全生产工作全面负责。

A. 项目负责人　　　　B. 主要负责人　　　　C. 专职安全员　　　　D. 项目技术负责人

3. 按照《建筑施工企业安全生产管理机构设置及专职安全生产管理人员配备办法》的规定，一级资质的施工总承包单位配备专职安全生产管理人员的标准为不少于（　　）人。

A. 6　　　　　　　　B. 4　　　　　　　　C. 4　　　　　　　　D. 5

4. 面积在 1 万～5 万 m^2 以下的建筑工程项目，总包单位在施工现场应配备不少于（　　）人的专职安全生产管理人员。

A. 2　　　　　　　　B. 3　　　　　　　　C. 4　　　　　　　　D. 1

5. 特种作业人员应持有相应的（　　），方可上岗作业。

A. 安全生产考核证书　　　　　　　　B. 执业资格证书

C. 岗位证书   D. 操作资格证书

6. 特种作业人员每年进行针对性安全培训的时间，不得少于（   ）学时。

A. 12   B. 24   C. 20   D. 30

7. 施工过程中，使用安全带应遵从（   ）的原则。

A. 高挂高用   B. 高挂低用   C. 低挂高用   D. 低挂低用

8. 施工现场的安全管理人员需穿戴（   ）背心。

A. 黄绿色反光   B. 橘红色反光   C. 绿色反光   D. 红色反光

9. 项目负责人每月带班生产时间不得少于本月施工时间的（   ）。

A. 70%   B. 60%   C. 80%   D. 90%

10. 以下不属于特种设备的是（   ）。

A. 高压配电柜   B. 氧气瓶   C. 电梯   D. 起重机

11. 超过一定规模的危险性较大的分部分项工程，对应的危险等级为（   ）级。

A. Ⅱ   B. Ⅲ   C. Ⅰ   D. Ⅳ

12. 实行施工总承包的单位工程，应由（   ）组织安全技术措施实施验收。

A. 建设单位   B. 总承包单位   C. 监理单位   D. 专业工程承包单位

13. 施工现场安全技术措施实施验收应在实施责任主体（   ）的基础上进行。

A. 上报建设单位验收合格   B. 上报监理单位验收合格

C. 上报施工单位技术部门验收合格   D. 自行检查评定合格

14. 危险性较大的分部分项工程不包括（   ）。

A. 开挖深度为 4m 的土方开挖工程

B. 搭设高度为 7m 的混凝土模板支承工程

C. 搭设高度为 20m 的双排落地式钢管脚手架工程

D. 人工挖扩孔桩工程

15. 超过一定规模的危险性较大的分部分项工程专项施工方案，施工单位应当组织召开专家论证会。专家组成员人数不得少于（   ）名。

A. 3   B. 5   C. 7   D. 10

16. 安全专项施工方案应由施工单位组织（   ）编制。

A. 专业工程技术人员   B. 项目安全总监   C. 项目总工程师   D. 项目经理

17. 落地式钢管脚手架工程单独编制安全专项施工方案的高度起点是（   ）m。

A. 6   B. 8   C. 12   D. 24

18. 基坑支护安全专项施工方案必须进行专家论证的最小深度是（   ）m。

A. 4   B. 3   C. 5   D. 7

19. 下列专项施工方案中，需要组织专家论证的是（   ）。

A. 施工高度 36m 的建筑幕墙安装工程

B. 分段搭设高度为 18m 的悬挑式脚手架工程

C. 搭设高度 6.5m 的混凝土高支模架专项施工方案

D. 开挖深度 20m 的人工挖孔桩专项施工方案

20. 超过一定规模的危险性较大的分部分项工程专项方案的专家论证会应由（   ）组织。

A. 分包单位   B. 总包单位   C. 监理单位   D. 建设单位

21. 下列属于监理单位安全责任的是（   ）。

A. 审查专项施工方案   B. 编制安全技术措施

C. 编制专项施工方案   D. 审查安全施工措施

22. 下列安全事项中，属于设计单位应当在施工图设计文件中注明的内容是（   ）。

A. 施工安全操作和防护的方法　　　　　　B. 保障施工作业人员安全的措施

C. 预防生产安全事故的措施建议　　　　　D. 危险性较大的分部分项工程的重大部位和环节

23. 根据《危险性较大的分部分项工程安全管理规定》(住房和城乡建设部令第37号)，下列方案或计划中，属于安全专项施工方案中的施工安全保证措施的是（　　）。

A. 验收程序　　　　　　　　　　　　　B. 监控监测措施

C. 材料与设备计划　　　　　　　　　　D. 施工进度计划

24. 某建设工程采用工程总承包模式，总包单位将附着式升降脚手架工程分包给了专业分包单位，则其安全专项施工方案（　　）。

A. 必须由总承包单位编写

B. 必须由专业分包单位编写

C. 可以由总承包单位会同专业分包单位一同编写

D. 可以由总承包单位或专业分包单位编写

25. 危险性较大的分部分项工程安全专项施工方案需经（　　）签字后实施。

A. 设计单位负责人、施工单位技术负责人

B. 项目技术负责人、总监理工程师

C. 施工单位技术负责人、总监理工程师

D. 项目技术负责人、建设单位项目负责人

26. 安全专项施工方案实施过程中，应由（　　）进行现场监督。

A. 项目负责人　　　　　　　　　　　　B. 专职安全生产管理人员

C. 项目技术负责人　　　　　　　　　　D. 施工单位技术负责人

27. 某工程施工过程中，因发生设计变更，原有的土方开挖工程专项施工方案进行了修改，则修改后的专项施工方案应（　　）签字后实施。

A. 直接用于施工

B. 经总监理工程师签字后实施

C. 经施工单位技术负责人签字后实施

D. 按规定重新审核

28. 专项方案实施前，编制人员或项目技术负责人应向（　　）进行方案交底。

A. 监理人员　　　　　　　　　　　　　B. 施工作业人员

C. 施工现场管理人员　　　　　　　　　D. 专职安全生产管理人员

29. 实行事故总承包的建设工程在施工过程中发生了安全事故，应由（　　）负责向有关主管部门报告。

A. 建设单位　　　　B. 监理单位　　　　C. 施工总承包单位　　　D. 分包单位

30. 某工程发生安全事故，造成10人死亡，50人重伤，6000万元直接经济损失，则该事故的等级属于（　　）。

A. 一般事故　　　　　B. 较大事故　　　　C. 重大事故　　　　D. 特别重大事故

31. 根据《生产安全事故报告和调查处理条例》，负责重大事故调查的是（　　）。

A. 省级人民政府　　　B. 设区市级人民政府　　C. 县级人民政府　　　D. 国务院

32. 根据《生产安全事故报告和调查处理条例》，事故发生后，下列说法正确的是（　　）。

A. 单位负责人接到报告后，应当于2小时内向有关部门报告

B. 单位负责人应当向单位所在地的有关部门报告

C. 事故现场有关人员应当立即向本单位负责人报告

D. 情况紧急时，事故现场有关人员应当立即向事故发生地的有关部门报告

33. 关于施工企业专职安全生产管理人员职责的说法，正确的（　　）。

A. 组织制定本单位安全生产操作规程

B. 编制安全专项施工方案

C. 如实记录安全生产教育和培训情况

D. 建立健全本单位安全生产责任制

34. 施工单位应当将施工现场的办公区、生活区与作业区（   ）并保持安全距离。

A. 集中设置　　　　B. 分开设置　　　　C. 相邻设置　　　　D. 混合设置

35. 施工单位应当在危险部位设置安全警示标志，安全警示标志必须符合（   ）标准。

A. 企业　　　　　　B. 行业　　　　　　C. 地区　　　　　　D. 国家

36. 市区主要路段的工地周围设置的围挡高度应不低于（   ）m；一般路段的工地周围设置的围挡高度应不低于（   ）m。

A. 2.5；1.8　　　　B. 3.0；2.0　　　　C. 2.5；2.0　　　　D. 2.8；1.8

二、多选题

1.《安全生产法》中规定，安全生产工作应当坚持的方针为（   ）。

A. 安全第一　　　　　　　　　　　　B. 预防为主

C. 安全至上　　　　　　　　　　　　D. 安全责任重于泰山

E. 综合治理

2. 项目专职安全生产管理人员的主要职责包括（   ）。

A. 对作业人员违规违章行为有权予以纠正或查处

B. 参与危险性较大工程安全专项施工方案专家论证会

C. 负责施工现场安全生产日常检查并做好检查记录

D. 宣传和贯彻国家有关安全生产法律法规和标准

E. 对施工现场存在的安全隐患有权责令立即整改

3. 施工单位的（   ）应当经建设行政主管部门进行安全生产考核，合格后方可任职。

A. 监理人员　　　　　　　　　　　　B. 主要负责人

C. 专职安全生产管理人员　　　　　　D. 项目负责人

E. 施工员

4. 根据《安全生产法》，施工企业应对作业人员进行安全生产教育培训的情形有（   ）。

A. 作业人员进入新的岗位或新的施工现场　　B. 发生重大安全事故

C. 采用新技术、新设备　　　　　　　D. 特种作业人员

E. 制定专项施工方案

5. 新进场的工人，必须接受（   ）的三级安全教育培训，经考核合格后，方可上岗。

A. 公司　　　　　　　　　　　　　　B. 建设方

C. 项目　　　　　　　　　　　　　　D. 监理方

E. 班组

6. 安全技术体系文件包括（   ）。

A. 施工组织设计　　　　　　　　　　B. 施工项目规划

C. 安全技术措施　　　　　　　　　　D. 专项安全施工方案

E. 安全技术交底

7. 下列工程中，应单独编制安全专项施工方案的有（   ）。

A. 现场临时用水工程　　　　　　　　B. 悬挑脚手架工程

C. 网架和索膜结构安装工程　　　　　D. 高处作业吊篮

E. 跨度12m的模板支撑工程

8. 安全专项施工方案编制完成后，应分别由（   ）进行审核、审查并签字。

A. 施工企业专业工程技术人员　　　　　B. 施工企业技术部门专业工程技术人员

C. 施工企业技术负责人　　　　　　　　D. 项目专业监理工程师

E. 项目总监理工程师

9. 按规定验收的危险性较大的分部分项工程，施工单位、监理单位应当组织有关人员验收。验收合格的，经（　　）签字后，方可进入下一道工序。

A. 建设单位项目负责人　　　　　　　　B. 施工单位负责人

C. 施工单位项目技术负责人　　　　　　D. 项目总监理工程师

E. 设计单位项目负责人

10. 关于实施安全专项施工方案的说法，正确的有（　　）。

A. 因设计、外部环境等因素发生变化确需要修改的，施工单位可以直接修改并实施

B. 施工单位应当指定专人对专项方案实施情况进行现场监督

C. 按规定需要验收的危险性较大的分部分项工程，由建设单位、施工单位组织有关人员进行验收

D. 施工单位技术负责人应当定期巡查专项方案施工情况

E. 专项施工方案实施前，编制人员或者施工单位技术负责人应当向施工现场管理人员进行方案交底。

11. 施工单位未按照本规定编制并审核危险性较大的分部分项工程专项施工方案的，除了依照《建设工程安全生产管理条例》对单位进行处罚外，还应（　　）。

A. 暂扣安全生产许可证 30 日

B. 暂扣安全生产许可证 60 日

C. 对直接负责的主管人员和其他直接责任人员处 1000 元以上 5000 元以下的罚款

D. 对直接负责的主管人员和其他直接责任人员处 1 万元以上 3 万元以下的罚款

E. 对直接负责的主管人员和其他直接责任人员处 1000 元以上 3000 元以下的罚款

12. 属于超过一定规模的危险性较大的分部分项工程范围的有（　　）。

A. 搭设高度 52m 的落地式钢管脚手架工程

B. 跨度 36m 的钢结构安装工程

C. 开挖深度 5m 的基坑降水工程

D. 施工高度 40m 的建筑幕墙安装工程

E. 水下作业工程

13. 根据《生产安全事故报告调查处理条例》，事故的等级划分为（　　）。

A. 一般事故　　　　　　　　　　　　　B. 较大事故

C. 严重事故　　　　　　　　　　　　　D. 重大事故

E. 特别重大事故

14. 下列属于《安全生产事故报告和调查处理条例》规定的重大事故的有（　　）。

A. 重伤 80 人　　　　　　　　　　　　B. 直接经济损失 5000 万元

C. 死亡 20 人　　　　　　　　　　　　D. 直接经济损失 8000 万元

E. 死亡 30 人

15. 根据《安全生产法》和《生产安全事故报告和调查处理条例》，关于安全事故报告的说法，正确的有（　　）。

A. 单位负责人接到报告后应当于 1 小时内向事故发生地有关部门报告

B. 生产经营单位发生生产安全事故时，单位的主要负责人应当立即组织抢救，不得在事故调查处理期间擅离职守

C. 自事故发生之日起 30 日内，事故造成的伤亡人数发生变化的，应当及时补报

D. 事故可能对周边群众和环境产生危害的事故，施工单位应当及时发出预警信息

E. 现场有关人员应当立即报告当地负有安全生产监督管理职责的部门

16. 事故调查组的组成应当遵循精简、高效的原则。根据事故的具体情况，事故调查组成员包括（　　）。

A. 施工单位技术负责人　　　　　　　　B. 公安机关人员

C. 监察机关人员　　　　　　　　　　　D. 人民检察院相关人员

E. 安全生产监督管理部门人员

17. 施工现场环境保护主要包括（　　）。

A. 防止空气污染　　　　　　　　　　　B. 防止水污染

C. 防止施工噪声污染　　　　　　　　　D. 固体废弃物的正确处理

E. 防止人身伤害

三、案例分析题

1. 某商业购物中心工程，地下为 2 层车库，地上 18 层，其中：裙房 7 层，檐高 30m，购物中心中厅混凝土结构局部层高 8m，局部钢结构层高 9m、跨度 36m，承受单点集中荷载经计算达到 8kN，框架剪力墙结构，基础埋深 12m，地下水位在底板以上 3m。主楼脚手架采用分段悬挑式，裙房采用落地式钢管脚手架，核心筒剪力墙采用大钢模施工，装修采用吊篮施工。

该工程由 A 公司总承包，经业主同意后，将土方工程和基坑支护工程分包给 B 专业分包单位。在土方工程施工前，B 公司编制了土方工程和基坑支护工程的安全专项施工方案，并将该方案报 A 公司审核，A 公司技术负责人审核同意后交由 B 公司组织实施。

问题：

（1）本工程有哪些分部分项工程需要单独编制安全专项施工方案？

（2）本工程需要单独编制安全专项施工方案并进行专家论证的分部分项工程有哪些？

（3）关于土方工程和基坑支护工程的安全专项施工方案，总包单位和分包单位的做法有什么不妥之处？正确做法是什么？

2. 某商业大厦，地下 2 层，地上 27 层，总建筑面积 21000m²。建设单位与施工单位签订了施工总承包合同，并委托监理单位进行工程监理。开工前，施工单位进行了三级安全教育。深基坑工程开始前，项目经理部按照设计文件、安全技术规范、施工技术标准编制了基坑支护及降水工程专项施工方案，经项目经理签字后组织施工。同时，项目经理安排施工员兼任安全检查验收工作。当土方开挖至坑底设计标高时，监理工程师发现基坑四周地表出现大量裂纹，坑边部分土有滑落现象，随即向现场作业人员发出口头通知，要求停止施工，撤离相关作业人员。但施工人员担心拖延施工进度，并未听从监理工程师的通知，继续施工。随后，基坑发生大面积坍塌，基坑下 13 名施工人员被埋，造成 10 人死亡、2 人重伤、1 人轻伤的事故。

问题：

（1）该事故属于哪一等级的安全事故？

（2）本案中，施工单位有哪些不妥之处？

钢材的强度设计值与弹性模量（N/mm²）　　　　　　　附表 1

Q235 钢抗拉、抗压和抗弯强度设计值 f	205
弹性模量 E	2.06×10^5

钢管截面几何特性　　　　　　　附表 2

外径 $\phi \cdot d$	壁厚 t	截面积 A	惯性矩 I	截面模量 W	回转半径 i	质量
(mm)		(cm²)	(cm⁴)	(cm³)	(cm)	(kg/m)
48.3	3.6	5.06	12.71	5.26	1.59	3.97

等跨梁内力系数表　　　　　　　附表 3

荷载图	跨内最大弯矩		支座弯矩		跨度中点挠度	
	M_1	M_2	M_B	M_C	f_1	f_2
	0.070	0.070	−0.125	−0.125	0.521	0.521
	0.080	0.025	−0.100	−0.100	0.677	0.052
	0.244	0.067	−0.267	−0.267	1.883	0.216
	0.077	0.036	−0.107	−0.071	0.632	0.186
	0.169	0.116	−0.161	−0.107	1.079	0.409
	0.238	0.111	−0.286	−0.191	1.764	0.573

注：①在均布荷载作用下：$M =$ 表中系数 $\times ql^2$；$f =$ 表中系数 $\times ql^4/100EI$；

　　②在集中荷载作用下：$M =$ 表中系数 $\times Pl$；$f =$ 表中系数 $\times Pl^3/100EI$。

单跨简支梁内力计算表　　　　附表 4

荷载图	弯矩图	最大弯矩	最大挠度
		$M_{\max}=\dfrac{ql^2}{8}$	$f_{\max}=\dfrac{5ql^4}{384EI}$

受弯构件的容许挠度　　　　附表 5

构件类别	容许挠度 $[v]$
脚手板,脚手架纵向、横向水平杆	$l/150$ 与 10mm
脚手架悬挑受弯杆件	$l/400$
型钢悬挑脚手架悬挑钢梁	$l/250$

扣件、底座、可调托撑的承载力设计值（kN）　　　　附表 6

项目	承载力设计值
对接扣件(抗滑)	3.20
直角扣件、旋转扣件(抗滑)	8.00
底座(受压)、可调托撑(受压)	40.00

单、双排脚手架立杆承受的每米结构自重标准值 g_k（kN/m）　　　　附表 7

步距 (m)	脚手架 类型	纵距(m)				
		1.2	1.5	1.8	2.0	2.1
1.20	单排	0.1642	0.1793	0.1945	0.2046	0.2097
	双排	0.1538	0.1667	0.1796	0.1882	0.1925
1.35	单排	0.1530	0.1670	0.1809	0.1903	0.1949
	双排	0.1426	0.1543	0.1660	0.1739	0.1778
1.50	单排	0.1440	0.1570	0.1701	0.1788	0.1831
	双排	0.1336	0.1444	0.1552	0.1624	0.1660
1.80	单排	0.1305	0.1422	0.1538	0.1615	0.1654
	双排	0.1202	0.1295	0.1389	0.1451	0.1482
2.00	单排	0.1238	0.1347	0.1456	0.1529	0.1565
	双排	0.1134	0.1221	0.1307	0.1365	0.1394

轴心受压构件的稳定系数 φ（Q235 钢）　　　　附表 8

λ	0	1	2	3	4	5	6	7	8	9
0	1.000	0.997	0.995	0.992	0.989	0.987	0.984	0.981	0.979	0.976
10	0.974	0.971	0.968	0.966	0.963	0.960	0.958	0.955	0.952	0.949
20	0.947	0.944	0.941	0.938	0.936	0.933	0.930	0.927	0.924	0.921
30	0.918	0.915	0.912	0.909	0.906	0.903	0.899	0.896	0.893	0.889
40	0.886	0.882	0.879	0.875	0.872	0.868	0.864	0.861	0.858	0.855
50	0.852	0.849	0.846	0.843	0.839	0.836	0.832	0.829	0.825	0.822

λ	0	1	2	3	4	5	6	7	8	9
60	0.818	0.814	0.810	0.806	0.802	0.797	0.793	0.789	0.784	0.779
70	0.775	0.770	0.765	0.760	0.755	0.750	0.744	0.739	0.733	0.728
80	0.722	0.716	0.710	0.704	0.698	0.692	0.686	0.680	0.673	0.667
90	0.661	0.654	0.648	0.641	0.634	0.626	0.618	0.611	0.603	0.595
100	0.588	0.580	0.573	0.566	0.558	0.551	0.544	0.537	0.530	0.523
110	0.516	0.509	0.502	0.496	0.489	0.483	0.476	0.470	0.464	0.458
120	0.452	0.446	0.440	0.434	0.428	0.423	0.417	0.412	0.406	0.401
130	0.396	0.391	0.386	0.381	0.376	0.371	0.367	0.362	0.357	0.353
140	0.349	0.344	0.340	0.336	0.332	0.328	0.324	0.320	0.316	0.312
150	0.308	0.305	0.301	0.298	0.294	0.291	0.287	0.284	0.281	0.277
160	0.274	0.271	0.268	0.265	0.262	0.259	0.256	0.253	0.251	0.248
170	0.245	0.243	0.240	0.237	0.235	0.232	0.230	0.227	0.225	0.223
180	0.220	0.218	0.216	0.214	0.211	0.209	0.207	0.205	0.203	0.201
190	0.199	0.197	0.195	0.193	0.191	0.189	0.188	0.186	0.184	0.182
200	0.180	0.179	0.177	0.175	0.174	0.172	0.171	0.169	0.167	0.166
210	0.164	0.163	0.161	0.160	0.159	0.157	0.156	0.154	0.153	0.152
220	0.150	0.149	0.148	0.146	0.145	0.144	0.143	0.141	0.140	0.139
230	0.138	0.137	0.136	0.135	0.133	0.132	0.131	0.130	0.129	0.128
240	0.127	0.126	0.125	0.124	0.123	0.122	0.121	0.120	0.119	0.118
250	0.117	—	—	—	—	—	—	—	—	—

注：当 $\lambda > 250$ 时，$\varphi = \dfrac{7320}{\lambda^2}$。

参 考 文 献

[1] 刘群. 建筑施工扣件式钢管脚手架安全技术手册 [M]. 北京：中国建筑工业出版社，2015.

[2] 秦桂娟，魏天义，魏忠泽，等. 建筑工程模板设计实例与安装. 北京：中国建筑工业出版社，2010.

[3] 建筑施工安全生产培训教材编写委员会. 建筑施工安全生产技术 [M]. 北京：中国建筑工业出版社，2017.

[4] 建筑施工安全生产培训教材编写委员会. 建筑施工安全生产管理 [M]. 北京：中国建筑工业出版社，2017.

[5] 中华人民共和国住房和城乡建设部建筑施工安全标准化技术委员会. 附着式升降脚手架安全操作与使用围护 [M]. 北京：中国建筑工业出版社，2016.

[6] 余宗明. 建筑施工架结构设计方法 [M]. 北京：中国建筑工业出版社，2013.

[7] 中国建筑业协会. 模板及脚手架工程安全专项施工方案编制指南 [M]. 北京：中国建筑工业出版社，2013.

[8] 那建兴，范利霞，吕家冀，等. 建筑施工安全专项施工方案编制 [M]. 北京：中国铁道出版社，2009.

[9] 薛惠敏，薛洪，樊力军，等. 超高模板支架专项计算与实例 [M]. 北京：中国建筑工业出版社，2010.

[10] 王建洲，苑景波. 开封县供电公司开展现场"互动式"安全技术交底 [J]. 农村电工. 2013，21 (10)，27

[11] 张洪，宫运华，傅贵. 基于"2-4"模型的建筑施工高处坠落事故原因分类与统计分析 [J]. 中国安全生产科学技术，2017，13 (09)：169-174.

[12] 《建筑结构静力计算手册》编写组. 建筑结构静力计算手册（第二版）[M]. 北京：中国建筑工业出版社，2019.